U0412737

通信网络精品图书

吉林大学本科“十二五”规划教材建设项目

信息与编码理论

杨晓萍　主编

電子工業出版社
Publishing House of Electronics Industry
北京 • BEIJING

内 容 简 介

本书系统讲述了信息论及编码的基础理论和方法，主要包括离散信源及熵、离散信道及信道容量、离散信源编码与香农第一定理、离散信道与香农第二定理、连续信源与连续信道、率失真函数、香农第三定理等。采用较多的通信和信息系统相关的背景例题和图示阐述基本概念，注重编码理论、编码方法的实现过程的教学内容编写，给出重要算法的实现流程图，并附有编程算法的实现程序，便于读者对课程的理解和应用。

本书可作为理工科高等院校电子信息类、通信工程及相关专业的研究生、本科生的教材，也可供相关专业的科技人员学习参考。

未经许可，不得以任何方式复制或抄袭本书之部分或全部内容。
版权所有，侵权必究。

图书在版编目（CIP）数据

信息与编码理论 / 杨晓萍主编. —北京：电子工业出版社，2016.5
（通信网络精品图书）
ISBN 978-7-121-28892-0

Ⅰ. ①信…　Ⅱ. ①杨…　Ⅲ. ①信息论－高等学校－教材②信源编码－通信理论－高等学校－教材　Ⅳ. ①TN911.2

中国版本图书馆 CIP 数据核字（2016）第 111638 号

策划编辑：宋　梅
责任编辑：刘真平
印　　刷：三河市华成印务有限公司
装　　订：三河市华成印务有限公司
出版发行：电子工业出版社
　　　　　北京市海淀区万寿路 173 信箱　邮编　100036
开　　本：787×1092　1/16　印张：14　字数：358.4 千字
版　　次：2016 年 5 月第 1 版
印　　次：2016 年 5 月第 1 次印刷
印　　数：2 500 册　定价：43.00 元

凡所购买电子工业出版社图书有缺损问题，请向购买书店调换。若书店售缺，请与本社发行部联系，联系及邮购电话：（010）88254888，88258888。

质量投诉请发邮件至 zlts@phei.com.cn，盗版侵权举报请发邮件至 dbqq@phei.com.cn。

本书咨询联系方式：mariams@phei.com.cn。

前　言

《信息与编码理论》是吉林大学本科“十二五”规划的立项教材。编者根据“信息与编码”教学体系改革和电子信息、通信类人才培养的需要，经过对本门课程的潜心研究和分析编写了本书。

“信息与编码”是信息、通信、电子工程类专业的基础课程，随着社会发展信息化的不断加强，要求信息相关类的学生和科技人员必须掌握信息与编码方面的相关知识。

不同院校不同专业对信息与编码课程的教学要求相差很大，本书同时兼顾了基础教学和应用。教材编写选材时注意满足课堂教学和课后自学相结合的教学模式的需要。内容主要阐述香农框架下的信息理论，围绕香农的三大定理展开论述，主要包括无失真变长信源编码定理、有噪信道编码定理和限失真信源编码定理，重点讨论信息的测度、信源模型与信源熵、信道模型与信道容量、信源编码和信道编码技术及相应的编码方法等。教学总学时为40～60学时。

本书编写具有以下特点：

① 对于无失真信源编码和信道编码，在详细讨论编码理论和方法的基础上，增加其方法实现的内容，有利于引导读者完成本课程知识的运用和理解；

② 精选教材例题，尽可能选择具有信息和通信专业背景的实例，使读者直接感受到本门课程的理论知识在自己所学专业中的应用，培养自觉运用所学知识解决问题的能力；

③ 本书每章后面不仅附有习题，还对重点节及知识点编写了思考题，以加深对基本概念的理解，注重读者运用信息理论知识对于实际问题的分析与解决能力的训练。

本书共分8章，第1章、第2章、第3章、附录C由高博编写，第4章由姚桂锦编写，6.5节、6.6节由钱志鸿编写，余下的第5章、6.1～6.4节、第7章、第8章、各章思考题及习题、附录A和附录B由杨晓萍编写，全书由杨晓萍担任主编。

本书在撰写和出版过程中，得到了通信工程学院和电子工程系领导的支持，同时还得到了同仁们的指导和帮助，在此表示深深的谢意！电子工业出版社的宋梅编审在本书的策划和审阅过程中提出了宝贵的建设性意见，在本书的编写出版过程中给予了热情的鼓励和支持，我们在此一并表示衷心感谢。

本书的编写得到了吉林大学本科“十二五”规划教材项目的资助。

限于作者水平，书中难免存在不足和疏漏之处，殷切希望广大读者批评指正。

编　者

2016年5月于长春

目　　录

第1章　绪　　论

信息对于我们来说并不陌生，生活中每天都会接触到大量的信息，各行各业都十分重视信息管理，可以说现在已经进入了信息时代。信息论是由通信技术、概率论、随机过程和数理统计等知识相结合产生的一门学科。它研究信息的基本理论，包括可能性和存在性等问题。信息论涉及的内容不局限于传统的通信范畴，进入了更广阔的信息科学领域。

1.1　信息的概念

信息论的创始人是克劳德・香农，被誉为“信息论之父”。香农于 1948 年发表的论文“A Mathematical Theory of Communication”，被人们认为是现代信息论研究的开端。这篇文章部分基于哈里・奈奎斯特和拉尔夫・哈特莱之前的研究成果，香农在这篇文章中创造性地采用概率论的方法来研究通信中的问题，提出了信息熵的概念。香农的这篇论文及其 1949 年发表的另一篇论文一起奠定了现代信息论的基础。

信息是指各个事物运动的状态及状态变化的方式。信息是对客观事物的反映，从本质上说信息是对社会、自然界的事物特征、现象、本质及规律的描述。人们从对周围世界观察得到的数据中获得信息，信息是看不到摸不着的抽象的意识或知识。在日常生活中，信息常常被认为是消息，信息与消息之间有着密切的关系，但是信息的含义更加深刻，它不能等同于消息。消息是包含信息的语言、文字、图像和声音等。在通信中，消息是指担负着传送信息任务的符号和符号序列。消息是具体的，它承载着信息，但它不是物理性的。以下面的情况为例说明信息和消息的区别。人们接到电话、听到广播、看了电视或者上网浏览了网页以后，就说得到了“信息”，其实这是不准确的。人们在收到消息后，如果消息使我们知道了很多以前不知道的内容，我们就收获了很多信息；但是如果消息的内容我们以前基本都知道，那么我们得到的信息就不多了，甚至是没有得到任何的信息。信息是认识主体接收到的、可以消除对事物认识不确定性的新内容和新知识，信息是可以度量的。

1928 年哈特莱首先研究了通信系统传输信息的能力，提出对数度量信息的概念，即一个消息所包含的信息量用它的所有可能取值的对数来表示。香农受到了哈特莱工作的启发，他注意到消息的信息量不但和它的可能性数值有关，还和消息本身的不确定性有关。一个消息之所以含有信息，是因为它具有不确定性，一个没有不确定性的消息不能包含任何信息，通信的目的就是要尽量地消除这种不确定性。香农对于信息的定义为：**信息是对事物运动状态或存在方式的不确定性的描述**。

用数学语言来讲，不确定性即为随机性，具有不确定性的事件就是随机事件。概率论和随机过程作为研究随机事件的数学工具，可以用来测度不确定性的大小。信息量是信息论中度量信息多少的一个物理量，它从量上反映具有确定概率的事件发生时所传递的信息。信息的度量与它所代表事件的随机性或者说事件发生的概率有关，当事件发生的概率大，事先容易判断，有关此事件的消息发生的不确定程度小，则包含的信息量就小；反之，当事件发生的概率小，事先不容易发生，则发生后包含的信息量就大。例如天气预报，以长春五月份的天气为例，经常出现的是晴、多云、阴、晴间多云等天气，小雨不常出现，小雪出现的概率极小，大雪出现的可能性微乎其微。在看天气预报前，我们大体可以猜测出气象状况，出现晴、多云、阴、晴间多云等天气的概率较大，我们比较能确定这些天气的出现，所以预报出现晴或阴的时候，我们并不奇怪，和我们预期的情况是一致的，所消除的不确定性就小，获得的信息量也就小。当预报明天有小雪时，我们就会很意外，觉得反常，获得的信息量就很大。如果是预报大雪的话，所获得的信息量就会更大。

在信息论中，将消息用随机事件表示，发出这些消息的信源则用随机变量表示。我们将某个消息 x_i 出现的不确定性的大小定义为**自信息**，用这个消息出现概率的对数的负值来计算自信息量，表示为

$$I(x_i)=-\log p(x_i) \tag{1.1}$$

信息的基本概念强调的是事物状态的不确定性，任何已经确定的事物都不含有信息，信息的特征有以下几点：

① 接收者在收到信息之前，对它的内容是未知的，信息是新知识、新内容；

② 信息可以产生、消失，也可以被传输、储存和处理；

③ 信息是可以使认识主体对某一事物的未知性或不确定性减少的有用知识；

④ 信息是可以度量的，并且信息量有多和少的差别。

信息在传输、处理及存储的过程中，难免受到噪声等无用信号的干扰，信息论就是为准确有效地将信息从传递的数据中提取出来提供依据和方法。信息论是建立在信息可以度量的基础上的，对如何有效、可靠地传递信息进行研究。它涉及信息特性、信息度量、信息传输速率、信道容量及干扰对信息传输影响等内容。这是狭义信息论，也称为香农信息论。广义信息论包含通信的全部统计问

题，除了狭义信息论之外，还包括信号设计、噪声理论、信号检测与估值等。本书所描述的信息论是狭义信息论。这种建立在概率模型上的信息概念，排除了生活中“信息”概念中所包含的主观性和主观意义，而是对消息统计特性的定量描述。根据香农的定义，任何一个消息对于任何一个接收者来说，所包含的信息量是一致的。但是，实际上信息有很强的主观性和实用性，对于不同的人同样的一个消息有不同的主观意义和价值，获得的信息量也是不同的。香农信息论的定义和度量是科学的，它能反映出信息的某些本质，但是它有缺陷和局限性，适用范围受到一定的限制。

1.2　信息论的研究对象、目的和内容

1.2.1　研究对象

信息论从诞生到今天，它的发展对人类社会的影响是广泛和深刻的。现在信息论研究的内容不单是通信，还包括与信息有关的自然和社会领域。香农信息论发展成为涉及范围极广的信息科学。信息论的研究对象是广义的通信系统，将各种通信系统模型中具有共同特点的部分抽取出来，概括为一个统一的模型，如图 1-1 所示。

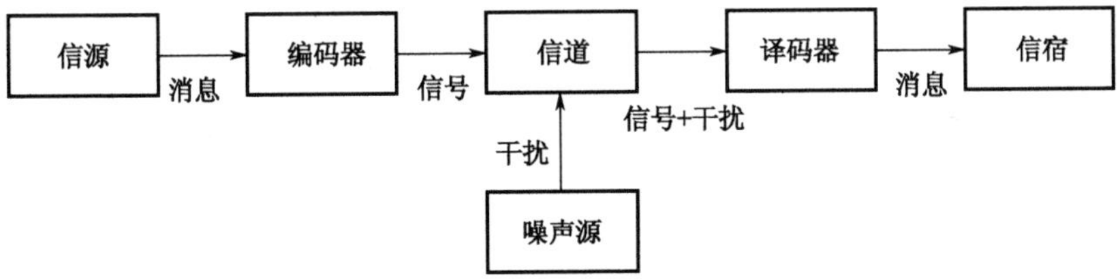

图 1-1　通信系统模型

这个通信系统模型不仅适用于电话、传真、电视、广播、遥感、雷达和导航等狭义的通信系统，还适用于其他的信息流通系统，如生物有机体的遗传系统、神经系统、视觉系统等，甚至是人类社会的管理系统。信息论的研究对象是这种统一的通信系统模型。信息以消息的形式在这个通信系统中传递，人们通过系统中消息的传输和处理来研究信息传输和处理的共同规律，其目的是提高通信的有效性和可靠性。图 1-1 所示的通信系统模型主要分成以下五个部分。

（1）信源

信源是产生消息和消息序列的源，它向通信系统提供消息。信源可以是人、生物、机器或其他事物，它是事物各种运动状态或存在状态的集合。例如，各种

天气状况是信源，通信网中向外发布消息的终端也是信源。信源本身是复杂的，在信息论中我们只对信源的输出进行研究。信源输出的是消息，消息是具体的，但它不是信息本身。消息携带着信息，消息是信息的表达者。

信源可能出现的状态，即信源输出的消息是随机的、不确定的，但又有一定的规律性，因而用随机变量或随机矢量等数学模型表示信源。信源的核心问题是它到底包含多少信息，怎么将信息定量地表示出来，即如何确定信息量。

（2）编码器

编码是把消息变换成信号的措施，而译码就是编码的反变换。编码器输出的是适合信道传输的信号。信号是消息的物理体现，为了在信道上传输消息，就必须将消息加载到具有某种特征的信号上去。信号携带着消息，它是消息的载荷者，是物理性的。

编码器可分为两种，信源编码器和信道编码器。**信源编码**是对信源输出的消息进行适当的变换和处理，目的是为了提高信息传输的效率。信源编码有两个作用，一是把信源发出的消息变换为由二进制或多进制码元组成的代码组，即基带信号；二是通过信源编码来压缩信源的冗余度。**信道编码**是为了提高信息传输的可靠性而有目的地对信源编码器输出的代码添加一些附加码元，使之具有检错、纠错的能力。通常，信道中的干扰会使通信质量下降，对于模拟信号，表现在接收信号信噪比的下降；对于数字信号，表现在误码率的增加。

信源编码的目的是提高系统的有效性，信道编码的目的是提高系统的可靠性。在实际的通信系统中，有效性和可靠性往往是互相矛盾的，提高有效性必须去掉信源符号的冗余部分，这会导致系统可靠性的下降；提高可靠性就必须增加监督码元，这就降低了系统的有效性。为了兼顾二者的关系，不一定要求绝对准确地在接收端重现原来的消息，而是允许存在一定的失真和误差。

（3）信道

信道是指通信系统把载荷消息的信号从甲地传输到乙地的媒介。信道是传递消息的通道，又是传送物理信号的设施。信道除了传播信号外，还可以存储信号。在狭义的通信系统中，实际信道有明线、电缆、波导、光纤、无线电波传播空间等，这些都是属于传输电磁波能量的信道。对于广义的通信系统来说，信道还可以是其他的传输媒介。信道问题主要是它能够传送多少信息，即信道容量的大小。

（4）噪声源

在信道中引入噪声和干扰，这是一种简化的表达方式，将系统其他部分产生的干扰和噪声都等效地折合成信道干扰，看成是由一个噪声源所产生的，它作用于传输信号。这样，信道输出的是叠加了干扰的信号。**噪声源**是通信系统中各个干扰的集中反映，用来表示消息在信道中传输时遭受干扰的情况。干扰的性质或大小影响着通信系统的性能。由于干扰或噪声往往具有随机性，所以信道的特性也可以用概率空间来描述。而噪声源的统计特性又是划分信道的依据。

（5）译码器

译码就是把信道输出的编码信号（已叠加了干扰）进行反变换，变换成能够理解的消息。一般认为这种变换是可逆的。译码器也可以分为信源译码器和信道译码器。信源译码器的作用是把信道译码器输出的代码组变换成信宿所需要的消息形式，它的作用相当于信源编码器的逆过程；信道译码器具有检错、纠错功能，它可以将落在其检错、纠错范围内的误传码元检测出来，并加以纠正，以提高通信系统的可靠性。

（6）信宿

信宿是消息传送的对象，即接收消息的人或机器。根据实际情况，信宿接收的消息形式可以与信源发出的消息相同，也可以不同。当它们形式不同时，信宿所接收的消息是信源发出消息的一个映射。信宿要研究的是能够收到和提取多少信息量。

图 1-1 所示的通信系统模型只适合用于收发两端单向通信的情况，它只有一个信源和一个信宿，信息传输也是单向的。在实际的通信网络中，信源和信宿可能会有若干个，信息传输的方向也可以是双向的。要研究复杂的通信系统，需要对两端单向通信系统模型进行修正，把两端单向通信的信息理论发展为多用户通信信息理论。

1.2.2　研究目的

信息论的研究目的是在通信系统中找到信息传输过程的共同规律，来提高信息传输的可靠性、有效性、保密性和认证性，以达到信息传输系统的最优化。

1.2.3　研究内容

对于信息论研究的具体内容，以往的学者有着争议。目前，对于信息论研究的内容一般有三种理解，分别是：狭义信息论、一般信息论和广义信息论，其中狭义信息论和广义信息论我们已经在 1.1 节中进行了简单的描述。

（1）狭义信息论

狭义信息论又称为香农信息论，主要通过数学描述与定量分析，研究信息的测度、信道容量以及信源和信道编码理论等问题。通过编码和译码使接收和发射两端联合最优化，并以定理的形式证明极限的存在。狭义信息论的内容是信息论的基础理论。

（2）一般信息论

一般信息论又称为工程信息论，主要研究的问题也是信息传输和处理。除了狭义信息论的内容外，还包括噪声理论、信号滤波和预测、统计检测和估计、调制理论、信息处理和保密理论等内容。

（3）广义信息论

广义信息论又称为信息科学，它的研究内容不但包括狭义信息论和一般信息论的内容，而且还包括所有与信息有关的自然和社会科学领域，比如模式识别、机器翻译、遗传学、心理学、神经生理学等，甚至还包括社会学中有关信息的问题。它是新兴的信息科学理论。

本书讲述的信息论的基本内容是与通信学科密切相关的狭义信息论，也就是香农信息论，涉及信息论中的很多基本问题。

第 2 章　信息的测度

本章讨论信息测度的相关概念，主要包括一个事件发生时包含的自信息、事件集合所包含的信息熵、事件之间所能相互给出的互信息等，需要深刻理解相关的定义和计算方法。

2.1 自 信 息

在绪论中已经讲过，信源发出的消息（事件）具有不确定性，而事件发生的不确定性与事件发生的概率大小有关。概率越小，不确定性越大，事件发生后所含有的信息量就越大。小概率事件不确定性大，一旦出现必然使人感到意外，因此产生的信息量就大，特别是几乎不可能出现的事件一旦出现，必然产生极大的信息量；大概率事件因为是意料之中的事件，不确定性小，即使发生也没有多少信息量，特别是概率为 1 的确定事件发生以后，不会给人以任何信息量。因此，随机事件的自信息量 $I(x_i)$是该事件发生概率 $p(x_i)$的函数，并且 $I(x_i)$应该满足以下公理化条件：

（1）$I(x_i)$是 $p(x_i)$ 的严格递减函数。当 $p(x_1) < p(x_2)$ 时，$I(x_1) > I(x_2)$，概率越小，事件发生的不确定性越大，事件发生以后所包含的自信息量越大。

（2）极限情况下，当$p(x_i) = 0$ 时，$I(x_i) \to \infty$；当$p(x_i) = 1$ 时，$I(x_i) = 0$。

（3）两个相对独立的不同消息所提供的信息量应等于它们分别提供的信息量之和，即自信息量满足可加性。

根据上述条件可以从数学上证明事件的自信息量 $I(x_i)$与事件的发生概率 $p(x_i)$之间的函数关系满足对数形式。

定义 2.1　随机事件的自信息量定义为该事件发生概率的对数的负值。设事件 x_i 的概率为 $p(x_i)$，则它的自信息量为

$$I(x_i) = -\log p(x_i) = \log \frac{1}{p(x_i)} \tag{2.1}$$

由式（2.1）绘出自信息量 $I(x_i)$与事件的发生概率 $p(x_i)$之间的函数关系，如图 2-1 所示，显然，自信息量的定义满足公理性条件，在定义域 [0, 1]内，自信息量是非负的。

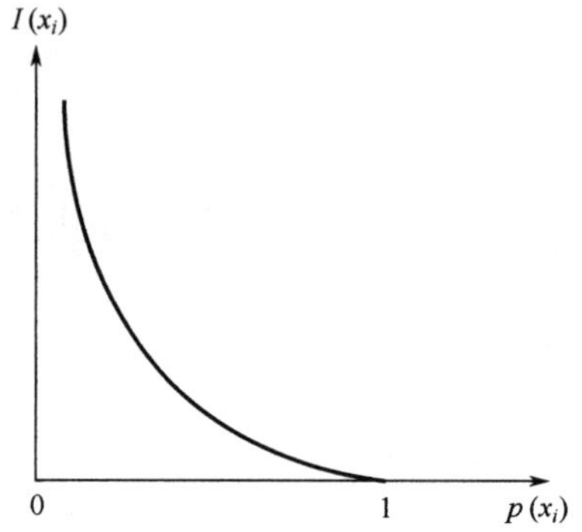

图 2-1　自信息量

$I(x_i)$代表两种含义：在事件 x_i 发生以前，代表事件 x_i 发生的不确定性的大小；在事件 x_i 发生以后，表示事件 x_i 所含有或所能提供的信息量。在无噪信道中，事件 x_i 发生以后，能正确无误地传输到收信者，所以 $I(x_i)$就等于收信者接收到 x_i 后所获得的信息量。这是因为消除了 $I(x_i)$大小的不确定性，才获得如此大小的信息量。

自信息量的单位与对数计算选用的底有关。当分别选用底为 2、e 和 10 时，自信息的单位分别为比特、奈特和哈特，详述如下：

（1）对数的底取 2 时，信息量的单位为比特（bit, binary unit）。当 $p(x_i) = 1/2$ 时，$I(x_i) = 1$ 比特，即概率等于 1/2 的事件具有 1 比特的自信息量。例如，一枚均匀硬币的任何一种抛掷结果均含有 1 比特的信息量。比特是信息论中最常用的信息量单位，为了书写简洁，当取对数的底为 2 时，底数 2 常省略不写。注意：计算机术语中 bit 是位的单位（bit, binary digit），与信息量单位含义不同。

（2）对数的底取自然对数（以 e 为底）时，自信息量的单位为奈特（nat, natural unit）。理论推导中或用于连续信源时用以 e 为底的对数比较方便。

$$1\ \text{奈特} = \log_2 \mathrm{e}\ \text{比特} \approx 1.443\ \text{比特}$$

（3）工程上取以 10 为底的对数比较方便，自信息量的单位为哈特（hart），用来纪念哈特莱（Hartley）首先提出用对数来度量信息的贡献。

$$1\ \text{哈特} = \log_2 10\ \text{比特} \approx 3.322\ \text{比特}$$

（4）如果取以 r 为底的对数（$r > 1$），则 $I(x_i) = -\log_r p(x_i)$（r 进制单位）。

$$1\ r\ \text{进制单位} = \log_2 r\ \text{比特}$$

例 2.1　英文字母中“e”的出现概率为 0.105，“a”的出现概率为 0.064，“c”的出现概率为 0.022。求：（1）分别计算它们的自信息量；（2）假定前后字母出现是相互独立的，计算“ac”的自信息量。

【解】（1）“e”的自信息量　　$I(\mathrm{e}) = -\log 0.105 = 3.252$ 比特

“a”的自信息量　　$I(\mathrm{a}) = -\log 0.064 = 3.966$ 比特

“c”的自信息量　　$I(\mathrm{c}) = -\log 0.022 = 5.506$ 比特

（2）由于前后字母出现是相互独立的，“ac”出现的概率为 0.064×0.022，所以

“ac”的自信息量　　$I(\mathrm{ac}) = -\log(0.064\times 0.022) = I(\mathrm{a}) + I(\mathrm{c}) = 9.472$ 比特

由上面的计算可知，出现概率高的字符携带的自信息较小，两个相互独立事件的自信息量满足可加性，也就是由两个相对独立的事件的积事件所提供的信息量等于它们分别提供的信息量之和。

例 2.2　对于 2^n 进制的数字序列，假设每一个符号的出现完全随机且概率相等，求任一符号的自信息量。

【解】 设 2^n 进制数字序列任一码元 x_i 的出现概率为 $p(x_i)$，则有

$$p(x_i) = \frac{1}{2^n}$$

$$I(x_i) = \log\frac{1}{p(x_i)} = \log 2^n = n\ \text{比特}$$

显然，事件的自信息量只与其概率有关，而与它的取值无关。

2.2　平均自信息

2.2.1　平均自信息的概念

自信息量是信源发出某一具体消息所含有的信息量，发出的消息不同它的自信息量就不同，所以自信息量本身为随机变量，不能用来表征整个信源的不确定度。我们**用平均自信息量来表征整个信源的不确定度**。平均自信息量又称为**信息熵、信源熵**，简称**熵**。

因为信源具有不确定性，所以把信源用随机变量来表示，用随机变量的概率分布来描述信源的不确定性。通常把一个随机变量的所有可能的取值和这些取值对应的概率 $[X, P(X)]$ 称为**信源的概率空间**。

假设随机变量 X 有 q 个可能的取值 x_i，$i = 1, 2, \cdots, q$，各种取值出现的概率为 $p(x_i)$，则信源的概率空间表示为

$$\begin{bmatrix} X \\ P(x) \end{bmatrix} = \begin{bmatrix} x_1 & x_2 & \cdots & x_i & \cdots & x_q \\ p(x_1) & p(x_2) & \cdots & p(x_i) & \cdots & p(x_q) \end{bmatrix} \qquad \sum_{i=1}^{q} p(x_i) = 1 \quad (2.2)$$

式（2.2）中，$p(x_i)$ 满足概率空间的基本特性，$0 \leqslant p(x_i) \leqslant 1$，即具有非负性和完备性。

定义 2.2　随机变量 X 的每一个可能取值的自信息 $I(x_i)$ 的统计平均值定义为随机变量 X 的平均自信息量，也就是**熵**，表示为

$$H(X)=E\left[I(x_i)\right]=-\sum_{i=1}^{q}p(x_i)\log p(x_i)=\sum_{i=1}^{q}p(x_i)\log\frac{1}{p(x_i)} \tag{2.3}$$

这里 q 为 X 的所有可能取值的个数。

熵的单位与所取的对数底有关，根据所取的对数底不同，可以是比特/符号、奈特/符号、哈特/符号或者是 r 进制单位/符号，比特/符号为熵的常用单位。

例 2.3　电视屏幕上约有 $500\times 600 = 3\times10^5$ 个点，按每点有 10 个不同的灰度等级考虑，每个灰度等级的出现按等概率计算，平均每幅电视画面可提供的信息量是多少？

【解】 每个电视屏幕点的灰度等级出现的概率是 $p(x_i) = 1/10$，每个电视屏幕点平均提供的信息量是

$$H(X)=\sum_{i=1}^{q}p(x_i)\log\frac{1}{p(x_i)}=\sum_{i=1}^{10}\frac{1}{10}\log 10=\log 10\approx 3.32 \text{ 比特/点}$$

则平均每幅电视画面可提供的信息量是

$$3\times10^5\times H(X) = 3\times10^5\times3.32 \approx 10^6 \text{ 比特/画面}$$

例 2.4　有一篇一千字的文章，假定每个字都是从万字表中任选的（设每个字都是等概率使用的），不考虑句子中各文字的相关性，一篇一千字的文章可以提供多少信息量？

【解】 文章中一个字出现的概率是 $p(x_i) = 1/10\,000$，平均提供的信息量是

$$H(X)=\sum_{i=1}^{10\,000}\frac{1}{10\,000}\log 10\,000=\log 10\,000\approx 4\times 3.32=13.28 \text{ 比特/字}$$

则一篇一千字的文章可以提供的信息量是

$$1000\times H(X) = 1000\times 13.28 \approx 1.33\times10^4 \text{ 比特/千字文章}$$

从这两个例子可以看出，“一幅电视画面”平均提供的信息量远超过“一篇千字文章”提供的信息量。当然，上面的计算只是理论上的粗略估计，事实是任意从万字表中取出的千字并不能组成有意义的文章，词、句子、段落和文章的组成是有一定规律的，也就是每个字并非等概率出现，所以千字文章提供的信息量要比计算值小得多，也就是说要表示一篇千字文章并不需要 1.33×10^4 比特。同样，电视画面也是一样，实际信息量远远小于 10^6 比特。

2.2.2　熵的物理意义

熵这个名词是香农从物理学中**热熵**的概念借用过来的，热熵是表示分子混乱程度的一个物理量，因此，香农用熵来描述信源的平均不确定性。但是在热力学中任何孤立系统的演化，热熵只能增加不能减少，而在信息论中，信息熵正好相反，只会减少，不会增加，所以信息熵也被称为**负热熵**。

信息熵具有以下三种物理含义：

（1）信息熵 $H(X)$ 是表示信源输出后，每个消息（或符号）所提供的平均信息量。

（2）信息熵 $H(X)$ 是表示信源输出前，信源的平均不确定性。

例如，有两个信源，其概率空间分别为

$$\begin{bmatrix} X \\ P(x) \end{bmatrix} = \begin{bmatrix} x_1 & x_2 \\ 0.99 & 0.01 \end{bmatrix} \qquad \begin{bmatrix} Y \\ P(y) \end{bmatrix} = \begin{bmatrix} y_1 & y_2 \\ 0.5 & 0.5 \end{bmatrix}$$

则信息熵分别为

$$H(X) = -0.99\log 0.99 - 0.01\log 0.01 = 0.080\,8 \text{ 比特/符号}$$

$$H(Y) = -0.5\log 0.5 - 0.5\log 0.5 = 1 \text{ 比特/符号}$$

显然，$H(Y) \gg H(X)$，由此推断出信源 Y 比信源 X 的平均不确定性大。因为对于信源 Y，它的两个输出的消息是等可能性的，所以在信源没有输出消息之前，要猜测哪一个消息出现的不确定性更大；而对于信源 X，它的两个输出消息不是等概率的，而 x_1 出现的概率很大，可以猜测 x_1 和 x_2 哪一个出现的不确定性较小。所以，信息熵正好反映了信源输出消息以前，信源存在的平均不确定性程度的大小。

（3）用信息熵 $H(X)$ 来表征变量 X 的随机性。

例如前面的例子，变量 Y 取 y_1 和 y_2 是等概率的，所以其随机性大。而变量 X 取 x_1 的概率比取 x_2 的概率大得多，所以其随机性就小。因此，信息熵反映了变量的随机性。

应该注意的是：信息熵是信源本身输出消息的平均不确定性的描述。一般情况下，它并不等于接收者平均获得的信息量。只是在无噪情况下，接收者才能正确无误地接收到信源所发出的消息，全部消除了 $H(X)$ 大小的平均不确定性，所以获得的平均信息量就等于 $H(X)$。

2.3 熵函数的性质

由式（2.3）的定义，信息熵是信源概率空间式（2.2）的函数，此函数的大小与信源的符号数 q 以及符号的概率分布 $p(x_i)$ 有关。当信源符号集的个数 q 给定时，信源信息熵就是概率分布 $p(x_i)$ 的函数，其函数形式由式（2.3）确定。我们用**概率矢量 $\boldsymbol{P}$** 来表示概率分布 $p(x_i)$。

$$\boldsymbol{P} = [p(x_1), p(x_2), \cdots, p(x_q)] = (p_1, p_2, \cdots, p_q) \tag{2.4}$$

式（2.4）中，为了书写方便，用 $p_i (i = 1, 2, \cdots, q)$ 来表示符号概率 $p(x_i)$，概率矢量 $\boldsymbol{P}$ 是 q 维矢量，p_i 是其分量，它们满足 $\sum\limits_{i=1}^{q} p_i = 1$ 和 $0 \leqslant p_i \leqslant 1$。信息熵 $H(X)$ 是概率

矢量 $\boldsymbol{P}$ 或它的分量 $p_1, p_2, \cdots, p_q$ 的 $(q-1)$ 元函数。一般式（2.3）可写成

$$H(X) = -\sum_{i=1}^{q} p(x_i)\log p(x_i) = -\sum_{i=1}^{q} p_i \log p_i = H(p_1, p_2, \cdots, p_q) = H(\boldsymbol{P}) \quad (2.5)$$

我们称 $H(\boldsymbol{P})$ 是**熵函数**，一般用 $H(X)$ 表示以离散随机变量 X 描述的信源的信息熵；用 $H(\boldsymbol{P})$ 或 $H(p_1, p_2, \cdots, p_q)$ 表示概率矢量为 $H(\boldsymbol{P})$ 的 q 个符号信源的信息熵。当 $q = 2$ 时，因为 $p_1 + p_2 = 1$，所以 2 个符号的熵函数可以写成 $H(p_1)$ 或 $H(p_2)$。

2.3.1 对称性

对称性就是当概率的顺序 $p_1, p_2, \cdots, p_q$ 任意互换时，熵函数的值不变，即

$$H(\boldsymbol{P}) = H(p_1, p_2, \cdots, p_q) = H(p_2, p_3, \cdots, p_q, p_1) = H(p_q, p_1, \cdots, p_{q-1}) \quad (2.6)$$

该性质表明熵只与随机变量的总体结构有关，即与信源的总体统计特性有关。若某些信源的统计特性相同（含有的符号数和概率分布相同），则这些信源的熵就相同。例如，下面三个信源的概率空间分别为

$$\begin{bmatrix} X \\ P(x) \end{bmatrix} = \begin{bmatrix} x_1 & x_2 & x_3 \\ \frac{1}{3} & \frac{1}{6} & \frac{1}{2} \end{bmatrix} \quad \begin{bmatrix} Y \\ P(y) \end{bmatrix} = \begin{bmatrix} x_1 & x_2 & x_3 \\ \frac{1}{6} & \frac{1}{2} & \frac{1}{3} \end{bmatrix} \quad \begin{bmatrix} Z \\ P(z) \end{bmatrix} = \begin{bmatrix} z_1 & z_2 & z_3 \\ \frac{1}{3} & \frac{1}{2} & \frac{1}{6} \end{bmatrix}$$

若其中 x_1, x_2, x_3 分别表示红、黄、蓝三个具体消息，而 z_1, z_2, z_3 分别表示晴、雨、雪三个信息，在这三个信源中，X 与 Z 信源的差别是它们所选择的具体消息（符号）的含义不同，而 X 与 Y 信源的差别是它们选择的某一消息概率不同，但是这三个信源的信息熵是相同的，即 $H(1/3, 1/6, 1/2) = H(1/6, 1/2, 1/3) = H(1/3, 1/2, 1/6) = 1.459$ 比特/信源符号。所以，熵表征信源总的统计特征，总体的平均不确定性。这也同时说明了所定义的信息熵的局限性，它不能描述事件本身的具体含义和主观价值等。

2.3.2 确定性

当信源的某个消息是必然出现的而其他的消息不会出现时，这样的信源的熵是零，称为**确定性**，因为此信源是完全确知的，没有任何不确定性，即

$$H(1, 0) = H(1, 0, 0) = H(1, 0, 0, 0) = \cdots = H(1, 0, \cdots, 0) = 0 \quad (2.7)$$

因为在概率矢量 $\boldsymbol{P} = (p_1, p_2, \cdots, p_q)$ 中，当某分量 $p_i = 1$ 时，$p_i \log p_i = 0$；其他分量 $p_j = 0\ (j \neq i)$，$\lim p_j \to 0\ p_j \log p_j = 0$，所以式（2.7）成立。

2.3.3 非负性

非负性是指任何离散信源的熵值都一定不是负值。

$$H(\boldsymbol{P})=H(p_1,p_2,\cdots,p_q)=-\sum_{i=1}^{q}p_i\log p_i\geqslant 0 \tag{2.8}$$

因为随机变量 X 的所有取值的概率满足 $0<p_i<1$，当取对数的底大于 1 时，$\log p_i<0$，而$-p_i\log p_i>0$，则得到的熵是正值。只有当随机变量是一确知量时（确定性），熵才等于零。

2.3.4 扩展性

扩展性表示为

$$\lim_{\varepsilon\to 0} Hq{+}1(p_1,p_2,\cdots,p_q-\varepsilon,\varepsilon)=H_q(p_1,p_2,\cdots,p_q) \tag{2.9}$$

因为$\lim_{\varepsilon\to 0}\varepsilon\log\varepsilon=0$，所以式（2.9）成立。扩展性说明信源取值增多时，若这些取值对应的概率很小（接近于零），则信源的熵不变。虽然，小概率事件出现后，给予收信者的信息量较大，但从总体考虑时，因为这种概率很小实际几乎不会出现，它在熵计算中所占的比重极小，致使总的信源熵值维持不变，这也是熵的总体平均性的一种体现。

2.3.5 连续性

连续性表示为

$$\lim_{\varepsilon\to 0} H(p_1,p_2,\cdots,p_{q-1}-\varepsilon,p_q+\varepsilon)=H(p_1,p_2,\cdots,p_{q-1},p_q) \tag{2.10}$$

即信源概率空间中概率分量的微小波动，不会引起熵的变化。此性质证明略。

2.3.6 可加性

当两个随机变量 X 和 Y 彼此独立时，其共熵满足可加性，即

$$H(XY)=H(X)+H(Y) \tag{2.11}$$

即统计独立信源 X 与 Y 的联合信源的熵等于分别熵之和。

可加性是熵函数的一个重要特性，因为具有可加性，可以证明熵函数的形式是唯一的，没有其他形式存在，而且可加性也常用于推导其他公式。

【证明】 设两个随机变量 X 和 Y 统计独立，X 的概率分布为$\{p_1,p_2,\cdots,p_n\}$，$\sum_{i=1}^{n}p_i=1$，Y 的概率分布为$\{q_1,q_2,\cdots,q_m\}$，$\sum_{j=1}^{m}q_j=1$，且$\sum_{i=1}^{n}\sum_{j=1}^{m}p_iq_j=1$，则根据熵

函数表达式有

$$
\begin{aligned}
H(XY) &= H_{nm}(p_1q_1, p_1q_2, \cdots, p_1q_m, p_2q_1, \cdots, p_2q_m, \cdots, p_nq_1, \cdots, p_nq_m) \\
&= -\sum_{i=1}^{n}\sum_{j=1}^{m} p_iq_j \log(p_iq_j) \\
&= -\sum_{i=1}^{n}\sum_{j=1}^{m} p_iq_j \log p_i - \sum_{i=1}^{n}\sum_{j=1}^{m} p_iq_j \log q_j \\
&= -\sum_{j=1}^{m} q_j \left(\sum_{i=1}^{n} p_i \log p_i\right) - \sum_{i=1}^{n} p_i \left(\sum_{j=1}^{m} q_j \log q_j\right) \\
&= -\sum_{i=1}^{n} p_i \log p_i - \sum_{j=1}^{m} q_j \log q_j \\
&= H_n(p_1, p_2, \cdots, p_n) + H_m(q_1, q_2, \cdots, q_m) = H(X) + H(Y)
\end{aligned}
$$

【证毕】

2.3.7　强可加性

两个互相关联的信源 X 和 Y 的联合信源的熵等于信源 X 的熵加上在 X 已知条件下信源 Y 的熵，这是信源的**强可加性**，可以表示为

$$H(XY) = H(X) + H(Y|X) = H(Y) + H(X|Y) \tag{2.12}$$

【证明】本性质的证明可以采用条件概率和类似可加性的证明方法，这里利用熵的概念来证明，更为简洁。

$$
\begin{aligned}
H(XY) &= E\left[\log\frac{1}{p(xy)}\right] = E\left[\log\frac{1}{p(x)p(y|x)}\right] \\
&= E\left[\log\frac{1}{p(x)}\right] + E\left[\log\frac{1}{p(y|x)}\right] \\
&= H(X) + H(Y|X)
\end{aligned}
$$

【证毕】

这个关系可以推广到 N 个随机变量的共熵的情况，即

$$H(X_1X_2\cdots X_N) = H(X_1) + H(X_2|X_1) + \cdots + H(X_N|X_1X_2\cdots X_{N-1}) \tag{2.13}$$

这里我们来分析条件熵的物理意义，先推导其计算公式。

$$
\begin{aligned}
H(Y|X) &= E\left[\log\frac{1}{p(y|x)}\right] = \sum_{X}\sum_{Y} p(xy)\log\frac{1}{p(y|x)} \\
&= \sum_{i=1}^{n} p(x_i)\left[\sum_{j=1}^{m} p(y_j|X=x_i)\log\frac{1}{p(y_j|X=x_i)}\right] \\
&= \sum_{i=1}^{n} p(x_i)H(Y|X=x_i)
\end{aligned} \tag{2.14}
$$

由熵的概念可知，$H(Y|X=x_i)$ 表示当信源 X 取值 x_i 的情况下信源 Y 的平均不确定性，当取值 x_i 不同时，$H(Y|X=x_i)$ 的熵值也是不同的。而式（2.14）是对

于不确定取值的 X 做统计平均，即在信源 X 输出一符号的条件下，信源 Y 再输出一个符号所能提供的平均信息量，记作 $H(Y|X)$，称为**条件熵**。

当随机变量 X 与 Y 统计独立时，条件熵 $H(Y|X)$ 的条件 X 对熵值失去影响，即 $H(Y|X)=H(Y)$，式（2.12）成为式（2.11）。

2.3.8　极值性

极值性是指任何离散信源的熵满足下面不等式：

$$H(p_1, p_2, \cdots, p_q) \leqslant H(1/q, 1/q, \cdots, 1/q) = \log q \qquad (2.15)$$

表示在离散信源情况下，信源各符号等概率分布时，熵值达到最大。

【证明】设概率矢量 $\boldsymbol{P}=(p_1,p_2,\cdots,p_q)$，并有 $\sum_{i=1}^{q} p_i = 1$ 和 $0 \leqslant p_i \leqslant 1 (i=1, 2,\cdots,q)$。另设随机矢量 $\boldsymbol{Y}=\dfrac{1}{\boldsymbol{P}}$，即 $y_i=\dfrac{1}{p_i}$。已知 $\log\boldsymbol{Y}$ 在正实数集（$\boldsymbol{Y}$>0）上是一个∩型凸函数，根据詹森（Jesen）不等式有

$$E[\log \boldsymbol{Y}] \leqslant \log(E[\boldsymbol{Y}])$$

$$\sum_{i=1}^{q} p_i \log y_i \leqslant \log\left(\sum_{i=1}^{q} p_i y_i\right)$$

$$\sum_{i=1}^{q} p_i \log \frac{1}{p_i} \leqslant \log \sum_{i=1}^{q} p_i \frac{1}{p_i} = \log q$$

即

$$H(X)=H(p_1,p_2,\cdots,p_q) \leqslant \log q$$

【证毕】

只有当离散信源等概率分布时，信源熵才取得极大值，是 $\log q$。这个性质也称为**最大离散熵定理**。

例 2.5　二元离散信源是基本离散信源的一个特例。该信源只有两个符号“0”和“1”，符号输出概率分别设为 p 和 $\bar{p}=1-p$，即信源的概率空间为

$$\begin{bmatrix} X \\ P(x) \end{bmatrix} = \begin{bmatrix} 0 & 1 \\ p & \bar{p} \end{bmatrix}$$

计算该二元信源的熵，并绘出该熵与符号概率 p 的关系曲线。

【解】该二元信源的熵为

$$H(X)=H(p_1,p_2)=-[p\log p+\bar{p}\log\bar{p}]$$

可见，信息熵 $H(X)$ 是 p 的函数，通常用 $H(p)$ 表示。p 取值于[0, 1] 区间，可以画出熵函数 $H(p)$ 的曲线，如图 2-2 所示。

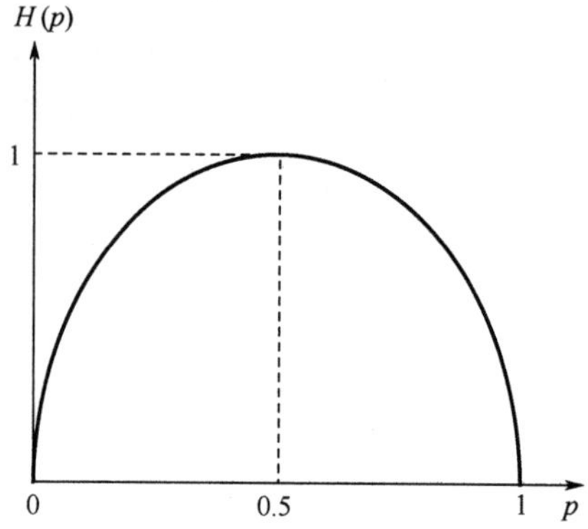

图 2-2　二元熵函数

从图 2-2 中可以看出，如果二元信源的输出是确定的（$p=0$ 或 $p=1$），该信源不提供任何信息，熵是零；反之，当二元信源符号 0 和 1 等概率发生时，信源的熵达到最大值，等于 1 比特信息量，即 $\log q=1$ 比特。

2.3.9　上凸性

$H(\boldsymbol{p})$ 是严格的上凸函数，设 $\boldsymbol{p}_1=(p_1,p_2,\cdots,p_q)$，$\boldsymbol{p}_2=(p_1',p_2',\cdots,p_q')$，$\sum_{i=1}^{q}p_i=1$，$\sum_{i=1}^{q}p_i'=1$，则对于任意小于 1 的正数 θ，$0<\theta<1$，不等式（2.16）成立：

$$H[\theta\boldsymbol{p}_1+(1-\theta)\boldsymbol{p}_2]>\theta H[\boldsymbol{p}_1]+(1-\theta)H[\boldsymbol{p}_2] \tag{2.16}$$

因为熵函数具有上凸性，所以熵函数具有极值，熵函数的最大值存在。这里证明从略。

2.4　互信息和平均互信息

2.4.1　互信息

定义 2.3　一个事件 y_j 所给出的关于另一个事件 x_i 的信息量定义为**互信息**，用 $I(x_i;y_j)$ 表示，其定义式为

$$I(x_i;y_j)=I(x_i)-I(x_i\,|\,y_j)=\log\frac{1}{p(x_i)}-\log\frac{1}{p(x_i\,|\,y_j)}=\log\frac{p(x_i\,|\,y_j)}{p(x_i)} \tag{2.17}$$

互信息 $I(x_i;y_j)$ 是已知事件 y_j 后所消除的关于事件 x_i 的不确定性，它等于事件 x_i 本身的不确定性 $I(x_i)$ 减去已知事件 y_j 后对 x_i 仍然存在的不确定性 $I(x_i|y_j)$。

互信息的引出，使信息的传递得到了定量的描述。

2.4.2　平均互信息

互信息 $I(x_i;\ y_j)$ 表示某一事件 y_j 所给出的关于另一事件 x_i 的信息，它随 x_i 和 y_j 的变化而变化。

定义 2.4　为从整体上表示从一个随机变量 Y 所给出关于另一个随机变量 X 的信息量，定义互信息 $I(x_i;\ y_j)$ 在 XY 的联合概率空间中的统计平均值为随机变量 X 和 Y 间的平均互信息 $I(X;Y)$：

$$\begin{aligned}I(X;Y) &= \sum_{i=1}^{n}\sum_{j=1}^{m} p(x_i y_j) I(x_i;y_j) \\ &= \sum_{i=1}^{n}\sum_{j=1}^{m} p(x_i y_j)\log\frac{p(x_i \mid y_j)}{p(x_i)} \qquad (2.18) \\ &= \sum_{i=1}^{n}\sum_{j=1}^{m} p(x_i y_j)\log\frac{1}{p(x_i)} - \sum_{i=1}^{n}\sum_{j=1}^{m} p(x_i y_j)\log\frac{1}{p(x_i \mid y_j)} \\ &= H(X) - H(X \mid Y) \qquad (2.19)\end{aligned}$$

条件熵 $H(X|Y)$ 表示给定随机变量 Y 后，对随机变量 X 仍存在不确定性，Y 关于 X 的平均互信息就是收到 Y 前后关于 X 的不确定性的减小量，也就是从 Y 所获得的关于 X 的平均信息量。

平均互信息的计算还有其他的表达形式，通过概率的计算关系得

$$\begin{aligned}I(X;Y) &= \sum_{i=1}^{n}\sum_{j=1}^{m} p(x_i y_j)\log\frac{p(x_i \mid y_j)}{p(x_i)} = H(X) - H(X \mid Y) \\ &= \sum_{i=1}^{n}\sum_{j=1}^{m} p(x_i y_j)\log\frac{p(x_i y_j)}{p(x_i)p(y_j)} = H(X) + H(Y) - H(XY) \qquad (2.20) \\ &= \sum_{i=1}^{n}\sum_{j=1}^{m} p(x_i y_j)\log\frac{p(y_j \mid x_i)}{p(y_j)} = H(Y) - H(Y \mid X) \qquad (2.21) \\ &= I(Y;X) \qquad (2.22)\end{aligned}$$

我们用维拉图表示关系式（2.19）～式（2.21），如图 2-3 所示。图中左边的圆代表随机变量 X 的熵，右边的圆代表随机变量 Y 的熵，两个圆重叠部分是平均互信息 $I(X;Y)$。每个圆减去平均互信息后剩余的部分代表两个条件熵 $H(X \mid Y)$ 和 $H(Y \mid X)$。图中的一个圆加上另一部分的条件熵是联合熵 $H(XY)$，即可以表示式（2.12）。

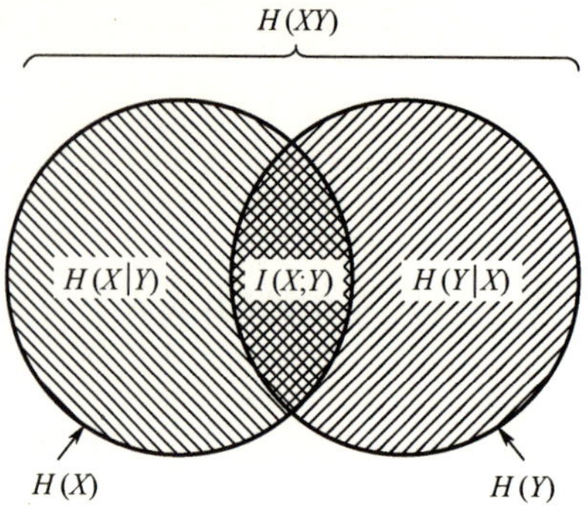

图 2-3　维拉图表示平均互信息与各熵的关系

例 2.6　掷骰子，若结果是 1, 2, 3, 4，则抛一次硬币；若结果是 5, 6，则抛两次硬币，试计算从抛硬币的结果可以得到掷骰子的信息量是多少（设硬币的材质是均匀的）。

【解】 设掷骰子结果是 1, 2, 3, 4 的事件为 $X=0$，结果是 5, 6 的事件为 $X=1$，随机变量 $Y=0$ 表示抛硬币出现 0 次正面，$Y=1$ 表示抛硬币出现 1 次正面，$Y=2$ 表示抛硬币出现 2 次正面。

随机变量 X 的概率空间为

$$\begin{bmatrix} X \\ P(x) \end{bmatrix} = \begin{bmatrix} 0 & 1 \\ \frac{2}{3} & \frac{1}{3} \end{bmatrix}$$

当已知时间 X 时，Y 的条件概率矩阵为

$$\boldsymbol{P}(\boldsymbol{Y} \mid \boldsymbol{X}) = \begin{bmatrix} \frac{1}{2} & \frac{1}{2} & 0 \\ \frac{1}{4} & \frac{1}{2} & \frac{1}{4} \end{bmatrix}$$

使用上面的信息可以计算得到随机变量 XY 的联合概率为

$$\boldsymbol{P}(\boldsymbol{XY}) = \begin{bmatrix} \frac{1}{3} & \frac{1}{3} & 0 \\ \frac{1}{12} & \frac{1}{6} & \frac{1}{12} \end{bmatrix}$$

将联合概率按列相加得到输出随机变量 Y 的概率分布为

$$\begin{bmatrix} Y \\ P(y) \end{bmatrix} = \begin{bmatrix} 0 & 1 & 2 \\ \frac{5}{12} & \frac{1}{2} & \frac{1}{12} \end{bmatrix}$$

计算输出变量 Y 的熵为

$$H(Y) = -\sum_{i=1}^{3} p(y_j)\log p(y_j) = 1.325 \text{ 比特/符号}$$

同样，计算条件熵 $H(Y \mid X)$ 得

$$
\begin{aligned}
H(Y|X) &= \sum_{i=1}^{2}\sum_{j=1}^{3} p(x_i y_j)\log\frac{1}{p(y_j|x_i)} \\
&= \frac{1}{3}\times\log 2 + \frac{1}{3}\times\log 2 + \frac{1}{12}\times\log 4 + \frac{1}{6}\times\log 2 + \frac{1}{12}\times\log 4 \\
&= \frac{7}{6} = 1.167\text{比特/符号}
\end{aligned}
$$

利用式（2.21）计算由抛硬币的结果得到掷骰子的信息量是

$$I(X;Y) = H(Y) - H(Y|X) = 1.325 - 1.167 = 0.158\ \text{比特/符号}$$

2.4.3 平均互信息的性质

1．非负性

平均互信息 $I(X;Y)\geqslant 0$，当 X 和 Y 统计独立时，等式成立。

【证明】

$$
\begin{aligned}
-I(X;Y) &= \sum_{i=1}^{n}\sum_{j=1}^{m} p(x_i y_j)\log\frac{p(x_i)p(y_j)}{p(x_i y_j)} && \text{（由式（2.20）得）} \\
&\leqslant \log\left[\sum_{i=1}^{n}\sum_{j=1}^{m} p(x_i y_j)\frac{p(x_i)p(y_j)}{p(x_i y_j)}\right] && \text{（由詹森不等式得）} \\
&= \log\left[\sum_{i=1}^{n} p(x_i)\sum_{j=1}^{m} p(y_j)\right] \\
&= 0
\end{aligned}
$$

因此 $I(X;Y)\geqslant 0$。　　【证毕】

平均互信息是非负的，说明如果随机变量 X 与 Y 是关联的，已知随机变量 Y 后，能消除关于 X 的一些不确定性，即 X 的条件熵比无条件熵值要小。

2．互易性（对称性）

互易性是指平均互信息 $I(X;Y)=I(Y;X)$。

式（2.22）已经证明了互易性。互易性表示从 Y 中获得的关于 X 的信息量等于从 X 中获得的关于 Y 的信息量。

3．极值性

$$I(X;Y)\leqslant \min\{H(X), H(Y)\} \tag{2.23}$$

由于条件熵非负，根据关系式（2.19）和式（2.21），即得到式（2.23）。极值性说明从一个事件 Y 提取关于另一个事件 X 的信息量至多只能是事件 X 的平均自

信息量 $H(X)$。最好的情况是通信后 $I(X;Y)=H(X)=H(Y)$；最不好的情况是当 X, Y 相互独立时，从事件 Y 不能得到事件 X 的任何信息，即 $I(X;Y)=0$，相当于通信中断。一般情况下，平均互信息

$$0<I(X;Y)<H(X) \tag{2.24}$$

4．凸状性

定理 2.1 当条件概率分布 $p(y_j|x_i)$ 给定时，平均互信息 $I(X;Y)$ 是输入概率分布 $p(x_i)$ 的上凸函数。

【证明】设给定条件概率分布 $p(y_j|x_i)$，$p_1(x_i)$ 和 $p_2(x_i)$ 为信源的两种不同的概率分布，相应的平均互信息记为 $I[p_1(x_i)]$ 和 $I[p_2(x_i)]$，选择信源符号集的另一种概率分布 $p(x_i)$，且令

$$p(x_i)=\theta p_1(x_i)+(1-\theta)p_2(x_i) \tag{2.25}$$

其中，$0<\theta<1$，相应的平均互信息记为 $I[p(x_i)]$，根据定理 2.1 的描述，需要证明

$$I[p(x_i)]\geqslant \theta I[p_1(x_i)]+(1-\theta)I[p_2(x_i)] \tag{2.26}$$

根据平均互信息的定义有

$$\theta I[p_1(x_i)]+(1-\theta)I[p_2(x_i)]-I[p(x_i)]$$

$$=\theta\sum_{i=1}^{n}\sum_{j=1}^{m}p_1(x_i)p(y_j|x_i)\log\frac{p(y_j|x_i)}{p_1(y_j)}+(1-\theta)\sum_{i=1}^{n}\sum_{j=1}^{m}p_2(x_i)p(y_j|x_i)\log\frac{p(y_j|x_i)}{p_2(y_j)}-\sum_{i=1}^{n}\sum_{j=1}^{m}p(x_i)p(y_j|x_i)\log\frac{p(y_j|x_i)}{p(y_j)}$$

$$=\theta\sum_{i=1}^{n}\sum_{j=1}^{m}p_1(x_i)p(y_j|x_i)\log\frac{p(y_j|x_i)}{p_1(y_j)}+(1-\theta)\sum_{i=1}^{n}\sum_{j=1}^{m}p_2(x_i)p(y_j|x_i)\log\frac{p(y_j|x_i)}{p_2(y_j)}-\theta\sum_{i=1}^{n}\sum_{j=1}^{m}p_1(x_i)p(y_j|x_i)\log\frac{p(y_j|x_i)}{p(y_j)}-(1-\theta)\sum_{i=1}^{n}\sum_{j=1}^{m}p_2(x_i)p(y_j|x_i)\log\frac{p(y_j|x_i)}{p(y_j)}$$

$$=\theta\sum_{i=1}^{n}\sum_{j=1}^{m}p_1(x_i)p(y_j|x_i)\log\frac{p(y_j)}{p_1(y_j)}+(1-\theta)\sum_{i=1}^{n}\sum_{j=1}^{m}p_2(x_i)p(y_j|x_i)\log\frac{p(y_j)}{p_2(y_j)}$$

$$\leqslant\theta\log\left(\sum_{i=1}^{n}\sum_{j=1}^{m}p_1(x_i)p(y_j|x_i)\frac{p(y_j)}{p_1(y_j)}\right)+(1-\theta)\log\left(\sum_{i=1}^{n}\sum_{j=1}^{m}p_2(x_i)p(y_j|x_i)\frac{p(y_j)}{p_2(y_j)}\right)$$

$$=\theta\log\left(\sum_{j=1}^{m}\frac{p(y_j)}{p_1(y_j)}\sum_{i=1}^{n}p_1(x_iy_j)\right)+(1-\theta)\log\left(\sum_{j=1}^{m}\frac{p(y_j)}{p_2(y_j)}\sum_{i=1}^{n}p_2(x_iy_j)\right)$$

$$=\theta\log\left(\sum_{j=1}^{m}\frac{p(y_j)}{p_1(y_j)}p_1(y_j)\right)+(1-\theta)\log\left(\sum_{j=1}^{m}\frac{p(y_j)}{p_2(y_j)}p_2(y_j)\right)$$

$$=0$$

【证毕】

如果把条件概率分布 $p(y_j|x_i)$ 视为信道，概率分布 $p(x_i)$ 视为信源，那么信源存在一个最佳分布 $p(x_i)$，使得平均互信息 $I(X;Y)$ 最大。

定理 2.2　当输入概率分布 $p(x_i)$固定时，平均互信息 $I(X;Y)$是条件概率分布 $p(y_j|x_i)$ 的下凸函数。

定理 2.2 的证明方法与定理 2.1 类似，这里从略。

2.4.4　平均条件互信息

定义 2.5　在已知事件 z 的条件下，由接收到 y 后获得的关于事件 x 的互信息量，定义为条件互信息，其定义式为

$$I\left(x_i;y_j|z_k\right)=\log\frac{p(x_i|y_jz_k)}{p(x_i|z_k)}=\log\frac{p(y_j|x_iz_k)}{p(y_j|z_k)}=\log\frac{p(x_iy_j|z_k)}{p(x_i|z_k)p(y_j|z_k)} \quad (2.27)$$

定义 2.6　将条件互信息 $I(x_i;y_j|z_k)$ 在概率空间 X, Y, Z 上求统计平均，便得到**平均条件互信息**。

$$I(X;Y|Z)=E\left[I(x_i;y_j|z_k)\right]=\sum_{i=1}^{n}\sum_{j=1}^{m}\sum_{k=1}^{l}p(x_iy_jz_k)\log\frac{p(x_i|y_jz_k)}{p(x_i|z_k)} \quad (2.28)$$

平均条件互信息表示随机变量 Z 给定后，从随机变量 Y 所得到的关于随机变量 X 的信息量。

思　考　题

2.1　自信息的定义是什么？某事件的自信息与什么因素有关？自信息的单位是如何定义的？

2.2　自信息的物理意义是什么？

2.3　信息熵的定义是什么？某信源的信息熵与什么因素有关？信息熵的单位是什么？

2.4　信息熵的物理意义是什么？

2.5　互信息和平均互信息的定义式是什么？能利用维拉图描述平均互信息公式。

习　题

2.1　同时掷两个均匀的骰子，当得知“两个骰子面朝上的点数之和为 7”，或者“至少有一个骰子是 6”时，试分析这两种情况分别获得多少信息量。

2.2　每帧电视图像可以认为是由 1152×864 个像素组成，每个像素均独立变化，若每个像素可取 256 个不同的亮度电平，并设亮度电平等概率出现，问每帧图像含有多少信息量？

2.3　中国国家标准局所规定的二级汉字共 6763 个。设每个字使用的频度相同，求一个汉字所含有的信息量。设每个汉字用一个 16×16 的二元点阵显示，试计算显示方阵所能表示的最大信息，显示方阵的利用率是多少？

2.4　在你不知道今天是星期几的情况下问你的朋友“明天是星期几？”，问解答中包含多少信息量？在你知道今天是星期几的情况下提出同样的问题，问你从解答中能获得多少信息量？

2.5　同时掷两个均匀的骰子，即各面呈现的概率都是 1/6，求：

（1）“3 和 4 同时出现”，这一事件的自信息量；

（2）“两个 3 同时出现”，这一事件的自信息量；

（3）“至少有一个骰子出现 3”，这一事件的自信息量；

（4）比较上述自信息量计算值的大小，并解释其原因。

2.6　同时掷两个均匀的骰子，即各面呈现的概率都是 1/6，求：

（1）两个点数的各种组态（有序对）的熵或平均自信息量；

（2）两个点数之和（即 2,3,…,12 构成的子集）的熵。

2.7　一信源有 6 种输出状态，概率分别为：$p(A) = 0.5, p(B) = 0.25, p(C) =0.125, p(D) = p(E) = 0.05, p(F) = 0.025$。（1）计算熵 $H(X)$；（2）分别求出消息 *ABABBAC* 和 *FDDFDFE* 的信息量（设信源先后发出的符号相互独立）；（3）将（2）中结果与长度为 7 的消息序列信息量的期望值相比较，并分析比较结果。

2.8　从大量统计资料知道，男性中红绿色盲的发病率为 7%，女性发病率为 0.5%。如果问一位男性“你是红绿色盲吗？”对方回答“是”或者“否”，这两个回答中各包含有多少信息量？平均每个回答中含有多少信息量？如果问一位女性，则答案中平均含有多少信息量？

2.9　设信源$\begin{bmatrix} X \\ p(x) \end{bmatrix} = \begin{bmatrix} a_1 & a_2 & a_3 & a_4 & a_5 & a_6 \\ 0.2 & 0.19 & 0.18 & 0.16 & 0.17 & 0.18 \end{bmatrix}$，求信源的熵$H(X)$，并解释本题中为什么$H(X) > \log 6$，不满足熵的极值性。

2.10　已知二维随机变量 XY 的联合概率分布 $p(x,y)$ 为 $p(0,0) = P(1,1) = 1/8$，

$p(0,1)=p(1,0)=3/8$，求 $H(X),H(X|Y),I(X;Y)$。

2.11　已知 X, Y 的联合概率分布 $p(x, y)$如表 2.1 所示，求 $H(X),H(Y),H(Y|X),H(X|Y),I(X;Y),H(XY)$。

表 2.1　习题 2.11

$p(x,y)$	$y=0$	$y=1$
$x=0$	1/3	1/3
$x=1$	0	1/3

2.12　设 X, Y 是两个相互统计独立的二元随机变量，其分别等概率取值“0”或“1”。定义另一个二元随机变量 Z，而且 $Z=X\cdot Y$（一般乘积）。试计算：

（1）$H(X),H(Y),H(Z)$；

（2）$H(XY),H(XZ),H(XYZ)$；

（3）$H(X|Y),H(X|Z),H(Z|X)$；

（4）$I(X;Y),I(Y;Z)$。

2.13　X, Y, Z 为三个随机变量，证明以下关系式成立，并指出等号成立的条件。

（1）$H(XY|Z)\geqslant H(X|Z)$；

（2）$I(XY;Z)\geqslant I(X;Z)$；

（3）$H(XYZ)-H(XY)\leqslant H(XZ)-H(X)$；

（4）$I(X;Z|Y)=I(Z;Y|X)-I(Z;Y)+I(X;Z)$。

第 3 章　离散信源熵

本章首先讨论信源的统计特性和数学模型，继而讨论各种类型信源的数学模型、信源熵及其性质。信源的信息测度是本章的主要内容，注意理解和掌握。

3.1　信源分类及数学模型

信源是信息的来源，是产生消息或消息序列的源泉。信息是抽象的，而消息是具体的。消息不是信息本身，但是它携带着信息，因此我们要通过消息来研究信源。在通信系统中，接收者在未收到消息以前，对信源发出什么消息是不确定的，因此可用随机变量、随机矢量或者随机过程来描述信源输出的消息。也就是说，可以用一个样本空间及其概率测度（概率空间）来描述信源。

3.1.1　离散信源

按照信源发出信息在时间上和幅度上的分布情况，信源可分为离散信源和连续信源。**离散信源**（Discrete source）输出的消息数量是有限的或可数的，而且每次只输出其中的一个消息。例如，掷一颗骰子，研究其落下后朝上一面的点数。每次试验的结果必然是 1 点、2 点、3 点、4 点、5 点、6 点中的某一个面朝上。这种信源输出的消息是“朝上的面是 1 点”、“朝上的面是 2 点”、……、“朝上的面是 6 点”等 6 个不同的消息。每次试验只能随机地出现一种消息，且必定是这 6 个消息集合中的某一个消息。如用符号 $a_i(i=1,2,\cdots,6)$ 来表示这些消息，得到信源的样本空间符号集 $A:\{a_1,a_2,a_3,a_4,a_5,a_6\}$，各消息都是等概率出现的，都等于 1/6。可以用一个离散型随机变量 S 来描述这个信源输出的消息。这个随机变量 S 的样本空间就是符号集 A；而 S 的概率分布就是各消息出现的先验概率，这个信源的数学模型为

$$\begin{bmatrix} S \\ P(s) \end{bmatrix}=\begin{bmatrix} a_1 & a_2 & a_3 & a_4 & a_5 & a_6 \\ 1/6 & 1/6 & 1/6 & 1/6 & 1/6 & 1/6 \end{bmatrix} \qquad \sum_{i=1}^{6} p(a_i)=1 \tag{3.1}$$

显然，概率空间 A 是完备集。

在实际情况中，存在着很多这样的离散信源，如投硬币、书信文字、计算机代码、电报符号、阿拉伯数字码等。这些离散信源输出的都是单个符号（或代码）的消息，它们符号集的取值是有限的或可数的。我们可以用一维离散型随机

变量 S 来描述这些离散信源的输出，它的数学模型是离散型的概率空间，表示为

$$\begin{bmatrix} S \\ P(s) \end{bmatrix} = \begin{bmatrix} a_1 & a_2 & \cdots & a_i & \cdots & a_q \\ p(a_1) & p(a_2) & \cdots & p(a_i) & \cdots & p(a_q) \end{bmatrix} \quad \sum_{i=1}^{q} p(a_i) = 1 \qquad (3.2)$$

式中，$p(a_i)$是信源输出符号 a_i 的先验概率，式（3.2）表示信源可能的消息（符号）数是有限的，只有 q 个，而且每次必定选取其中一个消息输出，满足完备集条件。这是最基本的单符号离散信源的模型。

当信源已知时，其相应的概率空间就已给定；反之，如果概率空间已知，这就表示相应的信源已给定。所以，概率空间能表征离散信源的统计特性，因此有时也把这个概率空间称为信源空间。

3.1.2　连续信源

连续信源输出也是单个符号（代码）的消息，但其出现的消息数是不可数的无限值，即输出消息的符号集 A 的取值是连续的，或取值是实数集$(-\infty,+\infty)$。例如，语音信号、热噪声信号某时刻的连续取值数据，遥控系统中有关电压、温度、压力等测得的连续数据，这些数据取值是连续的，但又是随机的。连续信源（Continuous source）可用一维连续型随机变量 X 来描述这种连续分布的消息，其数学模型是连续型的概率空间。

$$\begin{bmatrix} X \\ p(x) \end{bmatrix} = \begin{bmatrix} (a,b) \\ p(x) \end{bmatrix} \text{ 或 } \begin{bmatrix} R \\ p(x) \end{bmatrix} \text{ 并满足 } \int_a^b p(x)\mathrm{d}x = 1 \text{ 或 } \int_{\mathbf{R}} p(x)\mathrm{d}x = 1 \qquad (3.3)$$

其中 $\mathbf{R}$ 表示实数集$(-\infty,+\infty)$，$p(x)$ 是随机变量 X 的概率密度函数，式（3.3）表示连续型概率空间也满足完备集。

3.1.3　信源分类

根据信源输出的消息在时间上和幅度上是离散的还是连续的可以对信源进行分类，如表 3.1 所示。对于时间连续而幅值离散的信源实际上很少见。

表 3.1　信源的三种分类

信源类型	时间	幅值	举　例	数学描述
离散信源（数字信源）	离散	离散	文字、离散图像等	离散随机变量序列：$p(X_1X_2\cdots X_N)$
连续信源	离散	连续	跳高比赛结果、语音信号抽样等	连续随机变量序列：$p(X_1X_2\cdots X_N)$
波形信源（模拟信源）	连续	连续	语音、温度、压力、器件热噪声等	随机过程：$\{X(e,t)\}$

3.2　离散信源熵的计算

首先讨论最基本的离散信源，即输出离散取值的单个符号的信源，称为离散单符号信源。此类信源的模型可以用式（3.2）表示，其信源熵的计算已经在 2.2 节详细讨论过，见计算公式（2.3），这里再重复写出。

$$H(S)=-\sum_{I=1}^{q}p(a_i)\log p(a_i)=\sum_{i=1}^{q}p(a_i)\log\frac{1}{p(a_i)}$$

例 3.1　将英文看成由 26 个字母和空格组成，计算英文信源的信息熵。(1) 当 26 个字母和空格视为等概率出现时；(2) 据统计，26 个字母和空格出现的概率如表 3.2 所示。

表 3.2　英文字母出现的概率分布

字母	空格	e	t	o	a	n	i	r	s
概率	0.1956	0.105	0.072	0.0654	0.063	0.059	0.055	0.054	0.052
字母	h	d	l	c	f	u	m	p	y
概率	0.047	0.035	0.029	0.023	0.0225	0.0225	0.021	0.0175	0.012
字母	w	g	b	v	k	x	j	q	z
概率	0.012	0.011	0.0105	0.008	0.003	0.002	0.001	0.001	0.001

【解】（1）27 个英文符号等概率出现时，英文信源的熵为最大，利用式（2.15）计算熵值为

$$H_{\max}(S)=\log q=\log 27=4.75\ \text{比特/符号}$$

（2）当信源的概率分布如表 3.2 所示时，利用式（2.3）计算信源的熵为

$$H(S)=-\sum_{i=1}^{27}p(x_i)\log p(x_i)=4.02\ \text{比特/符号}$$

显然，当我们考虑英文不同符号的实际输出概率后，英文信源的信息熵 $H(S)$ 要比把符号看作等概率出现时的信息熵小一些，因为信源概率出现时其不确定性是最大的。

例 3.2　在一个筐子里放着 100 个球，其中 60 个为黑色的，40 个为白色的，随机取出一个球看它的颜色，结果可能是黑色或者白色的。将这一实验视为一种信源：(1) 试指出该信源的类型；(2) 如果每次看过颜色后再将球放回筐中，试给出该信源的概率模型；(3) 计算每次取出一个球后平均获得的信息量。

【解】（1）每次只取出一个球看它的颜色，因此该信源是单符号离散无记忆信源。

（2）如果每次取出的球再放回筐里，则取出黑球 a_1 的概率是 0.6，取出白球 a_2

的概率是 0.4，用概率空间表示该信源为

$$\begin{bmatrix} S \\ P(s) \end{bmatrix} = \begin{bmatrix} a_1 & a_2 \\ 0.6 & 0.4 \end{bmatrix}$$

（3）每次取出一个球后平均获得的信息量就是该信源的熵，得

$$H(S) = -\sum_{i=1}^{2} p(a_i)\log p(a_i) = -0.6\log 0.6 - 0.4\log 0.4 = 0.971 \text{ 比特/符号}$$

3.3　离散无记忆扩展信源

前面介绍的离散单符号信源是最简单的信源模型，用一个离散随机变量表示。实际信源输出往往是符号序列，称为**离散多符号信源**，通常用离散随机变量序列（随机矢量）来表示：$\boldsymbol{S}=S_1S_2\cdots S_N$。为了简化问题，我们只研究**离散平稳信源**，也就是统计特性不随时间改变的信源。关于离散多符号信源熵的计算问题，将在本章的后面几节具体阐述。离散平稳信源按照信源发出的符号之间的依赖关系可分为表 3.3 中的几种类型。

表 3.3　离散平稳信源的类型

平稳信源	子类信源
无记忆信源	发出单个符号的无记忆信源（3.2 节）
	发出符号序列的无记忆信源（3.3 节）
有记忆信源	发出符号序列的有记忆信源（3.4 节）
	发出符号序列的马尔可夫信源（3.5 节）

很多实际信源输出的消息由一系列的符号组成，这种每次发出一组含有两个或两个以上符号的符号序列来代表一个消息的信源称为**发出符号序列的信源**（Sequence source）。用随机序列（或随机矢量）$\boldsymbol{S}=S_1S_2\cdots S_N$ 来描述信源输出的消息，用联合概率分布来表示信源的特性。最简单的符号序列信源是 $N=2$ 的情况，此时 $\boldsymbol{S}=S_1S_2$，其信源的概率空间为

$$\begin{bmatrix} \boldsymbol{S} \\ P(s) \end{bmatrix} = \begin{bmatrix} a_1a_1 & a_1a_2 & \cdots & a_ia_j & \cdots & a_qa_q \\ p(a_1a_1) & p(a_1a_2) & \cdots & p(a_ia_j) & \cdots & p(a_qa_q) \end{bmatrix} \qquad \sum_{i=1}^{q}\sum_{j=1}^{q} p(a_ia_j) = 1 \tag{3.4}$$

式中，随机序列 $\boldsymbol{S}$ 任一随机变量 S_i 的取值都来自于符号集合$\{a_1,a_2,\cdots,a_q\}$，且 $p(a_ia_j)= p(a_i)p(a_j|a_i)$。由信源熵的定义可知，此二维随机序列信源的联合熵为

$$H(\boldsymbol{S}) = H(S_1S_2) = -\sum_{i=1}^{q}\sum_{j=1}^{q} p(a_ia_j)\log p(a_ia_j) \tag{3.5}$$

例 3.3　在例 3.2 的摸球实验中，如果每次随机取出两个球，先取出一个球记

下其颜色放回筐里再取另一个球。将这一实验视为一种信源：（1）试指出该信源的类型；（2）试给出该信源的概率模型；（3）计算每次如此取出两个球时平均获得的信息量。

【解】（1）由于连续两次取球时筐中黑色和白色球的个数没有变化，第二个球的颜色与第一个球的颜色没有关系，因而该信源是二维符号序列的无记忆信源。

（2）该信源二维符号序列的可能组合有四种，由于此序列是无记忆的，因此其联合概率可以通过单符号概率值计算得到，即 $p(a_ia_j)= p(a_i)p(a_j|a_i)= p(a_i)\, p(a_j)$，信源的概率空间为

$$\begin{bmatrix} S_1S_2 \\ P(a_ia_j) \end{bmatrix} = \begin{bmatrix} a_1a_1 & a_1a_2 & a_2a_1 & a_2a_2 \\ 0.36 & 0.24 & 0.24 & 0.16 \end{bmatrix} \qquad \sum_{i=1}^{2}\sum_{j=1}^{2} p(a_ia_j) = 1$$

（3）该信源的联合熵为

$$\begin{aligned} H(S_1S_2) &= -\sum_{i=1}^{2}\sum_{j=1}^{2} p(a_ia_j)\log p(a_ia_j) \\ &= -0.36\log 0.36 - 0.24\log 0.24 - 0.24\log .024 - 0.16\log 0.16 \\ &= 1.942 \text{ 比特/两个符号 } = 2H(X) \end{aligned}$$

当离散信源输出的符号序列是平稳随机序列，且符号之间是无依赖的，即为统计独立时，这样的离散信源称为**离散无记忆信源**。当该信源用随机序列 $\boldsymbol{S}=S_1S_2\cdots S_N$ 来描述时，又称为**离散无记忆信源 S 的 N 次扩展信源**，一般标记为 S^N。离散无记忆信源的 N 次扩展信源的输出符号序列的联合概率等于各符号概率的乘积，即

$$p(a_{i_1}a_{i_2}\cdots a_{i_N}) = p(a_{i_1})\,p(a_{i_2})\cdots p(a_{i_N}) \qquad (i_1,i_2,\cdots,i_N = 1,2,\cdots,q) \tag{3.6}$$

当离散单符号无记忆信源的概率模型已知时，由其符号组成的离散多符号无记忆信源的概率模型则也是已知的了，从而能计算出该扩展信源的熵值。

离散无记忆信源 $\boldsymbol{S}$ 的 N 次扩展信源 $\boldsymbol{S}=S_1S_2\cdots S_N$ 的输出符号用 α_i（i=1,2,⋯, q^N）表示，而任一随机变量 S_i 的取值都来自于符号集合 $\{a_1,a_2,\cdots,a_q\}$，因此每个符号 α_i 是对应于某一个由 N 个 a_j（j=1,2,⋯,q）组成的序列，即共有 q^N 个可能的序列。离散无记忆信源 $\boldsymbol{S}$ 的 N 次扩展信源的概率空间表示为

$$\begin{bmatrix} S^N \\ P(s) \end{bmatrix} = \begin{bmatrix} \alpha_1 & \alpha_2 & \cdots & \alpha_i & \cdots & \alpha_{q^N} \\ p(\alpha_1) & p(\alpha_2) & \cdots & p[\alpha_i] & \cdots & p(\alpha_{q^N}) \end{bmatrix} \qquad \sum_{i=1}^{q^N} p(\alpha_i) = 1 \tag{3.7}$$

其中，$\alpha_i = a_{i_1}a_{i_2}\cdots a_{i_N}$ (i=1,2,⋯, q^N; $i_1, i_2,\cdots, i_N$ = 1,2,⋯, q)。

可以证明，离散无记忆信源 $\boldsymbol{S}$ 的 N 次扩展信源的熵为

$$H(\boldsymbol{S}) = H(S^N) = NH(S) \tag{3.8}$$

【证明】

$$H\left(S^N\right)=-\sum_{i=1}^{q^N}p(\alpha_i)\log(\alpha_i)=-\sum_{i_1,\cdots,i_N=1}^{q}p\left(a_{i_1}a_{i_2}\cdots a_{i_N}\right)\log\left(a_{i_1}a_{i_2}\cdots a_{i_N}\right)$$

$$=-\sum_{i_1,\cdots,i_N=1}^{q}p\left(a_{i_1}\right)p\left(a_{i_2}\cdots\right)\cdots p\left(a_{i_N}\right)\log\left[\left(a_{i_1}\right)p\left(a_{i_2}\cdots\right)\cdots p\left(a_{i_N}\right)\right]$$

因为

$$-\sum_{i_1,\cdots,i_N=1}^{q}p\left(a_{i_1}\right)p\left(a_{i_2}\right)\cdots p\left(a_{i_N}\right)\log p\left(a_{i_1}\right)=-\sum_{i_1=1}^{q}p\left(a_{i_1}\right)\log\left(a_{i_1}\right)\sum_{i_1,\cdots,i_N=1}^{q}p\left(a_{i_2}\right)\cdots p\left(a_{i_N}\right)$$

$$=-\sum_{i=1}^{q}p\left(a_{i_1}\right)\log p\left(a_{i_1}\right)=H(S)$$

则

$$H\left(S^N\right)=-\sum_{i_1,\cdots,i_N=1}^{q}p\left(a_{i_1}\right)p\left(a_{i_2}\right)\cdots p\left(a_{i_N}\right)\log p\left(a_{i_1}\right)-\sum_{i_1,\cdots,i_N=1}^{q}p\left(a_{i_1}\right)p\left(a_{i_2}\right)\cdots$$

$$p\left(a_{i_N}\right)\log p\left(a_{i_2}\right)-\cdots\sum_{i_1,\cdots,i_N=1}^{q}p\left(a_{i_1}\right)p\left(a_{i_2}\right)\cdots p\left(a_{i_N}\right)\log p\left(a_{i_N}\right)$$

$$=NH(S)$$

【证毕】

显然，离散无记忆信源 **S** 的 N 次扩展信源的熵等于离散信源 S 的熵的 N 倍。

例 3.4　设有一离散无记忆信源 S，其概率空间为 $\begin{bmatrix}S\\p(s)\end{bmatrix}=\begin{bmatrix}a_1 & a_2 & a_3\\ \frac{1}{2} & \frac{1}{4} & \frac{1}{4}\end{bmatrix}$，求该信源 S 的二次扩展信源 S^2 的熵。

【解】无扩展时单符号信源的熵为

$$H(S)=-\sum_{i=1}^{3}p(a_i)\log p(a_i)=\frac{1}{2}\log 2+\frac{1}{4}\log 4+\frac{1}{4}\log 4=1.5\text{ 比特/符号}$$

由于该信源是无记忆的，因此其二次扩展信源的熵为

$$H\left(S^2\right)=2H(S)=2\times 1.5=3\text{ 比特/符号}$$

注意：最后二次扩展信源熵的单位是“比特/两个符号”，其中每个符号提供的信息量仍然是 1.5 比特。

本例还可以通过求二次扩展信源的概率模型和信源熵的公式计算得到。二离散无记忆二次扩展信源的符号数是 $q^N=3^2=9$，该扩展信源模型为

$$\begin{bmatrix}S^2\\ s_is_j\\ P(\alpha_i)\end{bmatrix}=\begin{bmatrix}\alpha_1 & \alpha_2 & \alpha_3 & \alpha_4 & \alpha_5 & \alpha_6 & \alpha_7 & \alpha_8 & \alpha_9\\ a_1a_1 & a_1a_2 & a_1a_3 & a_2a_1 & a_2a_2 & a_2a_3 & a_3a_1 & a_3a_2 & a_3a_3\\ \frac{1}{4} & \frac{1}{8} & \frac{1}{8} & \frac{1}{8} & \frac{1}{16} & \frac{1}{16} & \frac{1}{8} & \frac{1}{16} & \frac{1}{16}\end{bmatrix}$$

二次扩展信源的熵为

$$H\left(S^2\right)=-\sum_{i=1}^{9}p\left(\alpha_i\right)\log p\left(\alpha_i\right)=\frac{1}{4}\log 4+4\times\frac{1}{8}\log 8+4\times\frac{1}{16}\log 16=3\text{ 比特/两个符号}$$

显然，采用后一种方案来计算无记忆扩展信源的熵是比较烦琐的，一般情况下利用公式 $H(S^N)=NH(S)$ 计算熵的结果更为快捷。

3.4　离散平稳信源

前面我们已经简要地提及了离散平稳信源，为了更加深入地研究离散平稳信源的信息测度，需要给出离散平稳信源的严格数学定义，建立其数学模型，然后再对离散平稳信源的信息熵进行讨论。

3.4.1　离散平稳信源的数学定义

离散信源的输出是空间或时间离散符号序列，在序列中符号之间有依赖关系。此时可用随机矢量来描述信源发出的信息，即 $\boldsymbol{X}=\cdots X_1X_2X_3\cdots X_i\cdots$，其中任一变量 X_i 都是离散随机矢量，它表示 $t=i$ 时刻所发出的符号。信源在 $t=i$ 时刻要发出什么样的符号取决于以下两个方面：

（1）与信源在 $t=i$ 时刻随机变量 X_i 取值的概率分布 $p\left(x_i\right)$ 有关。一般情况下 t 不同，概率分布也不同，即 $p\left(x_i\right)\neq p\left(x_j\right)$。

（2）与 $t=i$ 时刻以前信源发出的符号有关，即与条件概率 $p\left(x_i\mid x_{i-1}x_{i-2}\ldots\right)$ 有关。一般情况下，它也是时间 $t=i$ 的函数，所以 $p\left(x_i\mid x_{i-1}x_{i-2}\ldots x_{i-N}\right)\neq p\left(x_j\mid x_{j-1}x_{j-2}\ldots x_{j-N}\right)$。

上述的一般随机序列情况比较复杂，本书只讨论平稳随机序列信源。所谓**平稳随机序列信源**就是序列的统计性质与时间的推移无关，即信源所发符号序列的概率分布与时间起点无关。数学严格定义如下：

若当 $t=i$，$t=j$ 时（i, j 是大于 1 的任意整数，且 $i\neq j$），$p(x_i)=p(x_j)=p(x)$，则序列是一维平稳的。这里符号 x 表示任意两个不同时刻信源发出该符号的概率分布完全相同，即

$$\begin{cases}p(x_i=a_1)=p(x_j=a_1)=p(a_1)\\p(x_i=a_2)=p(x_j=a_2)=p(a_2)\\\qquad\qquad\cdots\cdots\\p(x_i=a_q)=p(x_j=a_q)=p(a_q)\end{cases}\tag{3.9}$$

具有这样性质的信源称为**一维离散平稳信源**。一维离散平稳信源无论在何时

刻均按 $p(x)$ 的概率分布发出符号。

除上述条件外，如果联合概率分布 $p(x_ix_{i+1})$ 也与时间起点无关，即 $p(x_ix_{i+1})=p(x_jx_{j+1})$（$i$, j 是任意整数且 $i\neq j$），则信源称为**二维离散平稳信源**，即要求任何时刻信源连续发出两个符号的联合概率分布也完全相等。

如果各维联合概率分布均与时间起点无关，即当 $t=i$, $t=j$（i, j 是任意整数且 $i\neq j$）时有

$$\begin{cases} p(x_i)=p(x_j) \\ p(x_ix_{i+1})=p(x_jx_{j+1}) \\ \quad\cdots\cdots \\ p(x_ix_{i+1}\cdots x_{i+N})=p(x_jx_{j+1}\cdots x_{j+N}) \end{cases} \tag{3.10}$$

则信源是完全平稳的，信源发出的序列 $\boldsymbol{X}$ 也是完全平稳的。这种各维联合概率分布均与时间起点无关的完全平稳信源称为**离散平稳信源**。

因为联合概率与条件概率有如下关系：

$$\begin{cases} p(x_ix_{i+1})=p(x_i)p(x_{i+1}\mid x_i) \\ p(x_ix_{i+1}x_{i+2})=p(x_i)p(x_{i+1}\mid x_i)p(x_{i+2}\mid x_ix_{i+1}) \\ \quad\cdots\cdots \\ p(x_ix_{i+1}\cdots x_{i+N})=p(x_i)p(x_{i+1}\mid x_i)\cdots p(x_{i+N}\mid x_ix_{i+1}\cdots x_{i+N-1}) \end{cases}$$

所以，完全平稳信源表达式（3.10）有如下的条件概率形式：

$$\begin{cases} p(x_{i+1}\mid x_i)=p(x_{j+1}\mid x_j) \\ p(x_{i+2}\mid x_ix_{i+1})=p(x_{j+2}\mid x_jx_{j+1}) \\ \quad\cdots\cdots \\ p(x_{i+N}\mid x_ix_{i+1}\cdots x_{i+N-1})=p(x_{j+N}\mid x_jx_{j+1}\cdots x_{j+N-1}) \end{cases} \tag{3.11}$$

所以，对于离散平稳信源，其条件概率也均与时间起点无关，只与关联长度 N 有关。它表示离散平稳信源发出的平稳随机序列前后的依赖关系与时间起点无关。若某时刻发出的信号与前发出的 N 个符号有关，则任意时刻它们的依赖关系都是一样的。

3.4.2 二维离散平稳信源及其信息熵

最简单的离散平稳信源是**二维离散平稳信源**，其输出的随机序列满足式（3.10）和式（3.11）中的一维和二维表达式。也就是说，一维概率分布和二维联合概率（或条件概率）分布已知，就是二维离散平稳信源已知了。

一个二维离散平稳信源 $\boldsymbol{S}$ 的一维概率空间模型与单符号离散信源模型（见式（3.2））相同，表述如下：

$$\begin{bmatrix} S \\ P(s) \end{bmatrix} = \begin{bmatrix} a_1 & a_2 & \cdots & a_i & \cdots & a_q \\ p(a_1) & p(a_2) & \cdots & p(a_i) & \cdots & p(a_q) \end{bmatrix} \qquad \sum_{i=1}^{q} p(a_q) = 1$$

而二维离散信源 **S** 的二维概率空间模型就是式（3.4），重新写出如下：

$$\begin{bmatrix} \boldsymbol{S} \\ P(\boldsymbol{s}) \end{bmatrix} = \begin{bmatrix} a_1a_1 & a_1a_2 & \cdots & a_ia_j & \cdots & a_qa_q \\ p(a_1a_1) & p(a_1a_2) & \cdots & p(a_ia_j) & \cdots & p(a_qa_q) \end{bmatrix} \qquad \sum_{i=1}^{q}\sum_{j=1}^{q} p(a_ia_j) = 1$$

但是二维离散平稳信源输出符号序列中，相邻两个符号是有依赖的，且与时间起点无关，离散无记忆信源的概率关系式（3.6）在此不成立，而存在关系式

$$p(a_j \mid a_i) = \frac{p(a_ia_j)}{p(a_i)}, \qquad \sum_{j=1}^{q} p(a_j \mid a_i) = 1 \quad (i, j = 1, 2, \cdots, q) \tag{3.12}$$

当二维离散平稳信源已知时，可以利用式（3.5）计算信源的联合熵，利用式（2.14）计算信源的条件熵，计算公式分别为

$$H(S_1S_2) = -\sum_{i=1}^{q}\sum_{j=1}^{q} p(a_ia_j)\log p(a_ia_j), \qquad H(S_2 \mid S_1) = -\sum_{i=1}^{q}\sum_{j=1}^{q} p(a_ia_j)\log p(a_j \mid a_i)$$

根据信源熵的强可加性式（2.12），得二维离散平稳信源的联合熵与条件熵的关系为

$$H(S_1S_2) = H(S_1) + H(S_2 \mid S_1)$$

这里要特别说明条件熵与无条件熵（即信息熵）的关系，条件熵必不大于无条件熵。

$$H(X \mid Y) \leqslant H(X) \qquad H(Y \mid X) \leqslant H(Y) \tag{3.13}$$

【证明】 设 $f(\lambda) = -\lambda\log\lambda$，在定义域[0,1]中，$f(\lambda)$是上凸函数，并设$\lambda_j = p_{ij} = p(x_i|y_j), j=1,2,\cdots,m$，$0 \leqslant p_j = p(y_j)$，$\sum_{j=1}^{m} p_j = 1$。

根据詹森不等式，有

$$\sum_{j=1}^{m} p_j f(\lambda_j) \leqslant f\left(\sum_{j=1}^{m} p_j\lambda_j\right) = -\left(\sum_{j=1}^{m} p_j\lambda_j\right)\log\left(\sum_{j=1}^{m} p_j\lambda_j\right)$$

代入$\lambda_j = p_{ij}$，有

$$-\sum_{j=1}^{m} p_j f(p_{ij}\log p_{ij}) \leqslant -\left(\sum_{j=1}^{m} p_jp_{ij}\right)\log\left(\sum_{j=1}^{m} p_jp_{ij}\right)$$

$$= -\left(\sum_{j=1}^{m} p(x_iy_j)\right)\log\left(\sum_{j=1}^{m} p(x_iy_j)\right) = -p(x_i)\log p(x_i)$$

等式两边对 i 求和，有

$$-\sum_{i=1}^{n}\sum_{j=1}^{m} p_j(p_{ij}\log p_{ij}) \leqslant -\sum_{i=1}^{n} p(x_i)\log p(x_i)$$

$$H(X \mid Y) \leqslant H(X)$$

【证毕】

当且仅当 $p(x_i|y_j)=p(x_i)$，即随机变量 X, Y 相互独立时，式（3.13）等号成立。同理可以证明 $H(Y|X)=H(Y)$。

例 3.5　有一离散二维平稳信源 $\boldsymbol{S}$，其概率分布为 $\begin{bmatrix} S \\ p(s) \end{bmatrix}=\begin{bmatrix} a_1 & a_2 & a_3 \\ \frac{1}{4} & \frac{4}{9} & \frac{11}{36} \end{bmatrix}$，输出符号序列中，只有前后两个符号有记忆，条件概率 $p(S_2|S_1)$ 列于表 3.4，求 $H(S_2|S_1)$、$\frac{1}{2}H(S_1S_2)$ 和 $H(S)$ 的大小，并比较它们的大小。

表 3.4　条件概率 $p(S_2|S_1)$

S_1	S_2		
	a_1	a_2	a_3
a_1	7/9	2/9	0
a_2	1/8	3/4	1/8
a_3	0	2/11	9/11

【解】 首先计算二维联合概率分布，列于表 3.5 中。

表 3.5　联合概率 $p(S_1S_2)$

S_1	S_2		
	a_1	a_2	a_3
a_1	7/36	1/18	0
a_2	1/18	1/3	1/18
a_3	0	1/18	1/4

不考虑符号间的相关性，信息熵为

$$H(S)=-\sum_{i=1}^{3}p(a_i)\log p(a_i)=\frac{1}{4}\log 4+\frac{4}{9}\log\frac{9}{4}+\frac{11}{36}\log\frac{36}{11}=1.542\ \text{比特/符号}\,(a_i)$$

二维平稳信源的联合熵为

$$H(S_1S_2)=-\sum_{i=1}^{9}P(\alpha_i)\log p(\alpha_i)=2.414\ \text{比特/两个符号}\,(\alpha_i)$$

$$\frac{1}{2}H(S_1S_2)=1.207\ \text{比特/符号}\,(a_i)$$

$$H(S_2\,|\,S_1)=H(S_1S_2)-H(S_1)=2.414-1.542=0.872\ \text{比特/符号}$$

比较上面的计算结果可以得出，$H(S)>\frac{1}{2}H(S_1S_2)>H(S_2|S_1)$，因为 $H(S_1S_2)$ 考虑了同一组的两个符号之间的相关性，因此 $\frac{1}{2}H(S_1S_2)$ 小于不考虑符号间相关性时的信源熵 $H(S)$，但是 $H(S_1S_2)$ 没有考虑前一组的后一个符号与后一组的前一个符号之

间的关联，因此，$\frac{1}{2}H(S_1S_2) > H(S_2|S_1)$。

3.4.3　离散平稳信源的极限熵

1．N 维离散平稳信源熵的定义

离散平稳有记忆信源，已知其信源符号的概率分布（同式（3.2））和与时间起点无关各维联合概率分布（见式（3.10）），就可以求得**离散平稳信源的联合熵**。

$$H(S_1S_2\cdots S_N) = -\sum_{i_1=1}^{q}\cdots\sum_{i_N=1}^{q} p(a_{i_1}a_{i_2}\cdots a_{i_N})\log p(a_{i_1}a_{i_2}\cdots a_{i_N}) \quad (\text{正整数} N \geqslant 2) \tag{3.14}$$

定义长度为 N 的离散平稳信源符号序列中平均每个信源符号携带的信息量为**平均符号熵** $H_N(\boldsymbol{S})$，则有

$$H_N(\boldsymbol{S}) = \frac{1}{N}H(S_1S_2\cdots S_N) \tag{3.15}$$

因为信源符号间的依赖关系长度为 N，可以求出已知前面 $N-1$ 个符号时后面一个符号的平均不确定性。也就是已知前面 $N-1$ 个符号时，后面出现一个符号所携带的平均信息量，即 **N 维平稳信源的条件熵**：

$$H(S_N | S_1S_2\cdots S_{N-1}) = -\sum_{i_1=1}^{q}\cdots\sum_{i_N=1}^{q} p(a_{i_1}a_{i_2}\cdots a_{i_N})\log p(a_{i_N} | a_{i_1}a_{i_2}\cdots a_{i_{N-1}}) \quad (\text{正整数} N \geqslant 2) \tag{3.16}$$

定义离散平稳信源的**熵率** H_∞ 为

$$H_\infty = \lim_{N\to\infty} H(S_N | S_1S_2\cdots S_{N-1}) \tag{3.17}$$

H_∞ 也称为离散平稳信源的**极限熵**。

2．离散平稳信源熵的性质

对于离散平稳信源，当 $H_1(S) < \infty$ 时，具有以下性质：

（1）条件熵 $H(S_N | S_1S_2\cdots S_{N-1})$ 随 N 的增加是非递增的；

（2）N 给定时，平均符号熵不小于条件熵，即 $H_N(\boldsymbol{S}) \geqslant H(S_N | S_1S_2\cdots S_{N-1})$；

（3）平均符号熵 $H_N(\boldsymbol{S})$ 随 N 的增加是非递增的；

（4）当平稳信源的极限熵 H_∞ 存在时，

$$H_\infty = \lim_{N\to\infty} H(S_N | S_1S_2\cdots S_{N-1}) = \lim_{N\to\infty} H_N(\boldsymbol{S}) \tag{3.18}$$

【证明】（1）根据条件多的熵不大于条件少的熵，且信源输出序列是平稳的，可知：

$$H(S_N | S_1S_2\cdots S_{N-1}) \leqslant H(S_N | S_2S_3\cdots S_{N-1}) = H(S_{N-1} | S_1S_2\cdots S_{N-2})$$

所以，性质（1）是正确的。

（2）当 N 给定时，

$$
\begin{aligned}
NH_N(\boldsymbol{S}) &= H(S_1 S_2 \cdots S_N) \\
&= \underbrace{H(S_1)+H(S_2\mid S_1)+H(S_3\mid S_1S_2)+\cdots+H(S_N\mid S_1S_2\cdots S_{N-1})}_{N\text{项}} \\
&\geqslant NH(S_N\mid S_1S_2\cdots S_{N-1})
\end{aligned}
$$

因此有 $H_N(\boldsymbol{S})\geqslant H(S_N\mid S_1S_2\cdots S_{N-1})$。

（3）对于性质（3），

$$
\begin{aligned}
NH_N(\boldsymbol{S}) &= H(S_1 S_2 \cdots S_N) \\
&= H(S_N\mid S_1S_2\cdots S_{N-1})+H(S_1 S_2 \cdots S_{N-1}) \\
&= H(S_N\mid S_1S_2\cdots S_{N-1})+(N-1)H_{N-1}(\boldsymbol{S}) \\
&\leqslant H_N(\boldsymbol{S})+(N-1)H_{N-1}(\boldsymbol{S})
\end{aligned}
$$

因此有 $H_N(\boldsymbol{S})\leqslant H_{N-1}(\boldsymbol{S})$。

（4）只要 S_i 的样本空间是有限的，则有 $H(S_1)<\infty$。因此

$$
0\leqslant H(S_N\mid S_1S_2\cdots S_{N-1})\leqslant H(S_{N-1}\mid S_1S_2\cdots S_{N-2})\leqslant\cdots\leqslant H(S_1)<\infty \quad (N=1,2,\cdots,N)
$$

所以，$H(S_N\mid S_1S_2\cdots S_{N-1})$ 是单调有界数列，极限 $\lim\limits_{N\to\infty} H(S_N\mid S_1S_2\cdots S_{N-1})$ 必然存在，且极限为 0 和 $H_1(S)$ 之间的某个值。

在数学上，如果 $a_1, a_2, a_3,\cdots$ 是一个收敛的实数列，则有如下结论：

$$
\lim_{N\to\infty}\frac{1}{N}(a_1+a_2+\cdots+a_N)=\lim_{N\to\infty}a_N \tag{3.19}
$$

根据平均符号熵的定义和熵的链规则关系式，推导得

$$
\begin{aligned}
\lim_{N\to\infty}H_N(\boldsymbol{S}) &= \lim_{N\to\infty}\frac{1}{N}H(S_1S_2\cdots S_N) \\
&= \lim_{N\to\infty}\frac{1}{N}[H(S_1)+H(S_2\mid S_1)+H(S_3\mid S_1S_2)+\cdots+H(S_N\mid S_1S_2\cdots S_{N-1})] \\
&= \lim_{N\to\infty}H(S_N\mid S_1S_2\cdots S_{N-1})=H_\infty
\end{aligned}
$$

【证毕】

性质（1）表明，在信源输出序列中符号之间前后依赖关系越长，前面若干个符号发生后，其后发生什么符号的平均不确定性就弱。也就是说，条件越多的熵必不大于条件较少的熵。性质（2）表明，N 给定时平均符号熵不小于条件熵。性质（3）表明，当序列长度增加即统计约束关系增强时，由于符号的相关性，平均每个符号所携带的信息量会减少。性质（4）表明，对于离散平稳信源，当考虑依赖关系为无限长时，平均符号熵和条件熵都非递增地一致趋于平稳信源的信息熵。因此**我们可以用条件熵或者平均符号熵来近似地描述平稳信源的信息量。**

3.5　马尔可夫信源

有一类信源，它在某时刻发出的符号仅与在此前发出的有限个符号有关，而与更早些时候发出的符号无关，这称为马尔可夫性，这种信源称为马尔可夫信源。关于马尔可夫信源的相关内容将在本节讨论。

3.5.1　马尔可夫信源的定义

马尔可夫信源是一类相对简单的有记忆信源，信源在某一时刻发出某一符号的概率除了与该符号有关外，只与此前发出的有限个符号有关。例如，m 阶马尔可夫信源只与前面发出的 m 个符号有关，而一阶马尔可夫信源只与前面一个符号有关。如果把前面 m 个符号看作一个状态，也就是信源如有 q 个可能的输出符号，则共有 q^m 个可能的状态。**马尔可夫信源在某一时刻发出某一符号的概率除了与该符号有关外，只与该时刻信源所处的状态有关，而与过去的状态无关。**信源发出一个符号后，信源所处的状态发生改变，这些状态的变化构成了马尔可夫链，可以把对马尔可夫信源的研究转化为对马尔可夫链的研究。

马尔可夫信源的定义如下：

（1）信源输出的符号序列中符号有依赖关系，但长度有限。

（2）设有 m 个关联符号，将这 m 个符号总和起来称为信源所处的状态 S，$S \in E = \{E_1, E_2, \cdots, E_J\}$。

（3）第 l 时刻，信源处于状态 E_j 时，输出符号 $a_k\left(a_k \in A = \{a_1, a_2, \cdots, a_q\}\right)$，可以用条件概率表示为 $p\left(x_l = a_k \mid s_l = E_j\right)$，如果信源是平稳的与时间无关，则条件概率简化为 $p\left(a_k \mid E_j\right)$，就是说，信源在某一时刻发出符号 a_k 的概率除了与该符号有关外，只与该时刻信源所处的状态 E_j 有关。

（4）设在第$(l-1)$时刻信源处于 E_i 状态，它在下一时刻状态转移到 E_j 状态，状态转移概率表示为 $p_{ij}(l)=p(s_l=E_j \mid s_{l-1}=E_i)$，当信源是平稳的与时刻无关时，$p_{ij}(l)=p(E_j \mid E_i)$。

（5）某一时刻信源符号的输出只与该时刻信源所处的状态有关，而与以前的状态及以前的输出符号都无关系，即 $p(x_l= a_k \mid s_l=E_j, x_{l-1}= a_{k1}, s_{l-1}=E_i, \cdots)=p(a_k \mid E_j)$。

（6）信源某 l 时刻所处的状态由当前的输出符号和前一时刻 $(l-1)$ 信源的状态唯一决定，即

$$p\left(s_l = E_j \mid x_l = a_k, s_{l-1} = E_i\right) = \begin{cases} 0 \\ 1 \end{cases} \quad (E_i, E_j \in E,\ a_k \in A) \tag{3.20}$$

满足上述要求的信源是马尔可夫信源。

若信源处于某一状态 E_i，当它发出一个符号后，所处的状态就变了，一定从状态 E_i 转移到另一状态 E_j。状态的转移依赖于发出的信源符号，因此任何时刻信源处在什么状态完全由前一时刻的状态和发出的符号决定。又因条件概率 $p(a_k|E_i)$ 已经给定，所以状态之间的转移概率也随之确定，因此可求得状态的一步转移概率 $p(E_j|E_i)$。

例 3.6　二元二阶马尔可夫信源，已知符号集 $A=\{0,1\}$，发出符号的条件概率为：$p(0|00)=p(1|11)=0.8$，$p(1|00)=p(0|11)=0.2$，$p(0|01)=p(1|01)=0.5$，$p(0|10)=p(1|10)=0.5$，画出状态转移图，写出状态转移概率矩阵。

【解】本例中，二元马氏信源是指输入、输出符号个数 $q=2$，二阶马氏信源是指序列状态长度 $m=2$，所以信源可能经过的状态数 $q^m=4$。首先分配信源的状态：$E_1=(00)$, $E_2=(01)$, $E_3=(10)$, $E_4=(11)$，将四个状态用圆圈圈住，分布均匀地画出。由于信源只可能发出 0 或 1，所以信源下一时刻只可能从一个状态转移到两种状态中的一种。

依条件概率画出信源的状态转换图，如图 3-1 所示。从某个圆圈的信源状态出发，用有向线段表示信源的状态转换方向，有向线段旁边标注信源在某状态下发出的符号和符号的概率。例如，处于状态 $E_3(10)$的信源发出符号“0”（已知其概率 $p(0|10)=0.5$）时，状态将会转移到 E_1，我们从 E_3 的状态圆圈画线段到 E_1 的状态圆圈，线段的旁边标注“0:0.5”；处于状态 $E_3(10)$的信源发出符号“1”（已知其概率 $p(1|10)=0.5$）时，状态将会转移到 E_2，我们从 E_3 的状态圆圈画线段到 E_2 的状态圆圈，线段的旁边标注“1:0.5”。本例中，共有 8 个概率条件，因此需要画出 8 条有向线段。

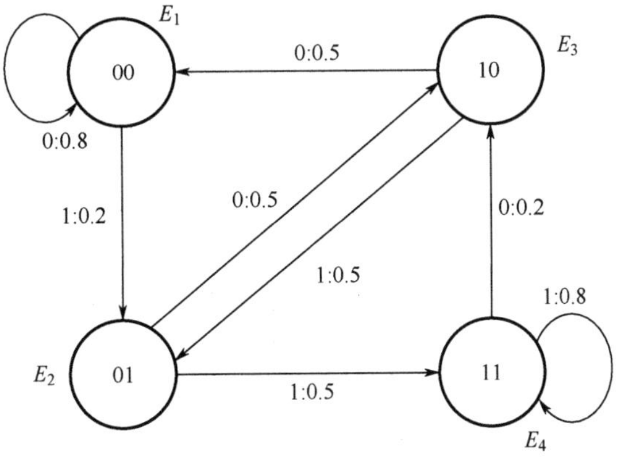

图 3-1　例 3.6 信源状态转换图

由状态转换图 3-1 可以得到状态转移概率。例如，处于状态 E_3 的信源发出符号“0”（已知其概率 $p(0|10)=0.5$）时，状态将会转移到 E_1，我们可以写成状态转

移概率是 $p(E_1|E_3)=0.5$；处于状态 E_3 的信源发出符号“1”（已知其概率 $p(1|10)=0.5$）时，状态将会转移到 E_2，我们可以写成状态转移概率是 $p(E_2|E_3)=0.5$，显然，状态转移概率的值与从某个状态发出某符号的值是相同的。同理写出其他的 6 个状态转移概率值：

$$p(E_1|E_1)=p(E_4|E_4)=0.8，p(E_2|E_1)=p(E_3|E_4)=0.2，$$

$$p(E_3|E_2)=p(E_2|E_3)=p(E_4|E_2)=p(E_1|E_3)=0.5$$

由此写出信源的状态转移概率矩阵为

$$p_{ij}=\begin{array}{c} \\ E_1 \\ E_2 \\ E_3 \\ E_4 \end{array}\begin{array}{c} \begin{array}{cccc} E_1 & E_2 & E_3 & E_4 \end{array} \\ \begin{bmatrix} 0.8 & 0.2 & 0 & 0 \\ 0 & 0 & 0.5 & 0.5 \\ 0.5 & 0.5 & 0 & 0 \\ 0 & 0 & 0.2 & 0.8 \end{bmatrix} \end{array}$$

综上所述，m 阶的马尔可夫信源的数学模型是信源的每个状态发出所有可能符号的概率是已知的，即信源有 q^m 个状态，每个状态发出符号的概率是已知的，表示为 $p(a_k|E_i)$, $(k=1,2,\cdots,q;\ i=1,2,\cdots,\ q^m)$。而这种条件概率经常表示为信源的状态转换图，将每个状态发出符号的概率和状态转移概率都直接明了，更清楚地表示了信源，也是信源模型的一种表示方法，要注意掌握。

3.5.2 马尔可夫信源的熵

信源处于状态 E_i 时，发出一个信源符号所携带的平均信息量，即在状态 E_i 下发出一个符号的条件熵为

$$H(X|s=E_i)=-\sum_{k=1}^{q}p(a_k|E_i)\log p(a_k|E_i) \tag{3.21}$$

当我们需要求马尔可夫信源的平均信息量时，再对状态 s 取统计平均。令信源处于某状态的绝对概率为 $Q(E_i)$，则有

$$\begin{aligned} H_{m+1} &= \sum_{i+1}^{j}Q(E_i)H(X|E_i) \\ &= -\sum_{i=1}^{J}\sum_{k=1}^{q}Q(E_i)p(a_k|E_i)\log p(a_k|E_i) \end{aligned} \tag{3.22}$$

对于时齐的遍历的马尔可夫链，当转移步数 N 足够长时，状态的 N 步转移概率与初始状态无关，这时每种状态出现的概率已达到一种稳定分布，应用全概率公式写出各状态的绝对概率 $Q(E_i)$的表达式为

$$\begin{cases} Q(E_i)=\sum_{j=1}^{J}Q(E_j)p(E_i \mid E_j) \\ \sum_{i=1}^{J}Q(E_i)=1 \end{cases} \tag{3.23}$$

式（3.23）中 $Q(E_i)$表达式组成了 J 个方程，但是只有$(J-1)$个独立方程，再利用后面的概率和是 1 的方程，可以求出 J 个状态绝对概率的值，从而求出式（3.22）中马尔可夫信源的熵。

当马尔可夫信源达到稳定后，符号 a_k 的概率也可以用全概率公式计算得出。

$$p(a_k)=\sum_{i=1}^{J}Q(E_i)p(a_k \mid E_i) \tag{3.24}$$

例 3.7　求出例 3.6 中二元二阶马尔可夫信源的极限熵和最终发出二元符号的概率。

【解】根据式（3.23）先求出状态的绝对概率 $Q(E_i)$，再利用式（3.22）计算该信源的熵 H_3，最后利用式（3.24）计算发出二元符号的概率 a_k。

列出方程组：

$$\begin{cases} Q(E_1)=0.8Q(E_1)+0.5Q(E_3) \\ Q(E_2)=0.2Q(E_1)+0.5Q(E_3) \\ Q(E_3)=0.5Q(E_2)+0.2Q(E_4) \\ Q(E_4)=0.5Q(E_2)+0.8Q(E_4) \\ Q(E_1)+Q(E_2)+Q(E_3)+Q(E_4)=1 \end{cases}$$

上面的方程组中，前四个方程去掉任意一个非独立方程，解余下的四个方程，可以得出四个状态的绝对概率值。

$$Q(E_1)=Q(E_4)=5/14 \qquad Q(E_2)=Q(E_3)=1/7$$

该马尔可夫信源的极限熵为

$$\begin{aligned} H_\infty = H_3 &= \sum_{i=1}^{4}Q(E_i)H(X \mid E_i) \\ &= \frac{5}{14}H(0.8,0.2)+\frac{1}{7}H(0.5,0.5)+\frac{1}{7}H(0.5,0.5)+\frac{5}{14}H(0.8,0.2) \\ &= 0.8\text{比特/符号} \end{aligned}$$

该信源最终发出二元符号的概率分别为

$$p(0)=\sum_{i=1}^{4}Q(E_i)p(0 \mid E_i)=0.8Q(E_1)+0.5Q(E_2)+0.5Q(E_3)+0.2Q(E_4)=0.5$$

$$p(1)=1-p(0)=0.5$$

本例中，如果不考虑符号间的相关性，由符号的平稳概率分布可得信源熵 $H(S)$=1 比特/符号；考虑符号间的相关性后，该信源的熵率为 H_3=0.8 比特/符号。

考虑信源相关性以后，信源的熵一般都会减小。

3.6　信源的相关性和剩余度

本章介绍了各种离散信源模型及其熵的计算，在本节做一个比较和小结。再对信源的相关性给出一个衡量指标，就是信源剩余度的概念。

3.6.1　实际离散信源的不同模型近似过程

一个实际的离散信源，其一般可能是非平稳的，但是对于非平稳信源来说，其极限熵 H_∞不一定存在，为了方便假定实际信源是平稳的，用平稳信源的 H_∞来近似。而对于一般的离散平稳信源，求 H_∞的值也是很困难的，再进一步假设它是 m 阶马尔可夫信源的条件熵 H_{m+1} 来近似。当 $m=1$ 时是最简单的离散平稳有记忆信源，这时 $H_{m+1}=H_2=H(X_2|X_1)$。若再进一步简化信源模型，则可以假设信源为离散平稳无记忆信源，这时可用简单符号离散信源的信息熵 H_1 来近似，此时仅仅考虑信源符号的不同概率分布。当信源符号的概率分布也忽略不考虑时，视为等概率分布，那么信源的信息熵只与信源的符号个数有关，$H_0=\log q$，这是对信源信息熵估算的最简单模型，此时熵值是最大的。对于一般的实际离散信源，根据研究目的的不同，可以用不同的信源模型来近似，其熵值有如下关系：

$$H_\infty \leqslant \cdots \leqslant H_{m+1} \leqslant \cdots\ H_2 \leqslant H_1 \leqslant H_0 = \log q \tag{3.25}$$

3.6.2　信源剩余度

对于一个离散平稳信源，其输出的每个符号实际所携带的平均信息量用极限熵 H_∞表示，由于信源输出符号间的依赖关系，使得信源的 H_∞减小，信源输出符号间的统计约束关系越长，信源的 H_∞越小于最大熵 H_0。例如，信源符号集 A 有 4 个符号，则最大熵 H_0 为 2 比特/符号，当输出一个由 10 个符号构成的符号序列时，最多包含 10×2=20 比特的信息量。假如由于符号间的相关性或不等概率分布，使信源的实际熵 H_∞减小到 1.2 比特，此时 10 个符号构成的符号序列携带 12 比特信息量。换句话说，如果信源输出符号间没有相关性并且符号等概率分布，则输出 12 比特的信息只需输出 6 个符号序列，可能减少的 4 个符号就是信源存在剩余，这里引入信源剩余度概念。

定义一个信源的熵率（极限熵）H_∞与具有相同符号集的最大熵 H_0 的比值为**熵的相对率**，其表达式为

$$\eta = \frac{H_\infty}{H_0} \tag{3.26}$$

定义**信源剩余度**（冗余度）为

$$\gamma = 1 - \eta = 1 - \frac{H_\infty}{H_0} = 1 - \frac{H_\infty}{\log q} \tag{3.27}$$

（$H_0 - H_\infty$）越大，则信源的剩余度越大。

信源剩余度的大小能很好地反映离散信源输出的符号序列中符号之间依赖关系的强弱。剩余度γ越大，表示信源的实际熵 H_∞越小。

信源的剩余度来自两个方面：一个是信源符号间的相关性，相关程度越大，符号间的依赖关系越长，信源的 H_∞越小；另一个是信源符号分布不均匀性使信源的 H_∞减小。当信源输出符号间不存在相关性，即统计独立，且各符号等概率分布时信源的 H_∞最大，等于 H_0，此时剩余度γ等于零。对于一般平稳信源来说，其极限熵 H_∞远小于 H_0。传输一个信源的信息实际只需传输的信息量为 H_∞，若用二元符号来表示，只需用 H_∞个二元符号。

若要更有效地传输信息，则需尽量压缩信源的剩余度，其方法就是尽可能减小符号间的相关性，并且尽可能使信源符号等概率分布。

例 3.8　试计算汉字的剩余度。假设常用汉字约为 10 000 个，其中 140 个汉字出现的概率为 50%，625 个汉字（包含前面的 140 个）出现的概率为 85%，2400 个汉字（包含前面的 625 个）出现的概率为 99.7%，其余 7600 个汉字出现的概率为 0.3%，不考虑符号间的相关性，只考虑概率分布。

【解】首先近似将常用汉字看成符号集中的每一个符号，若这 10 000 个汉字符号集中的每个汉字等概率出现，则信源的最大信息熵为

$$H_0 = \log 10\,000 \approx 13.288 \text{ 比特/字}$$

当考虑信源汉字出现的概率但不考虑相关性时，依题意汉字被分成四类，设每类汉字等概率出现，将四类汉字出现的概率列在表 3.6 中。

表 3.6　汉字出现的近似概率分布表

类别	汉字个数	占有频率	每个汉字概率
1	140	0.5	0.5/140
2	625–140=485	0.85–0.5=0.35	0.35/485
3	2400–625=1775	0.997–0.85=0.147	0.147/1775
4	7600	0.003	0.003/7600

计算汉字信源的熵为

$$H(S) = -\sum_{i=1}^{10\,000} p_i \log p_i = 9.773 \text{ 比特/字}$$

再计算汉字信源的剩余度为

$$\gamma = 1 - \frac{H_\infty}{H_0} = 1 - \frac{H(S)}{H_0} = 1 - \frac{9.733}{13.288} = 0.268$$

在实际汉语信源中，每个汉字出现的概率并不相等，而且还有一些常用的词组，单字之间有依赖关系，词组之间也有依赖关系，如果将这些依赖关系考虑进去，计算熵是相当复杂的，而且汉语信源的实际熵是更小的，因此剩余度会更大。

从提高信息传输效率的角度出发，总是希望尽可能地去掉信源的剩余度。但是从提高抗干扰能力的角度出发，却希望增加或保留信源的剩余度，剩余度大的消息抗干扰能力强。从第 5 章开始，我们将讨论信源编码和信道编码。通过学习，可以进一步理解信源编码是通过减小或消除信源的剩余度来提高传输效率的，而信道编码则是通过增加信源剩余度来提高抗干扰能力的。

思 考 题

3.1　注意区分熵的有关概念：信息熵、条件熵、联合熵、极限熵和平均符号熵。

3.2　离散无记忆扩展信源的条件熵、平均符号熵和极限熵是多少？

3.3　离散平稳信源信息熵有哪些性质？

3.4　马尔可夫信源的数学模型就是状态转移图，那么信源已知是指什么条件已知？

3.5　m 阶马尔可夫信源其发出符号集的符号个数是 q，问其关联长度是多少？状态数是多少？最多可能有的条件概率 $p(a_k|E_i)$个数是多少？最多可能有的一步状态转移概率 $p(E_j|E_i)$是多少个？

3.6　信源剩余度的物理意义是什么？

3.7　实际离散信源的近似模型有哪些？比较各模型对应的熵值具有怎样的大小关系。

习　　题

3.1　设离散无记忆信源，$\begin{bmatrix} X \\ p(x) \end{bmatrix} = \begin{bmatrix} x_1=0 & x_2=1 & x_3=2 & x_4=3 \\ 3/8 & 1/4 & 1/4 & 1/8 \end{bmatrix}$，其发出的消息为“202120130213002303121203213013”。求：（1）此消息的自信息量是多少？（2）此消息中平均每个符号携带的信息量是多少？

3.2　设有一个信源，它产生 0,1 序列的信息，在任意时间而且不论以前发生过什么符号，均按 $p(0)=0.4, p(1)=0.6$ 的概率发出符号。

（1）试问这个信源是否是平稳的？

（2）试计算 $H(X^2), H(X_3|X_1X_2)$和 $\lim\limits_{N\to\infty} H_N(\boldsymbol{X})$；

（3）试计算 $H(X^4)$并写出 X^4 信源中可能有的符号。

3.3　二次扩展信源的熵为 $H(X^2)$，平均符号熵为 $\frac{1}{2}H(X^2)$，而一阶马尔可夫信源的熵为 $H(X_2|X_1)$。试比较三者的大小，并说明原因。

3.4　一个马尔可夫信源的基本符号为{0,1,2}，这三个符号等概率出现，并且具有相同的转移概率。

（1）画出一阶马尔可夫信源的状态转移图，并求稳定状态下的一阶马尔可夫信源熵 H_1 和信源剩余度。

（2）画出二阶马尔可夫信源的状态转移图，并求稳定状态下的二阶马尔可夫信源熵 H_2 和信源剩余度。

3.5　给定状态转移概率矩阵：

$$\boldsymbol{P}=\begin{bmatrix}1-\alpha & \alpha \\ \beta & 1-\beta\end{bmatrix}$$

求此二状态马尔可夫链的熵率 H_∞。

第 4 章　离散信道及信道容量

信道是通信系统的一个重要组成部分，是信息传输的通道。在实际物理信道给定的情况下，人们总是希望或要求通过信道传输的信息越多越好，这种要求不仅与物理信道本身的特性有关，还与载荷信息的信号形式和信源输出信号的统计特性有关。本章主要讨论在什么条件下，通过信道的信息量最大，即所谓的信道容量问题。本章概念和定理也较多，较为抽象，课堂教学时考虑多讲述一些例题，着重阐明定理和公式的物理意义，对较为烦琐的推导过程做了部分省略。

4.1　信道模型及其分类

信道是信息传递的通道，是通信系统的重要构成部分。信息传递的物理媒质多种多样，有空气、双绞线、同轴电缆、光纤等；信息传递的物理过程有调制与解调、放大、滤波等技术。当信源与信宿之间无任何干扰，即信道无噪时，信宿能够确切完整地通过信道接收来自信源的全部消息，获取信源发出的全部信息量；在信道存在干扰时，信源发出的信息就不能有效地被信宿接收。信道中存在的干扰或噪声使输出信号与输入信号之间没有确定的函数关系，只有统计依赖的关系。因此可以通过研究分析输入、输出信号的统计特性来研究信道。

4.1.1　信道模型

首先来看一下一般信道的数学模型，这里我们采用了一种“黑箱”法来操作。通信系统模型，在信道编码器和信道译码器之间存在许多其他部件，如调制解调、放大、滤波、均衡等器件，以及各种物理信道。信道遭受各类噪声的干扰，使有用信息遭受损伤；从信道编码的角度，我们对信号在信道中具体如何传输的物理过程并不感兴趣，而仅对传输的结果感兴趣：送入什么信号，得到什么信号，如何从得到的信号中恢复出送入的信号，差错概率是多少。因此我们可以将中间涉及的各个具体部分用一个有输入端和输出端的信道来概括抽象，一般信道模型如图 4-1 所示，信道输入符号 X 取值于符号集$\{x_1, x_2, \cdots, x_r\}$，输出符号 Y 取值于符号集 $\{y_1, y_2, \cdots, y_s\}$。

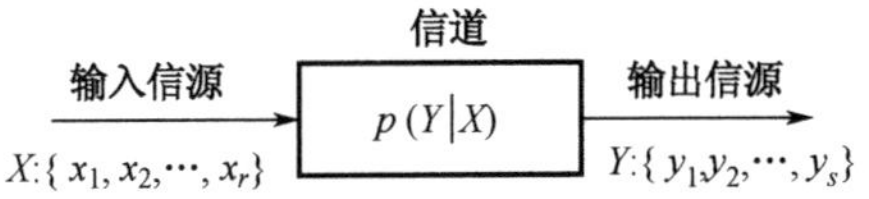

图 4-1　信道模型

4.1.2　信道分类

信道的分类方式可以有如下几种：

（1）根据信道输入、输出随机信号的特点，信道可分为：

离散信道：输入和输出随机变量都为离散值。

连续信道：输入和输出随机变量都取连续值。

（2）根据信道输入、输出随机变量个数分类，信道可分为：

单符号信道：输入和输出端都只用一个随机变量表示。

多符号信道：输入和输出端用随机变量序列/随机矢量表示。

（3）根据信道输入、输出端数目可分为：

单用户信道：只有一个输入和输出端的信道。

多用户信道：有多个输入和输出端的信道。

（4）根据信道上有无干扰可分为：

有干扰信道：信道输入/输出之间的关系是统计依赖关系。

无干扰信道：信道输入/输出之间的关系是一种确定关系。由于无干扰或噪声，信源信息量通过信道全部传递到信宿。

（5）根据信道输入/输出之间有无记忆特性可分为：

无记忆信道：某一时刻信道输出端消息仅与对应时刻的信道输入端消息有关，而且与前面时刻的信道输入端或输出端消息无关。

有记忆信道：某一时刻信道输出端消息不仅与对应时刻的信道输入端消息有关，而且与前面时刻的信道输入端或输出端消息也有关。

信道还有其他分类方式，这里不再一一列举。

实际信道的带宽总是有限的，所以输入和输出信号也可以从随机序列角度来研究。此外，一个实际信道可同时具有多种属性，可以是若干个单个具体特性信道的组合。例如，若一个信道的输入、输出符号是离散、平稳、有记忆的，该信道就是离散平稳有记忆信道。本章主要讨论离散无记忆信道，其中，最简单的信道是单符号离散信道，我们首先从这类信道开始学习。

4.2 离散单符号信道及其信道容量

4.2.1 离散单符号信道的数学模型

离散单符号信道定义为信道的输入、输出都取值于离散单符号集合，且都用一个随机变量来表示的信道。离散单符号信道是通信系统中涉及的最为简单的基本信道，是复杂信道的组成单元和研究起点。

设单符号离散信道输入端单个随机变量为 X，其所有可能取值为 x_i $(i=1, 2, \cdots, r)$；信道输出端为 Y，其所有可能取值为 y_j $(j=1, 2, \cdots, s)$。由于信道中存在干扰或噪声，输入符号在信道传输过程中会发生传递错误，这种发生的传递错误在经过大量统计后会以一定的概率表现出来，这个统计概率实际上反映了信道干扰或噪声对符号传输的影响，因此，这里我们用传递概率 $p(y_j \mid x_i)$ 来描述，表示输入符号 x_i 经过有干扰或噪声的信道后转化为输出符号 y_j 的概率。为了方便，传递概率用信道矩阵表示如下：

$$\boldsymbol{P}=\begin{bmatrix} p(y_1 \mid x_1) & p(y_2 \mid x_1) & \cdots & p(y_s \mid x_1) \\ p(y_1 \mid x_2) & p(y_2 \mid x_2) & \cdots & p(y_s \mid x_2) \\ \vdots & \vdots & \ddots & \vdots \\ p(y_1 \mid x_r) & p(y_2 \mid x_r) & \cdots & p(y_s \mid x_r) \end{bmatrix} \tag{4.1}$$

简写 $p(y_j \mid x_i)=p_{ij}$，则

$$\boldsymbol{P}=\begin{bmatrix} p_{11} & p_{12} & \cdots & p_{1s} \\ p_{21} & p_{22} & \cdots & p_{2s} \\ \vdots & \vdots & \ddots & \vdots \\ p_{r1} & p_{r2} & \cdots & p_{rs} \end{bmatrix} \tag{4.2}$$

并且满足 $0 \leqslant p_{ij} \leqslant 1$，$\sum_{j=1}^{s} p_{ij}=1$，表示在信道输入端输入一个符号 x_i，在信道输出端必定输出某个符号 y_j。

例 4.1　二元对称信道 BSC（Binary Symmetric Channel），输入端符号为 $X=\{x_1, x_2\}=\{0,1\}$，输出端符号为 $Y=\{y_1, y_2\}=\{0,1\}$，定义信道中错误传递概率为 p，具体的符号传递概率为

$$p(y_1 \mid x_1)=p(0 \mid 0)=1-p=\bar{p} \qquad p(y_2 \mid x_2)=p(1 \mid 1)=1-p=\bar{p}$$

$$p(y_1 \mid x_2)=p(0 \mid 1)=p \qquad p(y_2 \mid x_1)=p(1 \mid 0)=p$$

用矩阵信道模型表示该二元对称信道。

【解】矩阵是最常用的信道模型，根据式（4.1）表示为

$$\boldsymbol{P}=\begin{bmatrix}1-p & p\\ p & 1-p\end{bmatrix}$$

BSC 是通信系统中最基本的信道，很多实际信号的传输过程往往可以简化用 BSC 模拟，这对于研究实际信道容量及其特性具有重要意义。

例 4.2 二元删除信道 BEC（Binary Erase Channel），输入端符号为 $X=\{0, 1\}$，输出端符号为 $Y=\{0, 2, 1\}$，定义信道中传递概率为

$p(y_1\,|\,x_1)=p(0\,|\,0)=1-p$ （正确传递概率）

$p(y_2\,|\,x_1)=p(2\,|\,0)=p$ （错误传递概率）

$p(y_3\,|\,x_2)=p(1\,|\,1)=1-q$ （正确传递概率）

$p(y_2\,|\,x_2)=p(2\,|\,1)=q$ （错误传递概率）

用矩阵信道模型表示该二元删除信道。

【解】 由式（4.1）表示信道矩阵为

$$\boldsymbol{P}=\begin{bmatrix}1-p & p & 0\\ 0 & q & 1-q\end{bmatrix}$$

4.2.2 离散信道各种概率间的关系式

（1）若信道输入符号 x_i 和输出符号 y_j 的联合概率分布为 $p(x_iy_j)$，则 $p(x_iy_j)$ 满足贝叶斯公式：

$$p(x_iy_j)=p(x_i)p(y_j\,|\,x_i)=p(y_j)p(x_i\,|\,y_j) \tag{4.3}$$

其中，$p(y_j\,|\,x_i)$ 是**信道传递概率**，也称为**前向概率**，该概率通过信道输入符号 x_i 和输出符号 y_j 的转换概率描述了信息在信道传输中受到噪声和干扰的程度，反映了信道中的噪声特性及影响，且 $\sum_{j=1}^{s}p(y_j\,|\,x_i)=1$。$p(x_i\,|\,y_j)$ 称为**后向概率**，我们把 $p(x_i)$ 称为输入符号的**先验概率**，把 $p(x_i\,|\,y_j)$ 称为输入符号的**后验概率**。

（2）信道传递概率 $p(y_j\,|\,x_i)$ 满足全概率公式，得到输出概率 $p(y_j)$，有

$$p(y_j)=\sum_{i=1}^{r}p(x_i)p(y_j\,|\,x_i) \tag{4.4}$$

（3）由式（4.3）和式（4.4）得到后向概率 $p(x_i\,|\,y_j)$，有

$$p(x_i\,|\,y_j)=\frac{p(x_iy_j)}{p(y_j)}=\frac{p(x_i)p(y_j\,|\,x_i)}{\sum_{i=1}^{r}p(x_i)p(y_j\,|\,x_i)} \tag{4.5}$$

4.2.3 信道中平均互信息的物理意义

在 2.4 节讨论了平均互信息的一般概念、性质，本章中将使用平均互信息的概

念表达信道中传输的信息量。

信道噪声或干扰会对信息传输造成影响，降低了通信质量和信道信息的传输能力。

信道没有噪声或干扰，信道输入/输出之间的关系是一种确定关系，经过信道传输，输入端信源信息可以全部无损失地由信道输出端接收。设输入端信源熵为 $H(X)$，输出端信源熵为 $H(Y)$，传输过程中信息没有丢失，没有产生疑义，有 $H(X)=H(Y)$。

若信道有噪声或干扰，输入信源熵 $H(X)$，信道输出端接收的有用信息量应该等于信道输入端信源熵减去由于信道干扰和噪声而造成的信息损失，或者等于信道输出端接收的全部信息减去由于信道干扰或噪声导致的存疑信息量。因此，在有噪信道条件下，信道输出端接收到的有用信息用**平均互信息** $I(X;Y)$表示，平均互信息 $I(X;Y)$ 有时也称为**信道信息传输率** R，即

$$R=I(X;Y)=H(X)-H(X|Y)=H(Y)-H(Y|X) \tag{4.6}$$

式（4.6）中条件熵 $H(X|Y)$ 表示为在信道输出端收到信源 Y 后对输入信源 X 仍然存在的平均不确定度，因此也称为**信道疑义度**，$H(X)$ 为输入信源的最大确定度，$H(X)-H(X|Y)$ 即为信息通过信道传输后不确定度的减少量，这个减少量即为信道输出端接收的有用信息量，即平均互信息 $I(X;Y)$。

由平均互信息的导出公式（2.21）得

$$I(X;Y)=\sum_{i=1}^{r}\sum_{j=1}^{s}p(x_iy_j)\log\frac{p(y_j|x_i)}{p(y_j)} \tag{4.7}$$

$$=\sum_{i=1}^{r}\sum_{j=1}^{s}p(x_i)p(y_j|x_i)\log\frac{p(y_j|x_i)}{\sum_{i=1}^{r}p(x_i)p(y_j|x_i)} \tag{4.8}$$

可以看到，平均互信息 $I(X;Y)$ 是输入信源概率分布 $p(x_i)$ 和信道转移概率 $p(y_j|x_i)$ 的函数，定理 2.1 和定理 2.2 分别给出了它们之间的关系。

同时，$I(X;Y)$ 也可以用信息传输速率定义，若信道平均传输一个符号需用 t 秒，则单位时间内信道传输的信息量 R_t（即信息传输速率）为

$$R_t=\frac{1}{t}I(X;Y) \tag{4.9}$$

4.2.4　信道中条件熵的物理意义

式（2.14）为两个相互关联的随机变量间的条件熵的计算公式，我们来分析式（4.6）中两个条件熵的物理意义，先写出两个条件熵的表达形式：

$$H(X|Y)=\sum_X\sum_Y p(x_i y_j)\log\frac{1}{p(x_i|y_j)}=\sum_{i=1}^n p(y_j)H(X|Y=y_j) \tag{4.10}$$

$$H(Y|X)=\sum_X\sum_Y p(x_i y_j)\log\frac{1}{p(y_j|x_i)}=\sum_{i=1}^n p(x_i)H(Y|X=x_i) \tag{4.11}$$

首先讨论条件熵 $H(X|Y)$。按照信息的定义，$H(X|Y)$ 可以理解为在信道接收端接收到信源 Y 全部符号后，对信道输入端信源 X 仍存有的平均不确定性或存疑。式（4.10）中出现的条件熵 $H(X|Y=y_j)$ 则表示收到某个具体输出符号 y_j 后对信源 X 存有的平均不确定性或存疑。可以看到，这种不确定性或疑义是因为信道的干扰或噪声引起的，所以，$H(X|Y)$ 通常被称为信道疑义度。根据平均互信息的极值性可推知 $I(X;Y)\leqslant H(X)$，这表明，对于有噪信道，输入信息 $H(X)$ 不可能全部送达信道输出端，因为信道存在干扰或噪声，从输入端角度看，会有一部分信息丢失，这个丢失的信息量即为 $H(X|Y)$。$H(X|Y)$ 为零的信道称为无损信道。

而对于表达式

$$I(X;Y)=H(Y)-H(Y|X)$$

则表明，在信道输出端接收的全部信息 $H(Y)$ 中，既有输入端送达的有用信息，也有因信道噪声或干扰引起的无用信息，信道输出端收到全部信息 $H(Y)$ 等于有用信息 $I(X;Y)$ 和无用信息 $H(Y|X)$ 之和，因此，通常把 $H(Y|X)$ 称为**信道噪声熵**或**散布度**。$H(Y|X)$ 为零的信道称为确定信道。

4.2.5　信道容量的概念

式（4.8）中，当信道 $p(y_j|x_i)$ 给定时，$I(X;Y)$ 只与概率分布 $p(x_i)$ 有关。我们可以通过尝试调整 $p(x_i)$，在信道接收端就能获得不同大小的平均互信息量，由定理 2.1 可知，平均互信息 $I(X;Y)$ 是 $p(x_i)$ 的上凸函数，因此总能找到一种特定输入信源概率分布 $p(x_i)$，使信道所能传送的信息率（平均互信息）为最大，这个最大的信息率我们就用来标定信道传递信息的最大能力，定义为该信道的**信道容量**，而此时的信源概率分布称为与信道容量匹配的**信源概率最佳分布**，使得输入信源与信道达到匹配。显然，信道容量的单位与平均互信息的单位相同，信道容量的定义式为

$$C=\max_{p(x_i)}R=\max_{p(x_i)}\{I(X;Y)\}\quad（比特/符号） \tag{4.12}$$

定义单位时间的信道容量 C_t 为

$$C_t=\frac{1}{t}\max_{P(x_i)}\{I(X;Y)\}\quad（比特/符号） \tag{4.13}$$

需要特别明确的是，虽然信道容量通过匹配信源概率分布计算得出并标定，

但信道容量实际上反映的是信道的信息传输能力，只与信道本身固有传输特性有关并受其影响，与其他因素包括信源概率分布无关。也就是说信道容量 C 反映了信道传递信息的最大通过能力，因此它是通信系统的重要概念之一。

4.2.6　几种特殊信道的信道容量

1. 一一对应关系的无噪无损信道

信道输入和输出有一一对应关系的信道模型如图 4-2 所示，其信道矩阵一般为

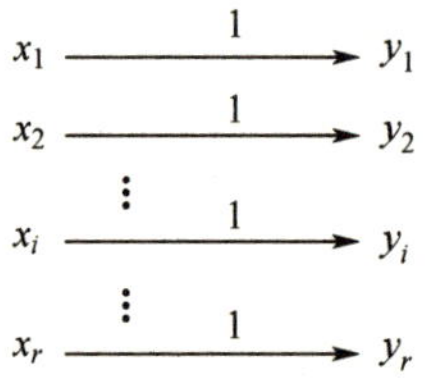

图 4-2　一一对应信道模型

$$\boldsymbol{P}=\begin{bmatrix} 1 & 0 & \cdots & 0 \\ 0 & 1 & \cdots & 0 \\ \vdots & \vdots & \ddots & \vdots \\ 0 & 0 & \cdots & 1 \end{bmatrix}$$

因为信道矩阵中所有元素均是“1”或“0”，输入信号 X 和输出信号 Y 之间有确定的对应关系，表明在已知输入信源 X 后，对输出信源 Y 不存在不确定性，因此，噪声熵 $H(Y|X)=0$；反之，收到输出信源 Y 后，对输入信源 X 也不存在不确定性，信道疑义度 $H(X|Y)=0$，故有 $I(X;Y)=H(X)=H(Y)$。根据式（4.12）计算无噪无损信道的信道容量为

$$C=\max_{p(x_i)}\{I(X;Y)\}=\max_{p(x_i)}\{H(X)\}=\log r \quad （比特/符号） \quad (4.14)$$

对于无噪无损信道，当信源输入等概率分布时，信道达到信道容量 $\log r$，信源与信道匹配。

2. 具有扩展性能的无损信道

信道输入和输出的对应关系如图 4-3 所示，其信道矩阵一般为

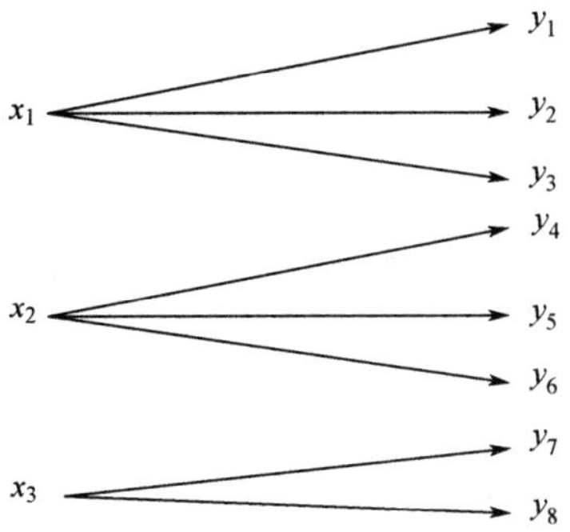

图 4-3　具有扩展性能的无损信道模型

$$\boldsymbol{P}=\begin{bmatrix} p_{11} & p_{12} & p_{13} & 0 & 0 & 0 & 0 & 0 \\ 0 & 0 & 0 & p_{24} & p_{25} & p_{26} & 0 & 0 \\ 0 & 0 & 0 & 0 & 0 & 0 & p_{37} & p_{38} \end{bmatrix}$$

在具有扩展性能的无损信道矩阵中，每列只有一个非零元素，这意味着，信道接收端在收到某个符号 y_j 后，能够由这个符号 y_j 判断出输入端发送了哪一个符号 x_i，因此，对信源 $H(X)$ 不存在任何不确定性，例如，输出端收到符号 y_2 后可以判定输入端发送了符号 x_1。具有扩展的无损信道的信道疑义度 $H(X|Y)=0$，$I(X;Y)=H(X)$，从而计算得到的信道容量与一一对应无噪无损信道的信道容量式（4.14）相同：

$$C=\max_{p(x_i)}\{I(X;Y)\}=\max_{p(x_i)}\{H(X)\}=\log r \quad （比特/符号） \tag{4.15}$$

仍然是当信源输入等概率分布时，信道达到信道容量 $\log r$，信源与信道匹配。所不同的是，具有扩展性能的无损信道的输出符号熵 $H(Y)$ 大于输入符号熵 $H(X)$，即噪声熵 $H(Y|X)>0$。

3. 具有归并性能的无噪信道

信道输入和输出的对应关系如图 4-4 所示，其信道矩阵一般为

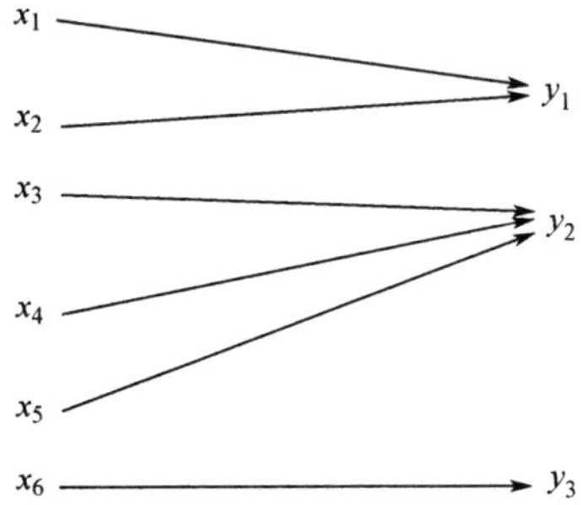

图 4-4　具有归并性能的无噪信道模型

$$P=\begin{bmatrix}1&0&0\\1&0&0\\0&1&0\\0&1&0\\0&1&0\\0&0&1\end{bmatrix}$$

在具有归并性能的无噪信道中，信道矩阵的元素非“0”即“1”，每行仅有一个非零元素且为“1”，因此，当已知某个输入符号 x_i 后，完全可以确定对应的输出符号 y_j，信道噪声熵 $H(Y|X)=0$；反之，当收到某个输出符号 y_j 后，并不能确定输入端发送了哪个符号，信道疑义度 $H(X|Y)>0$。类似地，根据信道容量定义式（4.12）计算其信道容量为

$$C=\max_{p(x_i)}\{I(X;Y)\}=\max_{p(x_i)}\{H(Y)\}=\log s \quad （比特/符号） \tag{4.16}$$

此种信道，只有当信源输入分布使输出符号等概率分布时，达到信道容量 $\log s$，信源与信道才匹配。

上述三种特殊信道，其信道容量 C 取决于信道的输入符号数 r 或输出符号数 s，但要求输入信源的概率分布是最佳分布时，信道才能达到其信道容量。

4.2.7　离散对称信道的信道容量

信道容量的计算需要通过求解最大平均互信息得到，在一般情况和实际系统中的信道，其信道容量往往较难求解。但具有某些对称特征的信道，利用转移矩阵的对称性可以直接导出其信道容量。

根据信道矩阵对称性特点，可把信道分为对称信道和准对称信道。若转移概率矩阵中每一行都是某行（如第一行）的置换排列，该矩阵称为行对称矩阵，信道称为行对称信道；若转移概率矩阵中每一列都是某列（如第一列）的置换，该矩阵称为列对称矩阵，信道称为列对称信道。在信道矩阵中，若不仅每行都是第一行元素的不同排列，而且每一列都是第一列元素的不同排列，则称为**对称信道**。

例如，三个信道矩阵如下：

$$P_1=\begin{bmatrix}\frac{1}{3}&\frac{1}{3}&\frac{1}{6}&\frac{1}{6}\\\frac{1}{6}&\frac{1}{3}&\frac{1}{6}&\frac{1}{3}\end{bmatrix}\qquad P_2=\begin{bmatrix}\frac{1}{3}&\frac{1}{3}&\frac{1}{6}&\frac{1}{6}\\\frac{1}{6}&\frac{1}{6}&\frac{1}{3}&\frac{1}{3}\end{bmatrix}\qquad P_3=\begin{bmatrix}\frac{1}{2}&\frac{1}{3}&\frac{1}{6}\\\frac{1}{6}&\frac{1}{2}&\frac{1}{3}\\\frac{1}{3}&\frac{1}{6}&\frac{1}{2}\end{bmatrix}$$

由上面的定义可以看出，矩阵 $\boldsymbol{P}_1$ 是行对称信道；$\boldsymbol{P}_2$ 是行对称信道也是列对称信道，因此是对称信道；$\boldsymbol{P}_3$ 同 $\boldsymbol{P}_2$ 一样，也是行对称信道和列对称信道，同样是对

称信道。

若信道矩阵中，每行都是第一行元素的不同排列，每列并不都是第一列元素的不同排列，但可按照信道矩阵的列将信道矩阵划分成若干对称信道的子矩阵，则这样的信道称为**准对称信道**。

例如，两个信道矩阵如下：

$$\boldsymbol{P}=\begin{bmatrix} \frac{1}{3} & \frac{1}{3} & \frac{1}{6} & \frac{1}{6} \\ \frac{1}{6} & \frac{1}{3} & \frac{1}{6} & \frac{1}{3} \end{bmatrix} \qquad \boldsymbol{Q}=\begin{bmatrix} 0.8 & 0.1 & 0.1 \\ 0.1 & 0.1 & 0.8 \end{bmatrix}$$

矩阵 $\boldsymbol{P}$ 可以划分成三个对称的子矩阵：

$$\boldsymbol{P}_1=\begin{bmatrix} \frac{1}{3} & \frac{1}{6} \\ \frac{1}{6} & \frac{1}{3} \end{bmatrix} \qquad \boldsymbol{P}_2=\begin{bmatrix} \frac{1}{3} \\ \frac{1}{3} \end{bmatrix} \qquad \boldsymbol{P}_3=\begin{bmatrix} \frac{1}{6} \\ \frac{1}{6} \end{bmatrix}$$

矩阵 $\boldsymbol{Q}$ 可以划分成两个对称的子矩阵：

$$\boldsymbol{Q}_1=\begin{bmatrix} 0.8 & 0.1 \\ 0.1 & 0.8 \end{bmatrix} \qquad \boldsymbol{Q}_2=\begin{bmatrix} 0.1 \\ 0.1 \end{bmatrix}$$

显然，矩阵 $\boldsymbol{P}$ 和 $\boldsymbol{Q}$ 都是准对称信道。

在对称信道中，输入符号和输出符号个数相同，都是 r 个，信道中总的错误概率为 p，平均分配给 $r-1$ 个输出符号，信道矩阵中的元素有如下特征：

$$\boldsymbol{P}=\begin{bmatrix} \bar{p} & \frac{p}{r-1} & \cdots & \frac{p}{r-1} \\ \frac{p}{r-1} & \bar{p} & \cdots & \frac{p}{r-1} \\ \vdots & \vdots & \ddots & \vdots \\ \frac{p}{r-1} & \frac{p}{r-1} & \cdots & \bar{p} \end{bmatrix} \tag{4.17}$$

式（4.17）的信道称为**强对称信道**或**均匀信道**。二元对称信道就是输入和输出符号数均为 2 的均匀信道。显然，均匀信道是一种特殊的对称信道。

定理 4.1　对于对称信道，当其输入等概率分布时，输出分布必能达到等概率分布。

【证明】输入信源 $\boldsymbol{X}$ 的 r 个消息等概率分布，满足 $p(x_i)=1/r$，输出信源 $\boldsymbol{Y}$ 的某个消息 y_j 的概率 $p(y_j)$ 为

$$p(y_j)=\sum_{i=1}^{r}p(x_i)p(y_j\,|\,x_i)=\frac{1}{r}\sum_{i=1}^{r}p(y_j\,|\,x_i)=\frac{1}{r}H_j \tag{4.18}$$

式（4.18）中，$H_j=\sum_{i=1}^{r}p(y_j\,|\,x_i)$ 表示信道矩阵 $\boldsymbol{P}$ 中第 j 列元素的和，由信道对称性推知，每一列元素之和均为 H_j。H_j 是一个与 j 无关的常数，因此，当输入信

源符号 x_i 等概率分布时，输出信源符号 y_j 也等概率分布。【证毕】

由式（4.18）可知

$$p(y_j)=\frac{1}{r}H_j=\frac{1}{s} \qquad H_j=\frac{r}{s}$$

定理 4.2 若一个离散对称信道具有 r 个输入符号、s 个输出符号，则当输入符号等概率分布时平均互信息达到信道容量，且满足

$$C=\log s-H(p_1',p_2',\cdots,p_s') \tag{4.19}$$

其中，$p_1',p_2',\cdots,p_s'$ 为信道矩阵中的任一行元素。

【证明】利用平均互信息公式 $I(X;Y)=H(Y)-H(Y|X)$，根据式（4.11）计算噪声熵 $H(Y|X)$：

$$\begin{aligned}H(Y|X)&=\sum_{i=1}^{r}p(x_i)H(Y|X=x_i)\\&=\sum_{i=1}^{r}p(x_i)H(p_1',p_2',\cdots,p_s')\\&=H(p_1',p_2',\cdots,p_s')\end{aligned}$$

上式中，因为信道的对称性，x_i 任何取值时的 $H(Y|X=x_i)$ 都相同，即与 x_i 无关，且 $H(Y|X=x_i)=H(p_1',p_2',\cdots,p_s')$。根据信道容量的定义，预取得 $I(X;Y)$ 最大，需要 $H(Y)$ 取值最大，因此有

$$\begin{aligned}C&=\max_{p(x_i)}\{I(X;Y)\}=\max_{p(x_i)}\{H(Y)\}-H(p_1',p_2',\cdots,p_s')\\&=\log s-H(p_1',p_2',\cdots,p_s')\end{aligned}$$

根据定理 4.1 可知，当信道输入等概率分布时，信道输出也等概率分布，从而信道输出熵最大，信道传输达到信道容量。【证毕】

下面求强对称矩阵式（4.17）的信道容量。

$$\begin{aligned}C&=\log r-H(p_1',p_2',\cdots,p_s')=\log r-H(\bar{p},\frac{p}{r-1},\cdots,\frac{p}{r-1})\\&=\log r+\bar{p}\log\bar{p}+\underbrace{\frac{p}{r-1}\log\frac{p}{r-1}+\cdots+\frac{p}{r-1}\log\frac{p}{r-1}}_{(r-1)\text{项}}\\&=\log r+\bar{p}\log\bar{p}+p\log\frac{p}{r-1}\\&=\log r-p\log(r-1)-H(p)\end{aligned} \tag{4.20}$$

对于离散准对称信道，当输入等概率分布时，同样可以达到信道容量，且为

$$C=\log r-\sum_{k=1}^{n}N_k\log M_k-H(p_1',p_2',\cdots,p_s') \tag{4.21}$$

其中，N_k 是 n 个子矩阵中第 k 个子矩阵行元素之和，M_k 是第 k 个子矩阵列元素

之和。

例 4.3　已知信道矩阵

$$\boldsymbol{P}=\begin{bmatrix}\frac{1}{2} & \frac{1}{3} & \frac{1}{6}\\ \frac{1}{6} & \frac{1}{2} & \frac{1}{3}\\ \frac{1}{3} & \frac{1}{6} & \frac{1}{2}\end{bmatrix}$$

求信道容量。

【解】 我们已经讨论过，该信道是一个对称信道，其输入和输出符号个数 $r=s=3$，应用式（4.19）计算得

$$C=\log s-H(p_1',p_2',\cdots,p_s')=\log 3-H\left(\frac{1}{2},\frac{1}{3},\frac{1}{6}\right)=0.126 \text{ 比特/符号}$$

例 4.4　求例 4.2 中二元删除信道（BEC）的信道容量，设其错误概率均为 p。

【解】 已知二元删除信道（BEC）的信道矩阵为

$$\boldsymbol{Q}=\begin{bmatrix}1-p & p & 0\\ 0 & p & 1-p\end{bmatrix}$$

矩阵 $\boldsymbol{Q}$ 可以划分成两个对称的子矩阵：

$$\boldsymbol{Q}_1=\begin{bmatrix}1-p & 0\\ 0 & 1-p\end{bmatrix}\qquad\qquad \boldsymbol{Q}_2=\begin{bmatrix}p\\ p\end{bmatrix}$$

显然，矩阵 $\boldsymbol{Q}$ 是准对称信道，由式（4.21）计算信道容量为

$$\begin{aligned}C&=\log r-\sum_{k=1}^{2}N_k\log M_k-H(p_1',p_2',\cdots,p_s')\\&=1-(1-p)\log(1-p)-p\log(2p)-H(1-p,p)\end{aligned}$$

4.2.8　利用信道容量定理求解信道容量

利用已有的信道容量存在定理，在一定条件下也可以求出信道容量，从而简化求解过程。

定理 4.3　设有一个离散信道，分别有 r 个输入符号和 s 个输出符号，当且仅当存在常数 C，使输入分布 $p(x_i)$ 满足：

（1）$I(x_i;Y)=C$，对于所有满足 $p(x_i)>0$ 条件的 i；

（2）$I(x_i;Y)\leqslant C$，对于所有满足 $p(x_i)=0$ 条件的 i。

其中

$$I(x_i;Y)=\sum_j p(y_j\,|\,x_i)\log\frac{p(y_j\,|\,x_i)}{p(y_j)} \tag{4.22}$$

表示在信道输入符号为 x_i 时，符号 x_i 提供给输出信源 Y 的平均信息量。这个常数 C 即为所求的信道容量。

$I(x_i;Y)$ 与平均互信息 $I(X;Y)$ 的关系为

$$I(X;Y)=\sum_{i=1}^{r}p(x_i)I(x_i;Y) \tag{4.23}$$

当信道平均互信息到达信道容量时，输入信源符号集中每一个符号对输出端 Y 提供相同的信息量，只有概率等于 0 的符号除外。在某个给定的输入分布下，若有一个输入符号 $x=a_i$ 对输出 Y 所提供的平均互信息比其他输入符号提供的平均互信息大，那么，我们就可以更多地使用这个符号来增大平均互信息 $I(X;Y)$，但随之而来的是，改变了输入符号的概率分布，这又使这个符号的平均互信息 $I(a_i;Y)$ 减少，而其他符号对应的平均互信息增加。所以达到信道容量的过程，也就是不断调整信道输入符号的概率分布的过程，最终使每个概率不为零的符号对输出 Y 提供相同的平均互信息。

定理 4.3 给出了达到信道容量时，最佳输入概率分布应满足的条件，但没有给出输入符号的最佳概率分布值，也没有给出信道容量。另外，定理指出了到达信道容量的最佳分布并不一定是唯一的。

例 4.5　设离散信道矩阵 $\boldsymbol{P}=\begin{bmatrix}1 & 0\\ 1 & 0\\ 1/2 & 1/2\\ 0 & 1\\ 0 & 1\end{bmatrix}$，输入符号集 X：$\{x_i,i=1,2,\cdots,5\}$，输出符号集 Y：$\{y_j,j=1,2\}$，求信道容量 C。

【解】由于输入符号 x_3 传递到 y_1 和 y_2 的概率相等，$I(x_3;Y)=0$，为应用信道容量定理 4.3 求信道容量，我们可以对输入信源各个符号的概率设置为：$p(x_3)=0$，$p(x_1)=p(x_2)=p(x_4)=p(x_5)=0.25$，利用式（4.22）计算出概率不为 0 的 x_i 的 $I(x_i;Y)$。先计算输出符号概率：

$$p(y_1)=\sum_{i=1}^{4}p(x_i)p(y_1\,|\,x_i)=\frac{1}{4}\times1+\frac{1}{4}\times1+0\times\frac{1}{2}+\frac{1}{4}\times0+\frac{1}{4}\times0=\frac{1}{2}$$

同理，$p(y_2)=\dfrac{1}{2}$，有

$$I(x_1;Y)=1\times\log\frac{1}{1/2}+1\times\log\frac{1}{1/2}=2\ \text{比特/符号}$$

经计算，$I(x_1;Y)=I(x_2;Y)=I(x_4;Y)=I(x_5;Y)$，而 $I(x_3;Y)=0$，满足信道容量存在条件，$C=2$ 比特/符号，同时我们可知最佳输入概率分布是：$p(x_3)=0$，$p(x_1)=p(x_2)=p(x_4)=p(x_5)=0.25$。

对于一些较为直观简单的信道，可以利用信道容量存在定理求其信道容量。

4.3　离散多符号信道及其信道容量

4.3.1　离散多符号信道的数学模型

输入和输出是随机变量序列（随机矢量）的信道称为**离散多符号信道**。若信道在任意时刻的输出只与此时刻信道的输入有关，而与此前其他时刻的输入和输出无关，则称为**离散多符号无记忆信道**（DMC）。

如图 4-5 所示，信道输入端是一个长度为 N 的 N 维离散多符号信源，该信源可用随机矢量 $\boldsymbol{X}=X_1X_2\cdots X_N$ 描述，$\boldsymbol{X}$ 中各时刻随机变量 $X_i(i=1,2,\cdots,N)$ 之间统计独立，互不相关，均取自并取遍于信道的离散单符号集合 $X=\{a_1,a_2,\cdots,a_r\}$，则信源共有 r^N 个不同的排列组合，即 r^N 个消息状态 $\alpha_i(i=1,2,\cdots,r^N)$，$\alpha_i=(a_{i1}a_{i2}\cdots a_{iN})$。同样，信道输出端的输出随机矢量 $\boldsymbol{Y}$ 由 N 个随机变量 $Y_1Y_2\cdots Y_N$ 组成，每一个随机变量 $Y_i(i=1,2,\cdots,N)$ 均取自并取遍于信道的输出单符号集 $Y=\{b_1,b_2,\cdots,b_s\}$，则输出信源共有 s^N 个。N 次扩展信道的信道矩阵为

$$\pi=\begin{bmatrix}\pi_{11} & \pi_{12} & \cdots & \pi_{1s^N}\\ \pi_{21} & \pi_{22} & \cdots & \pi_{2s^N}\\ \vdots & \vdots & \ddots & \vdots\\ \pi_{r^N1} & \pi_{r^N2} & \cdots & \pi_{r^Ns^N}\end{bmatrix} \tag{4.24}$$

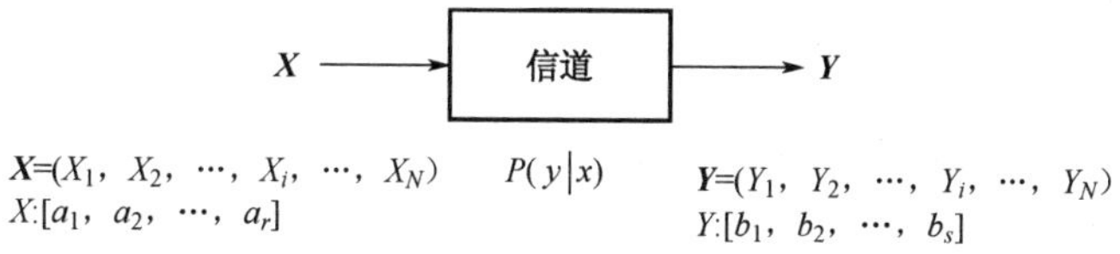

图 4-5　离散多符号信道模型

对于无记忆离散序列信道，由于当前时刻的输入和输出随机变量与其他时刻输入和输出随机变量独立无关，则式（4.24）中每项信道转移概率为

$$\begin{aligned}\pi&=P(\boldsymbol{Y}\mid\boldsymbol{X})=P(Y_1Y_2\cdots Y_N\mid X_1X_2\cdots X_N)\\&=P(Y_1\mid X_1)P(Y_2\mid X_2)\cdots P(Y_N\mid X_N)=\prod_{k=1}^{N}P(Y_k\mid X_k)\end{aligned} \tag{4.25}$$

例 4.6　求二元对称信道 BSC 的二次扩展信道的转移矩阵，并求其信道容量。

【解】 例 4.1 给出了二元对称信道模型。由 BSC 的二次扩展信道输入和输出信源都各有 4 个状态：00,01,10,11，输入和输出的各状态存在状态转换概率，又因为信道是离散多符号信道，前后符号独立，根据式（4.25），可列举并计算出所有输入和输出状态转换概率。例如，输入端状态“00”到输出端各个状态的转换概率为

$$p(00|00)=p(0|0)p(0|0)=(1-p)^2$$
$$p(01|00)=p(0|0)p(1|0)=(1-p)p$$
$$p(10|00)=p(1|0)p(0|0)=p(1-p)$$
$$p(11|00)=p(1|0)p(1|0)=p^2$$

同理，可以计算出其他 12 个 BSC 二次扩展信道的转移概率值，得到转移概率矩阵为

$$\boldsymbol{\pi}=\begin{bmatrix}(1-p)^2 & p(1-p) & p(1-p) & p^2\\ p(1-p) & (1-p)^2 & p^2 & p(1-p)\\ p(1-p) & p^2 & (1-p)^2 & p(1-p)\\ p^2 & p(1-p) & p(1-p) & (1-p)^2\end{bmatrix}$$

$\boldsymbol{\pi}$ 是 BSC 二次扩展信道矩阵，显然是一个离散对称信道，当输入序列等概率分布时，平均互信息达到最大值，即等于信道的信道容量，由式（4.19）计算可得

$$C=\log 4-H[(1-p)^2,p(1-p),p(1-p),p^2]$$

4.3.2　离散多符号信道的信道容量

1. 平均互信息

在 2.4 节中给出了单符号平均互信息的概念和计算公式，本节将讨论平均互信息的概念应用于多符号信道，并由此计算多符号信道的信道容量。

离散无记忆多符号信道的平均互信息为

$$I(\boldsymbol{X};\boldsymbol{Y})=H(\boldsymbol{X})-H(\boldsymbol{X}|\boldsymbol{Y})=H(\boldsymbol{Y})-H(\boldsymbol{Y}|\boldsymbol{X}) \tag{4.26}$$

由概率的计算关系，类似单符号平均互信息关系式的推导，有

$$I(\boldsymbol{X};\boldsymbol{Y})=H(X^N)-H(X^N|Y^N)=\sum p(\boldsymbol{xy})\log\frac{p(\boldsymbol{x}|\boldsymbol{y})}{p(\boldsymbol{x})} \tag{4.27}$$

$$=H(Y^N)-H(Y^N|X^N)=\sum p(\boldsymbol{xy})\log\frac{p(\boldsymbol{y}|\boldsymbol{x})}{p(\boldsymbol{y})} \tag{4.28}$$

2. 信道容量

离散无记忆多符号信道的信道容量为

$$\boldsymbol{C}=\max_{p(\boldsymbol{x})}\{I(\boldsymbol{X};\boldsymbol{Y})\} \tag{4.29}$$

定理 4.4　若多符号信道的输入和输出分别是 N 长序列 $\boldsymbol{X}$ 和 $\boldsymbol{Y}$，且信道是无记忆的，则存在

$$I(\boldsymbol{X};\boldsymbol{Y})\leqslant\sum_{l=1}^{N}I(X_l;Y_l) \tag{4.30}$$

这里 X_l、Y_l 分别是序列 $\boldsymbol{X}$ 和 $\boldsymbol{Y}$ 中第 l 位随机变量。

【证明】 由条件熵 $H(Y_N \mid Y_1Y_2\cdots Y_{N-1})$ 随着记忆长度 N 的增加而递减特点，可得

$$H(\boldsymbol{Y}) = H(Y_1Y_2\cdots Y_N) = H(Y_1) + H(Y_2 \mid Y_1) + \cdots + H(Y_N \mid Y_1Y_2\cdots Y_{N-1}) \leqslant \sum_{l=1}^{N} H(Y_l) \quad (4.31)$$

根据熵函数的链规则和离散无记忆信道的定义，则

$$\begin{aligned} H(\boldsymbol{Y} \mid \boldsymbol{X}) &= H(Y_1Y_2\cdots Y_N \mid X_1X_2\cdots X_N) \\ &= H(Y_1 \mid X_1X_2\cdots X_N) + H(Y_2 \mid X_1X_2\cdots X_NY_1) + \cdots + H(Y_N \mid X_1X_2\cdots X_NY_1Y_2\cdots Y_{N-1}) \\ &= \sum_{l=1}^{N} H(Y_l \mid X_l) \end{aligned}$$

因此

$$I(\boldsymbol{X};\boldsymbol{Y}) \leqslant \sum_{l=1}^{N} H(Y_l) - \sum_{l=1}^{N} H(Y_l \mid X_l) = \sum_{l=1}^{N} I(X_l;Y_l)$$

【证毕】

当且仅当信源矢 $\boldsymbol{Y}$ 中各分量彼此独立时，式（4.31）等号成立，如果信源无记忆，则有

$$I(\boldsymbol{X};\boldsymbol{Y}) = \sum_{l=1}^{N} I(X_l;Y_l) \quad (4.32)$$

这表明，离散无记忆信道的 N 次扩展信道的平均互信息 $I(\boldsymbol{X};\boldsymbol{Y})$ 一般不会超过信源在每个时刻的平均互信息 $I(X_l;Y_l)(l=1,2,\cdots,N)$ 之和，只有信道输入和输出两端信源的随机矢量中的各个随机变量统计独立，两者才能相等。

进一步，当输入和输出信源是平稳无记忆信源时，各个时刻的平均互信息 $I(X_l;Y_l)$ 与时刻无关，有

$$I(X_l;Y_l) = I(X;Y) \quad (4.33)$$

此时，式（4.32）可以写成

$$I(\boldsymbol{X};\boldsymbol{Y}) = NI(X;Y) \quad (4.34)$$

即信道平均互信息 $I(\boldsymbol{X};\boldsymbol{Y})$ 等于单符号信道的平均互信息的 N 倍。

当输入信源随机矢量每个时刻的随机变量与信道匹配时，离散无记忆信道的 N 次扩展信道各个时刻的平均互信息 $I(X_l;Y_l)$ 达到最大值，等于信道容量 C_l，则信道容量为

$$\boldsymbol{C} = C^N = \max_{p(\boldsymbol{x})}\{I(\boldsymbol{X};\boldsymbol{Y})\} = \max_{p(\boldsymbol{x})} \sum_{l=1}^{N} I(X_l;Y_l) = \sum_{l=1}^{N} \max_{p(\boldsymbol{x})} I(X_l;Y_l) = \sum_{l=1}^{N} C_l \quad (4.35)$$

式中，如果信源是平稳的，各时刻的信道容量都相同，即 $C_l = C$，则 N 次扩展无记忆信道的信道容量为 $C^N = NC$。

一般情况下，消息序列在离散无记忆 N 次扩展信道中传输时，其平均互信息量满足

$$I(\boldsymbol{X};\boldsymbol{Y}) \leqslant NC \quad (4.36)$$

4.4　组合信道及其信道容量

前面几节我们分析了单符号离散信道和离散无记忆信道的扩展信道，单符号离散信道是通信系统中的基本信道，实际中常常会遇到两个或更多个信道组合在一起使用的情况。例如，待发送的消息比较多时，可能要用两个或更多个信道并行发送，这种组合信道称为**并联信道**；有时消息会依次地通过几个信道串联发送，如无线电中继信道、数据处理系统，这种组合信道称为**级联信道**。在研究较复杂信道时，为使问题简化，往往可以将它们分解成几个简单的信道的组合。这一节我们将讨论这两种组合信道的信道容量与其组成信道的信道容量之间的关系。

4.4.1　独立并联信道

设有 N 个不同的单符号离散信道并联，如图 4-6 所示，组成并联信道的各个分信道 i 的输入符号集合 $X_i:\{a_1,a_2,\cdots,a_r\}$，输出符号集合 $Y_i:\{b_1,b_2,\cdots,b_s\}$，传递概率为 $p(Y_i\mid X_i)(i=1,2,\cdots,N)$。对于并联信道，输入和输出分别是 $X_1X_2\cdots X_N$ 和 $Y_1Y_2\cdots Y_N$，并联信道的联合传递概率为 $p(Y_1Y_2\cdots Y_N\mid X_1X_2\cdots X_N)$，由于各分信道相互独立，每一个分信道的输出 Y_i 只与本信道的输入 X_i 有关，因此独立并联信道满足无记忆离散序列信道的定义，有

$$P(Y_1Y_2\cdots Y_N\mid X_1X_2\cdots X_N)=P(Y_1\mid X_1)P(Y_2\mid X_2)\cdots P(Y_N\mid X_N)=\prod_{k=1}^{N}P(Y_k\mid X_k)$$

因此，4.3.2 节推导得到的关于离散多符号信道的平均互信息和信道容量的结论同样适用于独立并联信道。并联信道平均互信息满足

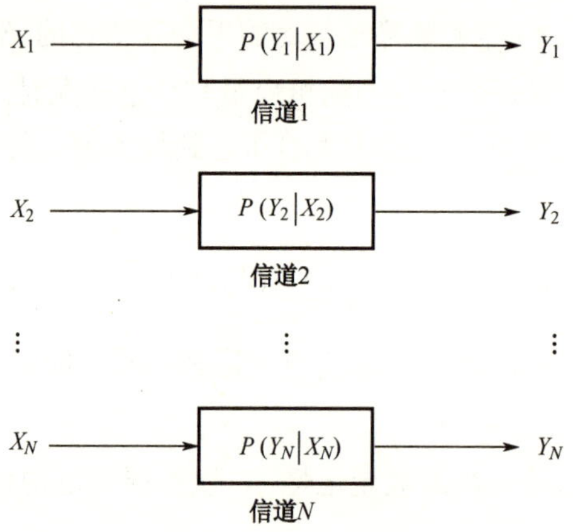

图 4-6　并联信道模型

$$I(X_1X_2\cdots X_N;Y_1Y_2\cdots Y_N)=\sum_{k=1}^{N}I(X_k;Y_k)$$

当并联信道的各分信道的输入随机变量是其对应分信道的匹配信源时，N 个独立并联的分信道分别各自到达信道容量 $C_k(k=1,2,\cdots,N)$，N 个独立并联的分信道的平均互信息量之和达到最大值 $\sum_{k=1}^{N}C_k$，这个最大值就是该并联信道的信道容量 C^N，也是对应的最大平均互信息，因此有

$$C^N=\sum_{k=1}^{N}C_k \tag{4.37}$$

所以，N 个独立分信道的并联信道的平均互信息 $I(X_1X_2\cdots X_N;Y_1Y_2\cdots Y_N)$ 一般不会大于各个分信道的平均互信息 $I(X_k;Y_k)$ 之和，只有当 N 个输入随机变量 $X_1X_2\cdots X_N$ 和输出随机变量 $Y_1Y_2\cdots Y_N$ 都各自统计独立时，式（4.37）才满足，即当每一个分信道输入信源同时达到匹配分布时，并联信道的信道容量 C^N 等于各个分信道的信道容量之和。

4.4.2　级联信道

信道串联是信道组合的基本方式，由两个离散单符号信道串联组成的信道是最简单和最基本的级联信道，如图 4-7 所示。

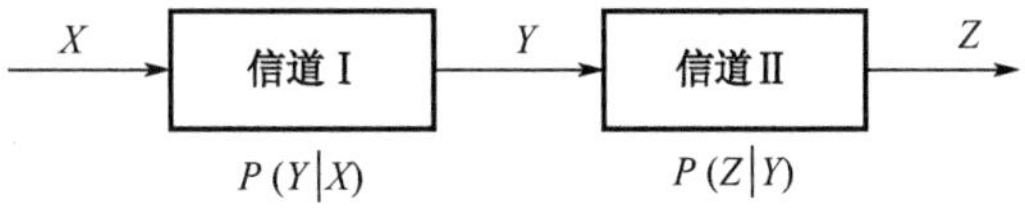

图 4-7　级联信道模型

对于信道 I，输入和输出随机变量分别为 X 和 Y，信道 II 的输入和输出随机变量分别为 Y 和 Z，三个随机变量 X, Y 和 Z 分别依次取自单符号集合 $U_1=\{x_1,x_2,\cdots,x_r\}$、$U_2=\{y_1,y_2,\cdots,y_s\}$ 和 $U_3=\{z_1,z_2,\cdots,z_t\}$。通常信道 I 的转移概率是 $p(Y=y_j\mid X=x_i)=p(y_j\mid x_i)$，而信道 II 的转移概率一般与前面的符号 X 和 Y 都有关系，记为 $p(Z=z_k\mid Y=y_j,X=x_i)=p(z_k\mid y_jx_i)$。

若信道 II 的转移概率使其输出 Z 只与输入 Y 有关，与前面的输入 X 无关，即满足

$$p(z_k\mid y_jx_i)=p(z_k\mid y_j)\qquad（对所有的 X, Y, Z 取值）\tag{4.38}$$

则称这两信道的输入和输出 X, Y, Z 序列构成**马尔可夫链**。

这两个级联信道可以等价成一个总的离散信道，其输入为 X，取值 $U_1=\{x_1,x_2,\cdots,x_r\}$，输出为 Z，取值 $U_3=\{z_1,z_2,\cdots,z_t\}$，此信道的转移概率为

$$p(z_k\mid x_i)=p(y_j\mid x_i)p(z_k\mid y_jx_i)\qquad(x\in U_1,y\in U_2,z\in U_3) \tag{4.39}$$

如果此级联信道满足马尔可夫链条件，则级联信道的等价模型为

$$p(z_k \mid x_i) = p(y_j \mid x_i) p(z_k \mid y_j) \qquad (x \in U_1, y \in U_2, z \in U_3) \tag{4.40}$$

级联信道的总的信道矩阵确定后，级联信道的信道容量就可以按照求离散单符号信道的信道容量的方法计算求出。

例 4.7 求两个离散二元对称信道 BSC 组成的串联信道的信道容量。

【**解**】前后两个二元对称信道的信道矩阵为

$$\boldsymbol{P}_1 = \boldsymbol{P}_2 = \begin{bmatrix} 1-p & p \\ p & 1-p \end{bmatrix}$$

串联信道的传递概率矩阵为

$$\boldsymbol{P} = \boldsymbol{P}_1\boldsymbol{P}_2 = \begin{bmatrix} 1-p & p \\ p & 1-p \end{bmatrix}\begin{bmatrix} 1-p & p \\ p & 1-p \end{bmatrix} = \begin{bmatrix} (1-p)^2+p^2 & 2p(1-p) \\ 2p(1-p) & (1-p)^2+p^2 \end{bmatrix}$$

可以看出，$\boldsymbol{P}$ 是一个二元对称信道，利用对称信道的信道容量公式，计算级联信道容量得

$$C = 1 - H[2p(1-p)]$$

4.5 信源与信道的匹配和信道剩余度

信源发出的消息（符号）需要通过信道来传输，而信道的信道容量是一定的，且只有当输入符号的概率分布 $P(x)$ 满足一定条件时才能达到信道容量 C。这就是说只有一定的信源才能使某一信道的信息传输率达到最大。一般信源与信道连接时，其信息传输率 $R = I(X;Y)$ 并未达到最大。**当信源与信道连接时，若信息传输率达到了信道容量，我们则称此信源与信道达到匹配**，否则认为信道有剩余。**信道剩余度**定义为

$$\text{信道剩余度} = C - I(X;Y) \tag{4.41}$$

其中，C 是该信道的信道容量，$I(X;Y)$ 是信源通过该信道实际传输的平均信息量。

$$\text{信道相对剩余度} = \frac{C - I(X;Y)}{C} = 1 - \frac{I(X;Y)}{C} \tag{4.42}$$

在无损信道中，信道容量 $C = \log r$（r 是信道输入符号的个数）。而 $I(X;Y) = H(X)$，这里 $H(X)$ 是输入信道的信源熵，因而

$$\text{无损信道相对剩余度} = 1 - \frac{H(X)}{\log r} \tag{4.43}$$

与第 3 章信源剩余度比较，式（4.43）就是信源剩余度。无损信道的相对剩余度与信源剩余度完全等价。因此，提高无损信道信息传输率的研究就等于减小信源剩余度的研究。

思　考　题

4.1　一般离散信道数学模型是什么？信道模型有哪几种表示方法？

4.2　信道中平均互信息的物理意义是什么？

4.3　设信道的输入和输出随机变量分别是 X, Y，信道中条件熵 $H(Y|X)$ 和 $H(X|Y)$ 的物理意义是什么？

4.4　信道容量的定义是什么？说明信道容量的物理意义，并写出定义表达式。

4.5　写出常见特殊信道（无噪无损信道、有噪无损信道、无噪有损信道、离散对称信道、离散准对称信道）的信道容量计算公式。

4.6　写出信道剩余度的定义表达式，说明其物理意义。

习　　题

4.1　写出图 4-8 所示离散无记忆信道的前向概率矩阵。

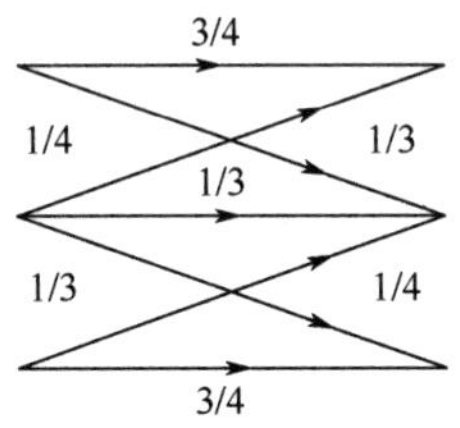

图 4-8　习题 4.1 图

4.2　信道输入符号集的概率矩阵为 $\begin{bmatrix} X \\ p(x) \end{bmatrix}=\begin{bmatrix} 0 & 1 & 2 \\ 0.5 & 0.3 & 0.2 \end{bmatrix}$，输出符号集为 $\{b_1,b_2,b_3,b_4\}$，已知信道转移矩阵为 $\boldsymbol{P}=\begin{bmatrix} 0.2 & 0.3 & 0.1 & 0.4 \\ 0.1 & 0.5 & 0.2 & 0.2 \\ 0.6 & 0.2 & 0.1 & 0.1 \end{bmatrix}$，求输出符号集 Y 的概率分布，并画出信道传输线图。

4.3　已知离散信源 $\begin{bmatrix} X \\ p(x) \end{bmatrix}=\begin{bmatrix} a_1 & a_2 & a_3 & a_4 \\ 0.1 & 0.3 & 0.2 & 0.4 \end{bmatrix}$，某信道的转移矩阵为 $\boldsymbol{P}=\begin{bmatrix} 0.2 & 0.3 & 0.1 & 0.4 \\ 0.6 & 0.2 & 0.1 & 0.1 \\ 0.5 & 0.2 & 0.1 & 0.2 \\ 0.1 & 0.3 & 0.4 & 0.2 \end{bmatrix}$，求：（1）“输入 a_3 输出 b_2 ”的概率；（2）“输出 b_4 ”的概

率；（3）“收到b_3的条件下推测输入a_2”的概率。

4.4 有一个二进制信源，对应概率空间为$\begin{bmatrix} X \\ p(x) \end{bmatrix}=\begin{bmatrix} a_1=0 & a_2=1 \\ 0.5 & 0.5 \end{bmatrix}$。信源输出符号后，经过离散无记忆信道传输到信宿，有三个输出符号$\{b_1=0,b_2=2,b_3=1\}$，其中输出符号“2”是不能确定状态，设信道传递概率矩阵为$\boldsymbol{P}=\begin{bmatrix} p(b_1|a_1) & p(b_2|a_1) & p(b_3|a_1) \\ p(b_1|a_2) & p(b_2|a_2) & p(b_3|a_2) \end{bmatrix}=\begin{bmatrix} 7/8 & 1/8 & 0 \\ 0 & 1/16 & 15/16 \end{bmatrix}$。求熵$H(X)$，$H(Y)$，$H(XY)$，$H(X|Y)$和平均互信息$I(X;Y)$。

4.5 设有扰离散信道的输入端有以等概率出现的 A, B, C, D 四个字母，通过信道的正确传输概率为 2/3，错误传输概率平均分布在其他三个字母上。求该信道传输的平均互信息和信道容量，请对比结果并说明原因。

4.6 设二元对称信道的传递矩阵为$\begin{bmatrix} 2/3 & 1/3 \\ 1/3 & 2/3 \end{bmatrix}$，（1）若输入信源符号概率$p(0)=3/4$，$p(1)=1/4$，求$H(X)$，$H(X|Y)$，$H(Y|X)$和$I(X;Y)$；（2）求该信道的信道容量及其达到信道容量时的输入概率分布。

4.7 在某离散无记忆信道上传输二进制符号 0 和 1，由于受到随机干扰影响，符号传输出现差错，每传输 1000 个符号会出现 5 个错误。假设每秒钟允许传输 1000 个符号，求该信道的信道容量。

4.8 求下列各信道的信道容量和最佳分布。

（1）$\begin{bmatrix} 0 & 0 & 1 & 0 \\ 1 & 0 & 0 & 0 \\ 0 & 0 & 0 & 1 \\ 0 & 1 & 0 & 0 \end{bmatrix}$ （2）$\begin{bmatrix} 1 & 0 & 0 \\ 1 & 0 & 0 \\ 0 & 1 & 0 \\ 0 & 1 & 0 \\ 0 & 0 & 1 \\ 0 & 0 & 1 \end{bmatrix}$

（3）$\begin{bmatrix} 0.1 & 0.4 & 0.5 & 0 & 0 & 0 & 0 & 0 & 0 \\ 0 & 0 & 0 & 0.4 & 0.6 & 0 & 0 & 0 & 0 \\ 0 & 0 & 0 & 0 & 0 & 0.6 & 0.1 & 0.2 & 0.1 \end{bmatrix}$

4.9 有一个二元对称信道，其信道矩阵为$\begin{bmatrix} 0.98 & 0.02 \\ 0.02 & 0.98 \end{bmatrix}$。设该信道以 1500 二元符号/s 的速度传输输入符号，现有一消息序列共 14 000 个二元符号，并设$p(0)=p(1)=1/2$，问从消息传输的角度来考虑，10s 内能否将这消息序列无失真地传输完？

4.10 求图 4-9 中信道的信道容量及其最佳的输入概率分布。

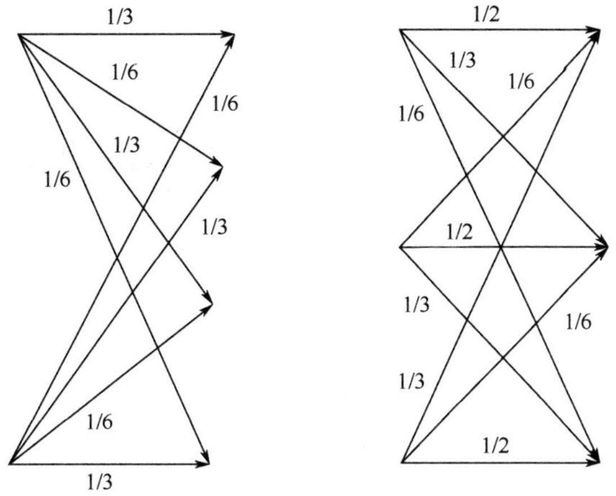

图 4-9　习题 4.10 图

4.11　求下列信道的信道容量和最佳分布，并比较结果。

（1）$\begin{bmatrix} 1-p-\varepsilon & p-\varepsilon & 2\varepsilon \\ p-\varepsilon & 1-p-\varepsilon & 2\varepsilon \end{bmatrix}$　　（2）$\begin{bmatrix} 1-p-\varepsilon & p-\varepsilon & 0 & 2\varepsilon \\ p-\varepsilon & 1-p-\varepsilon & 2\varepsilon & 0 \end{bmatrix}$

4.12　级联信道如图 4-10 所示，求总的信道矩阵，并用线图表示出来。

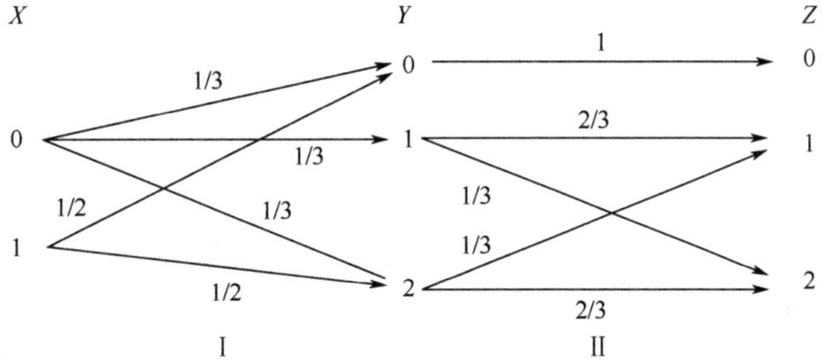

图 4-10　习题 4.12 图

第 5 章　无失真信源编码

通信的最终目标是将信源的输出信息经信道传输至接收端，精确或近似地重现出来。为此，我们需要解决两个问题：（1）信源的输出信息应如何度量，即如何计算它产生的信息量；（2）如何表示信源的输出，即信源编码。我们在第 3 章讨论了第（1）个问题，本章我们将讨论第（2）个问题。

信源输出的符号序列，经过信源编码，变换成适合信道传输的符号序列，一般称为**码符号序列**，在不失真或允许一定失真的条件下，用尽可能少的码符号来传递信源消息，提高信息传输的效率，所以，信源编码是以提高通信的有效性为目的的，包括**无失真信源编码**和**限失真信源编码**。

本章主要讨论无失真信源编码，也就是在不允许失真的情况下怎样通过压缩信源的冗余度来提高信息传输率。重点理解香农第一定律——码长理论极限的估算依据。仔细研究无失真信源编码技术，介绍了典型的编码方法：霍夫曼编码、费诺编码等。

5.1　信源编码的一般概念

将信源符号序列按一定的数学规律映射成码符号序列的过程称为**信源编码**，完成编码功能的器件称为**编码器**。接收端有一个功能相反的**译码器**。

5.1.1　编码器的构成

图 5-1 示出了信源编码器的构成。

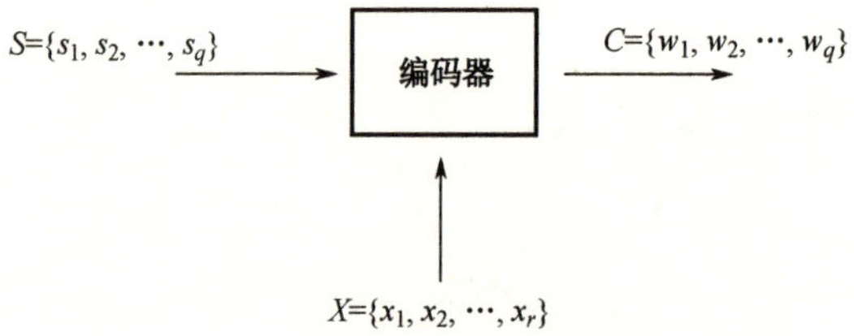

图 5-1　信源编码器构成

信源编码器的输入是信源符号集 $S=\{s_1,s_2,\cdots,s_q\}$，共有 q 个信源符号。另一

个符号集 $X=\{x_1,x_2,\cdots,x_r\}$ 称为**码符号集**，共有 r 个码符号，码符号集中的元素称为**码元**或者**码符号**。编码器的作用就是将信源符号集 S 中的符号 $s_i(i=1,2,\cdots,q)$ 变换成由 l_i 个码符号组成的一一对应的输出符号序列 $w_i=x_{i_1}x_{i_2}\cdots x_{i_{l_i}}$。编码器输出的符号序列 $w_i(i=1,2,\cdots,q)$ 又称为**码字**，它与信源符号 s_i 是一一对应的关系。码字的集合 $C=\{w_1,w_2,\cdots,w_q\}$ 称为**码**或**码书**。信源符号 s_i 对应码字 w_i，须用 l_i 个码符号来表示，l_i 称为**码字长度**，简称**码长**。

所以，信源编码就是把信源符号序列变换到码符号序列的一种映射。若要实现无失真编码，这种映射必须是一一对应的、可逆的。

5.1.2　常用信源编码的概念

1. 二元码

定义 5.1　若码符号集为 $X=\{0,1\}$，所得码字都是一些二元序列，则称为二元码。

若将信源通过一个二元信道进行传输，为使信源适合信道传输，就必须把信源符号变换成 $\{0,1\}$ 代码组成的码符号序列（二元序列），这种编码所得的码为二元码。二元码是数字通信和计算机系统中最常用的一种码。

2. 分组码

定义 5.2　将信源符号集中的每个信源符号 s_i 映射成一个固定的码字 w_i，这样的码称为分组码。

若采用分组码对信源符号进行编码，要求分组码具备下面介绍的一些直观属性——非奇异性、唯一可译性、即时性等，以保证在信道的输出端能够迅速地将码译出。

3. 定长码

定义 5.3　若一组码中所有码字的码长都相同，即 $l_i=l(i=1,2,\cdots,q)$，则称为定长码。

4. 变长码

定义 5.4　若一组码中所有码字的码长不全相同，即码字由不同长度 l_i 的码符号序列组成，则称为变长码。

5. 非奇异码

定义 5.5　若一组码中所有码字都不相同，即所有信源符号映射到不同的码符号序列，$s_i \neq s_j \Rightarrow w_i \neq w_j (s_i, s_j \in S, w_i, w_j \in C)$，则称码 C 为非奇异码。

6. 奇异码

定义 5.6　若一组码中有相同的码字，即 $s_i \neq s_j \Rightarrow w_i = w_j (s_i, s_j \in S, w_i, w_j \in C)$，则称码 C 为奇异码。

7. 同价码

定义 5.7　若码符号集 $X:\{x_1, x_2, \cdots, x_r\}$ 中每个码符号 x_i 所占的传输时间都相同，则所得的码 C 为同价码。

一般二元码是同价码，本书讨论的都是同价码。对同价码来说，定长码中每个码字的传输时间都相同；而变长码中每个码字的传输时间就不一定相同。电报中常用的莫尔斯码是非同价码，其码符号点（ • ）和画（ — ）所占的传输时间不相同。

例 5.1　设信源 S 的概率空间为

$$\begin{bmatrix} S \\ p(s) \end{bmatrix} = \begin{bmatrix} s_1 & s_2 & s_3 & s_4 \\ p(s_1) & p(s_2) & p(s_3) & p(s_4) \end{bmatrix} \qquad \sum_{i=1}^{4} p(s_i) = 1$$

若把它通过一个二元信道进行传输，为使信源适合信道传输，就必须把信源符号 s_i 变换成 $\{0,1\}$ 符号组成的码符号序列（二元码）。我们可采用不同的二元序列使其与信源符号一一对应，这样就可得到不同的二元码，如表 5.1 所示。

表 5.1　二元码

信源符号 s_i	$p(s_i)$	码 1	码 2
s_1	$p(s_1)$	00	0
s_2	$p(s_2)$	01	01
s_3	$p(s_3)$	10	010
s_4	$p(s_4)$	11	111

表 5.1 中，码 1 是等长非奇异码，码 2 是变长非奇异码。

8. 码的 N 次扩展码

假定某码 C，它把信源 S 中的符号 s_i 一一变换成码 C 中的码字 w_i，则信源 S 的 N 次扩展码是所有 N 个码字组成的码字序列的集合。

若码 $C=\{w_1,w_2,\cdots,w_q\}$，其中 $s_i\in S\Leftrightarrow w_i=(x_{i_1}x_{i_2}\cdots x_{i_{l_i}}),x_{i_{l_i}}\in X$，则 N 次扩展码

$$B_i=(w_{i_1}w_{i_2}\cdots w_{i_N}),(i_1,i_2,\cdots,i_N=1,\cdots,q;\ i=1,\cdots,q^N) \tag{5.1}$$

可见，N 次扩展码 B 中，每个码字 B_i 与 N 次扩展信源 S^N 中每个信源符号序列 $\alpha_i=(s_{i_1}s_{i_2}\cdots s_{i_N})$ 一一对应。

我们可求得表 5.1 中码 1 和码 2 的任意 N 次扩展码，例如，求表 5.1 中码 2 的二次扩展码。因为二次扩展信源 $S^2=(\alpha_1=s_1s_1,\alpha_2=s_1s_2,\alpha_3=s_1s_3,\cdots,\alpha_{16}=s_4s_4)$，所以码 2 的二次扩展码如表 5.2 所示。

表 5.2　表 5.1 中码 2 的二次扩展码

信源符号	码　字	信源符号	码　字	信源符号	码　字
α_1	$B_1=w_1w_1=00$	α_5	$B_5=w_2w_1=010$	⋮	…
α_2	$B_2=w_1w_2=001$	α_6	$B_6=w_2w_2=0101$	α_{14}	$B_{14}=w_4w_2=11101$
α_3	$B_3=w_1w_3=0010$	α_7	$B_7=w_2w_3=01010$	α_{15}	$B_{15}=w_4w_3=111010$
α_4	$B_4=w_1w_4=0111$	α_8	$B_8=w_2w_4=01111$	α_{16}	$B_{16}=w_4w_4=111111$

9. 唯一可译码

定义 5.8　码的任意一串有限长的码符号序列只能被唯一地译成所对应的信源符号序列，则此码称为唯一可译码，否则，就称为非唯一可译码。

若要所编的码是唯一可译码，不但要求编码时不同的信源符号变换成不同的码字，而且必须要求任意有限长的信源序列所对应的码符号序列各不相同，即要求码的任意有限长 N 次扩展码都是非奇异码。因为只有任意有限长的信源序列所对应的码符号序列各不相同，才能把该码符号序列唯一地分割成一个个对应的信源符号，从而实现唯一译码。

例如，表 5.1 中码 1 是唯一可译码，而码 2 是非唯一可译码。因为对于码 2，其有限长的码符号序列能译成不同的信源符号序列。如码符号序列“0010”，可译成“s_1s_3”或“$s_1s_2s_1$”，结果信源符号序列与码序列不是一一对应的了。无失真信源编码必须是唯一可译码。

10. 即时码

定义 5.9　无须考虑后续的码符号即可从码符号序列中译出码字，这样的唯一可译码称为即时码。

在表 5.3 中，对于码 1，因为信源符号 s_2 和 s_4 对应同一个码字“11”，码 1 本身是奇异码，因此它不是唯一可译码。对于码 2，它本身是非奇异码，但因为当

接收到一串码符号序列时无法唯一地译出对应的信源符号，即其 N 次扩展码是奇异的，因此译成的信源符号不是唯一的，它仍然不是唯一可译码。例如，当接收到码 2 符号序列“000”时，可将它译成信源符号 s_1s_3，也可译成 s_3s_1。码 3 和码 4 都是唯一可译码，因为它们本身是非奇异码，而且对于任意有限长 N 次扩展码都是非奇异码。

表 5.3　即时码和非即时码

信源符号 s_i	$p(s_i)$	码 1	码 2	码 3	码 4
s_1	$1/2$	0	0	1	1
s_2	$1/4$	11	10	10	01
s_3	$1/8$	00	00	100	001
s_4	$1/8$	11	01	1000	0001

码 3 虽然是唯一可译码，但对于这类码，当收到一个或几个码符号后，不能即时判断码字是否已经终结，要等待下一个或几个码符号收到后才能做出判断。例如，当已经收到两个码符号“10”时，我们不能判断码字是否终结，必须等下一个码符号到达后才能决定。如果下一个码符号是“1”，则表示前面已经收到的码符号“10”为一个码字，把它译成信源符号 s_2；如果下一个符号仍是“0”，则表示前面收到的码符号“10”并不代表一个码字，这时真正的码字可能是“100”，也可能是“1000”，到底是什么码字还需等待下一个符号到达后才能做出决定，因此码 3 不能即时进行译码，码 3 是非即时码。

码 4 也是唯一可译码，但它与码 3 有不同之处。码 4 的每个码字都以符号 1 为终结，当我们接收码符号序列时，只要一出现 1，就知道一个码字已经终结，新的码字就要开始，所以当出现符号 1 后，就可立即将接收到的码符号序列译成对应的信源符号，因此码 4 是即时码。码 4 中的符号 1 起到了逗点的作用，故也称为**逗点码**。

定义 5.10　设某码字 $w_i=(x_{i_1}x_{i_2}\cdots x_{i_m})$，称码符号序列 $(x_{i_1}x_{i_2}\cdots x_{i_j})(j<m)$ 为码字 w_i 的**前缀**，或称码字 w_i 是码符号序列 $(x_{i_1}x_{i_2}\cdots x_{i_j})$ 的**延长**。

我们来研究码 3 和码 4 的结构，发现这两类码之间有一个重要的结构上的不同点，在码 3 中，码字 $w_2=10$ 是码字 $w_3=100$ 的前缀，而码字 w_3 又是码字 $w_4=1000$ 的前缀；或者说码字 w_2 是码字 $w_1=1$ 的延长，而码字 w_3 又是码字 w_2 的延长。但是在码 4 中找不到任何一个码字是另外一个码字的前缀或延长。

可见，某码为即时码的**充要条件**是没有任何完整的码字是其他码字的前缀或延长。

上述码的概念的所属关系如图 5-2 所示。显然，即时码是性能最优秀的码，如何获得即时码成为我们关心的问题。

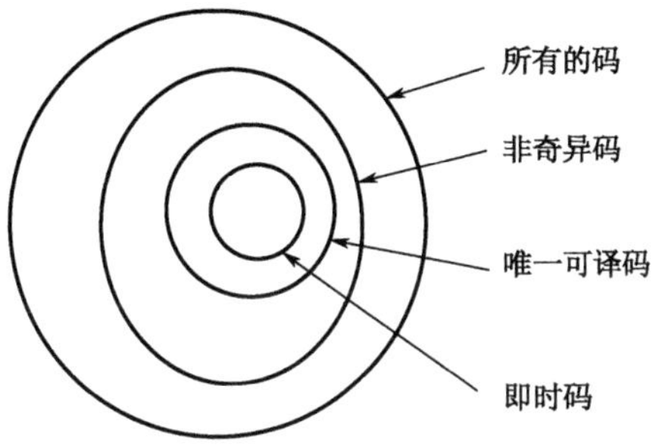

图 5-2　码的分类

5.1.3　即时码的树图构造法

即时码的一种简单构造方法是**树图法**。对给定码字的全体集合 C 来说，可以用**码树**来描述它。所谓**树**，就是既有根、枝，又有节点。树图的最上端为根，从根出发向下伸出树枝，树枝的数目等于码符号的总数 r，例如，$r=2$ 时就伸出两条树枝。树枝的尽头为**节点**，从节点出发再伸出树枝，每次每个节点伸出 r 枝，依次下去构成一棵树（树是倒长的）。图 5-3（a），（b）中分别给出了二元码树、三元码树。当某一节点被安排为码字后，它就不再继续伸枝，此节点称为**终端节点**（用粗黑点表示），而其他节点称为**中间节点**，不安排为码字（用空心圈表示）。给每个节点所伸出的树枝分别从左向右标上码符号 $0,1,\cdots,r$。这样，终端节点所对应的码字就由从根出发到终端节点走过的路径所对应的码符号组成。

例如，图 5-4 给出了表 5.3 中唯一可译码码 3 和码 4 的树图。由码 4 的树图（见图 5-4（a））可以看出，按树图法构成的码一定满足即时码的定义，因为从根到每一个终端节点所走的路径是不同的，而且中间节点不安排为码字，所以一定满足对码的前缀的限制。码 3 所对应的树图（见图 5-4（b））从根到终端节点所经路径的中间节点设为码字，不满足前缀条件，因此码 3 不是即时码，但它是唯一可译码。观察码树图可以发现，当第 i 阶的节点作为终端节点并分配码字时，该码字的码长为 i。

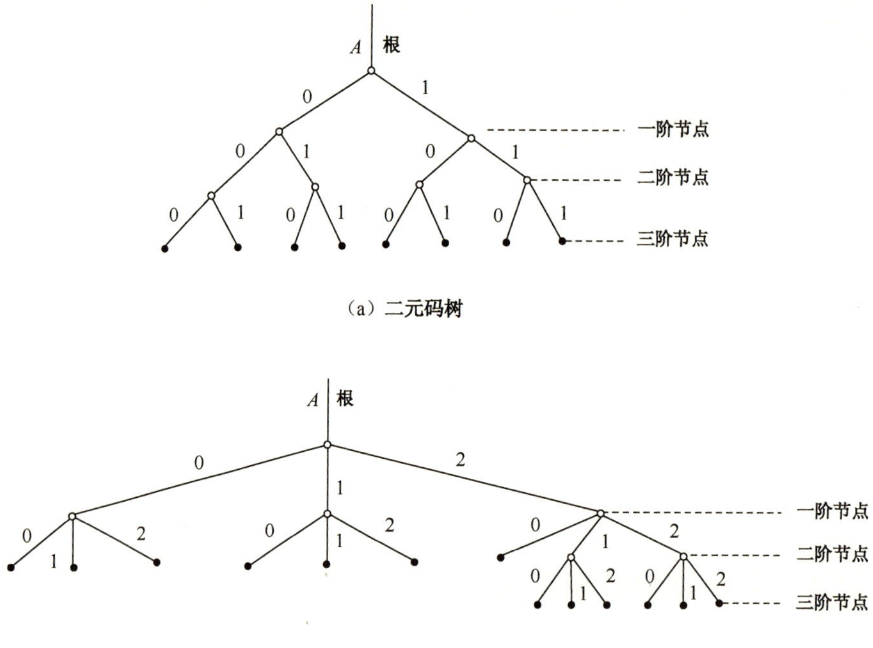

（a）二元码树

（b）三元码树

图 5-3　码树图

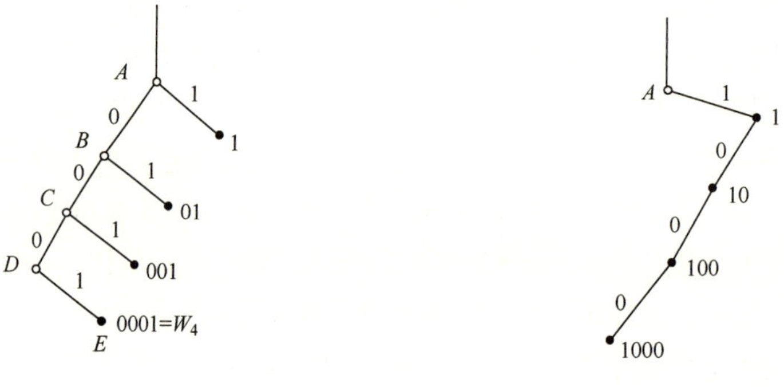

（a）即时码（码4）树图　　（b）非即时码（码3）树图

图 5-4　即时码与非即时码的树图形式

可以通过给树图分配码字而得到即时码，同时也可以用码树表示即时码，但当码字长度给定时，获得的即时码不是唯一的。例如，每个中间节点长出的树枝分配的码符号顺序不同，最终得到的即时码就会不同。当 r 元 l 节的码树的所有树枝都被用上时，第 l 阶节点共有 r^l 个终端节点，正好对应于长度为 l 的定长码，可见定长码也是即时码的一种。

即时码的码树图还可以用来译码。当接收到一串码符号序列后，首先从树根出发，根据接收到的第一个码符号来选择应走的第一条路径。若沿着所选支路走到中间节点，那就再根据接收到的第二个码符号来选择应走的第二条路径，直到终端节点为止。走到终端节点，就可根据所走的支路，立即对所接收到的码字进行译码。同时使系统重新返回树根，再做下一个接收码字的判断。这样，就可以将接收到的一串码符号序列译成对应的信源符号序列。

5.2　定长码和定长信源编码定理

5.2.1　定长码

一般来说，若要实现无失真编码，不但要求信源符号 $s_i(i=1,2,\cdots,q)$ 与码字 $w_i(i=1,2,\cdots,q)$ 是一一对应的，而且要求码符号序列的反变换也是唯一的。也就是说，所编的码必须是唯一可译码，否则，就会引起译码带来的错误与失真。对于定长码，若是非奇异码，则它的任意有限长 N 次扩展码一定也是非奇异码，因此定长非奇异码一定是唯一可译码。

若对信源 S 进行定长编码，则必须满足

$$q \leqslant r^l \tag{5.2}$$

式中，q 是信源 $S=(s_1,s_2,\cdots,s_q)$ 的符号个数，l 是定长码的码长，r 是码符号集中的码元数。

例如，信源 S 共有 $q=4$ 个信源符号，现进行二元定长编码，其中码符号个数为 $r=2$。根据式（5.2）可知，信源 S 存在唯一可译定长码的条件是码长 l 必须不小于 2。

如果我们对信源 S 的 N 次扩展信源 S^N 进行定长编码，要求编得的定长码是唯一可译码，则必须满足

$$q^N \leqslant r^l \tag{5.3}$$

其中，q^N 是信源 S 的 N 次扩展信源 $S^N=(\alpha_1,\alpha_2,\cdots,\alpha_{q^N})$ 的符号个数。

式（5.3）表明，只有当 l 长的码符号序列数 (r^l) 大于或等于 N 次扩展信源的符号数 (q^N) 时，才可能存在定长非奇异码。对式（5.3）两边取对数，则得

$$N\log q \leqslant l\log r \qquad \frac{l}{N} \geqslant \frac{\log q}{\log r} \tag{5.4}$$

在式（5.4）中，当 $N=1$ 时，与式（5.2）相同。式（5.4）中 $\dfrac{l}{N}$ 是平均每个信源符号所需要的码符号个数，所以式（5.4）表示：对于定长唯一可译码，每个信源符号至少需要用 $\log q/\log r$ 个码符号来表示，即每个信源符号所需最短码长为 $\log q/\log r$ 个。

当 $r=2$（二元码）时，则式（5.4）成为

$$\frac{l}{N} \geqslant \log q \tag{5.5}$$

这表明，对于二元定长唯一可译码，每个信源符号至少需要用 $\log q$ 个二元符号来变换，即对信源进行二元定长不失真编码时，每个信源符号所需码长的极限值为 $\log q$ 个。

例如，英文电报有 32 个符号（26 个英文字母加上 6 个字符），即 $q=32$，若 $r=2$，$N=1$，则对信源 S 的逐个符号进行二元编码，由式（5.5）得

$$l \geqslant \log q = \log 32 = 5$$

这就是说，每个英文电报符号至少要用 5 位二元符号编码。

由第 3 章可知，实际英文电报符号信源，在考虑了符号出现的概率以及符号之间的依赖性后，平均每个英文电报符号所提供的信息量约等于 1.4 比特，大大小于 5 比特。因此，定长编码后，每个码字只载荷约 1.4 比特信息量。由第 4 章已知，对于无噪无损二元信道，每 5 个二元码符号最大能载荷 5 比特的信息量。因此，前述的英文电报定长编码的信息传输效率很低。那么，是否可以使每个信源符号所需的码符号个数减少，也就是说是否可以提高定长编码的传输效率呢？回答是肯定的。

5.2.2 定长编码定理

定理 5.1（**信源定长编码定理**）　一个熵 $H(S)$ 的离散无记忆信源，若对信源长为 N 的符号序列进行定长编码，设码字是从 r 个字母的码符号集中选取 l 个码元组成。对于任意 $\varepsilon>0$，只要满足

$$\frac{l}{N} \geqslant \frac{H(S)+\varepsilon}{\log r} \tag{5.6}$$

则当 N 足够大时，可实现几乎无失真编码，即译码错误概率能为任意小。反之，若

$$\frac{l}{N} \leqslant \frac{H(S)-2\varepsilon}{\log r} \tag{5.7}$$

则不可能实现无失真编码，而当 N 足够大时，译码错误概率近似等于 1（本定理证明略）。

比较式（5.6）和式（5.4）可知，当信源符号等概率分布时，两式几乎一致。但一般情况下，信源符号并非等概率分布，而且符号之间有较强的关联性，信源熵 $H(S)$ 将小于 $\log q$。故依据定理 5.1，在定长编码中每个信源符号平均所需的码符号数会减少，从而使编码效率提高。

定理 5.1 是在平稳离散无记忆信源的条件下论证的，但它同样适用于平稳离散

有记忆信源，只是要求有记忆信源的极限熵 $H_\infty(S)$ 和极限方差 $\sigma_\infty^2(S)$ 存在，对于平稳离散有记忆信源，式（5.6）和式（5.7）中 $H(S)$ 改为极限熵 $H_\infty(S)$ 即可。

仍以 5.2.1 节英文电报符号为例，英文信源的极限熵 $H_\infty(S)\approx 1.4$ 比特/信源符号，使用二元编码，依据式（5.6）得，$l/N \geqslant 1.4$（二元符号/信源符号）。此结果表示平均每个英文信源符号需要近似使用 1.4 个二元符号来编码，这比 5.2.1 节讨论的需要 5 位二元符号减少了许多。这样，平均每个二元符号载荷的信息接近极大值 1 比特，提高了信息传输效率。

当选取定长码的码字长度 l 满足式（5.6）时，如果 N 足够大可实现译码错误概率任意小，其译码错误概率是

$$P_E \leqslant \delta = \frac{D\left[I(s_i)\right]}{N\varepsilon^2} \tag{5.8}$$

其中，$D\left[I(s_i)\right]$ 是随机变量 $I(s_i)$（信源符号自信息）的方差；ε 是任意小的正数。

5.2.3　编码效率

定理 5.1 中的条件式（5.6）可改写成

$$l\log r \geqslant N\left[H(S)+\varepsilon\right] > NH(S) \tag{5.9}$$

式（5.9）左边表示长为 l 的码符号序列能载荷的最大信息量，而右边代表长为 N 的信源序列平均携带的信息量。所以定长编码定理告诉我们：只要码字传输的信息量大于信源序列携带的信息量，总可实现几乎无失真编码。

定理 5.1 中式（5.6）还可写成

$$\frac{l}{N}\log r \geqslant H(S)+\varepsilon \tag{5.10}$$

令 $R_{code} = l\log r/N$，表示编码后平均每个信源符号能载荷的最大信息量，称 R_{code} 为**编码后信源的信息传输率**。显然，编码后信源的信息传输率大于信源的熵，才能实现几乎无失真编码。

定义 5.11　信源熵 $H(S)$ 与编码后信源的信息传输率 R_{code} 的比值称为**编码效率**。

$$\eta = \frac{H(S)}{R_{code}} = \frac{NH(S)}{l\log r} \tag{5.11}$$

如果编码信息率越接近信源的熵，则码长越短，编码效率越高，最高的无失真信源编码效率是 $\eta = 1$。由式（5.10）可知，最佳定长编码效率为

$$\eta = \frac{H(S)}{H(S)+\varepsilon} \quad (\varepsilon > 0) \tag{5.12}$$

对已知信源做定长编码时，如果给定编码效率 η，可由式（5.12）计算 ε：

$$\varepsilon=\frac{1-\eta}{\eta}H(S) \tag{5.13}$$

如果给定定长编码的错误概率 δ，由式（5.8）可以求出信源的扩展长度：

$$N=\frac{D[I(s_i)]}{\delta\varepsilon^2} \tag{5.14}$$

显然，如果容许错误概率 δ 越小，编码效率 η 越高，则信源扩展序列长度 N 必须越长。

例 5.2　设离散无记忆信源 S 的概率空间为

$$\begin{bmatrix} S \\ p(s) \end{bmatrix}=\begin{bmatrix} s_1 & s_2 & s_3 & s_4 & s_5 & s_6 & s_7 \\ \frac{1}{2} & \frac{1}{2^2} & \frac{1}{2^3} & \frac{1}{2^4} & \frac{1}{2^5} & \frac{1}{2^6} & \frac{1}{2^6} \end{bmatrix}$$

（1）若对信源 S 采用定长二元无失真编码，求其最短的编码长度和编码效率，并给出一种编码；（2）若要提高编码效率 $\eta=0.90$，允许编码错误概率 $\delta\leqslant 10^{-6}$。求信源扩展序列的最短长度 N。

【解】（1）其信源熵为

$$H(S)=-\sum_{i=1}^{7}p(s_i)\log p(s_i)=\frac{63}{32}=1.968\,8 \text{ 比特/信源符号}$$

根据式（5.5），有

$$l\geqslant\log q=\log 7 \qquad l=3 \text{ 码元符号/信源符号}$$

其一种编码为 $C=[001,010,011,100,101,110,111]$，编码效率为

$$\eta=\frac{NH(S)}{l\log r}=\frac{1.968\,8}{3}=65.6\%$$

显然，使用定长编码实现无失真编码，通常效率很低。

（2）自信息的方差为

$$D[I(s_i)]=\sum_{i=1}^{7}p_i(\log p_i)^2-[H(S)]^2=1.655\,3$$

信源扩展的最短长度为

$$N=\frac{D[I(s_i)]}{\delta\varepsilon^2}=\frac{D[I(s_i)]}{H(S)^2}\frac{\eta^2}{(1-\eta)^2\delta}\geqslant 3.459\times 10^7$$

即只有信源扩展长度达到 3459 万以上时，才能实现编码错误概率小于 10^{-6}，但仍不能实现无失真编码。理论上随着 N 的加大，可以实现任意小的编码错误概率。实际情况下，要实现几乎无失真的定长编码，N 需要大到难以实现的程度，而后面讨论的变长编码要优越得多。

5.3　变长码和变长信源编码定理

变长码必须是唯一可译码，才能实现无失真编码。要满足唯一可译性，不但码本身必须是非奇异的，而且其任意有限长 N 次扩展码也必须是非奇异的。若编码是即时码，性能就会更好。下面给出唯一可译码和即时码的存在性定理。

5.3.1　克拉夫特（Kraft）不等式

定理 5.2（**Kraft 不等式**）　设信源符号集为 $S=\{s_1,s_2,\cdots,s_q\}$，码符号集为 $X=\{x_1,x_2,\cdots,x_r\}$，对信源进行编码，相应的码字为 $W=\{w_1,w_2,\cdots,w_q\}$，其对应的码长分别为 $l_1,l_2,\cdots,l_q$，则即时码存在的必要条件是

$$\sum_{i=1}^{q} r^{-l_i} \leqslant 1 \tag{5.15}$$

反之，若码长满足不等式（5.15），则一定存在具有这样码长的 r 元即时码。

【**证明**】（1）必要性，即证明即时码的码长一定满足 Kraft 不等式（5.15）。

任意 r 元即时码都可以用 r 元树图来描述，其第 N 阶所有可能伸出的树枝数为 r^N。当把第 $i\,(i<N)$ 阶节点取为码字时，它使第 N 阶不能伸出的树枝数为 r^{N-i}。第 i 阶节点取为码字时，其码长 $l_i=i$，显然此码字减少掉的第 N 阶节点数为 r^{N-l_i}，则 q 个码字减少了第 N 阶节点数为 $\sum_{i=1}^{q} r^{N-l_i}$，设 $N \geqslant \max l_i\,(i=1,2,\cdots,q)$。$q$ 个码字总共减少的第 N 阶节点数应该小于或等于第 N 阶所有可能伸出的树枝数，因此

$$\sum_{i=1}^{q} r^{N-l_i} \leqslant r^N \tag{5.16}$$

整理后可得式（5.15）。

（2）充分性，即证明码长满足 Kraft 不等式（5.15）时，存在这样的码长的即时码。

证明思路是，将式（5.15）的求和项拆分成单项求和，能构造成树图，因此存在这样码长的即时码。将必要性证明过程反推回去即可。　【证毕】

例 5.3　对表 5.3 中的信源编码，根据 Kraft 不等式判断表中编码的即时性。

【**解**】表 5.3 中的二元码码 1 和码 2 具有相同的码长，$\{1,2,2,2\}$，有

$$\sum_{i=1}^{4} 2^{-l_i} = 2^{-1} + 3\times 2^{-2} = \frac{5}{4} > 1$$

Kraft 不等式的计算结果告诉我们，码 1 和码 2 必不是即时码，而且没有这样

码长的即时码。

表 5.3 中的二元码码 3 和码 4 具有相同的码长，$\{1,2,3,4\}$，有

$$\sum_{i=1}^{4}2^{-l_i}=2^{-1}+2^{-2}+2^{-3}+2^{-4}=\frac{15}{16}<1$$

计算结果满足 Kraft 不等式，但不能因为码 3 和码 4 的码长满足 Kraft 不等式而断定它们是即时码，事实上，我们知道码 4 是即时码，码 3 不是即时码。因为 Kraft 不等式是即时码的存在性判别定理。

Kraft 不等式是 L.G. Kraft 在 1949 提出并证明的。1956 年麦克米伦（B. McMillan）提出并证明了唯一可译码也必须满足 Kraft 不等式，并不比即时码有什么更宽松的条件。

定理 5.3　设信源符号集为 $S=\{s_1,s_2,\cdots,s_q\}$，码符号集为 $X=\{x_1,x_2,\cdots,x_r\}$，对信源进行编码，相应的码字为 $W=\{w_1,w_2,\cdots,w_q\}$，其对应的码长分别为 $l_1,l_2,\cdots,l_q$，则唯一可译码存在的必要条件是

$$\sum_{i=1}^{q}r^{-l_i}\leqslant 1 \tag{5.17}$$

反之，若码长满足不等式（5.17），则一定存在具有这样码长的 r 元唯一可译码。

显然，不等式（5.17）就是 Kraft 不等式（5.15），此处证略。

例 5.4　对表 5. 3 中的信源编码，根据 Kraft 不等式判断表中编码的唯一可译性。

【解】 表 5.3 中的二元码码 1 和码 2 不满足 Kraft 不等式，码 1 和码 2 必不是唯一可译码，而且没有这样码长的唯一可译码。码 3 和码 4 的码长满足 Kraft 不等式，但不能因此断定它们是唯一可译码，虽然我们知道码 3 和码 4 都是唯一可译码。例如，编码 $\{0,01,101,1001\}$ 不是唯一可译码，但其码长满足 Kraft 不等式，所以 Kraft 不等式是唯一可译码的存在性判别定理。

5.3.2　唯一可译变长码的判别方法

1．方法一：根据即时码是唯一可译码来进行判别

判别步骤如图 5-5 所示，根据即时码是唯一可译码的方法来进行判别。采用这种方法，当不是即时码时，则不能确定其是否为唯一可译码。

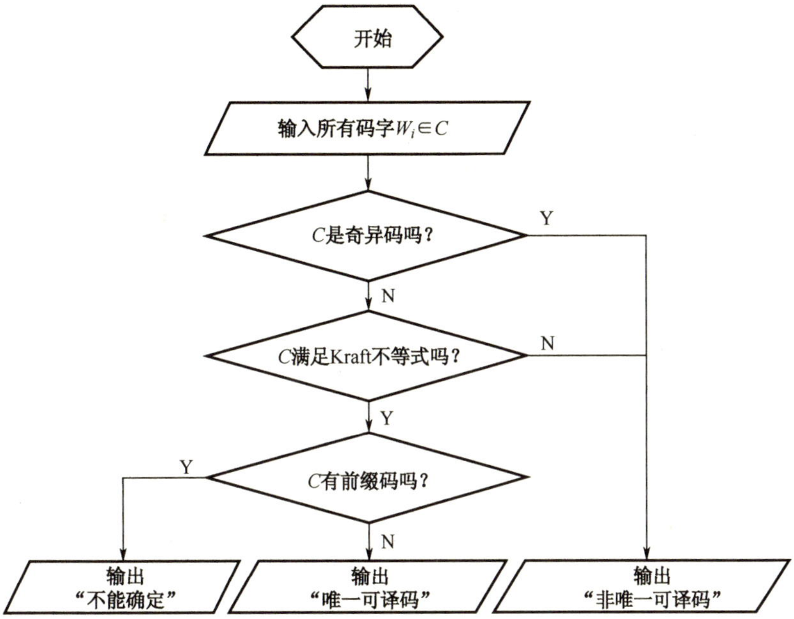

图 5-5　即时码判别方法

2．方法二：尾随后缀判别法

该方法是由萨得纳斯（A.A.Sardinas）和彼特森（G.W.Patterson）于 1957 年设计并提出的一种判断唯一可译码的方法。内容是：将码 C 中所有码字可能的尾随后缀组成一个集合 F，当且仅当集合 F 中没有包含任一码字时，则可判断此码 C 为唯一可译变长码。**尾随后缀**就是将某码字序列中截去与其他码字相同的前缀部分，而余下的序列部分。

集合 F 按如下步骤获得。首先，观察码 C 中最短的码字是否是其他码字的前缀，若是，将其所有可能的尾随后缀排列出来得集合 F_1。这些尾随后缀又可能是某些码字的前缀，再将这些新尾随后缀列出得集合 F_2。依次下去，直至没有一个尾随后缀是码字的前缀或没有新的尾随后缀产生为止。由此得到由码 C 的所有可能的尾随后缀组成的集合 $F=\bigcup F_i$。尾随后缀判别法的流程图如图 5-6 所示。

例 5.5　设消息集合共有 7 个元素$\{s_1,s_2,s_3,s_4,s_5,s_6,s_7\}$，它们分别被编码为$\{a,c,ad,abb,bad,deb,bbcde\}$。按照尾随后缀判别法判别编码是否是唯一可译码。

【解】构造尾随后缀集合 F，列于表 5.4 中。

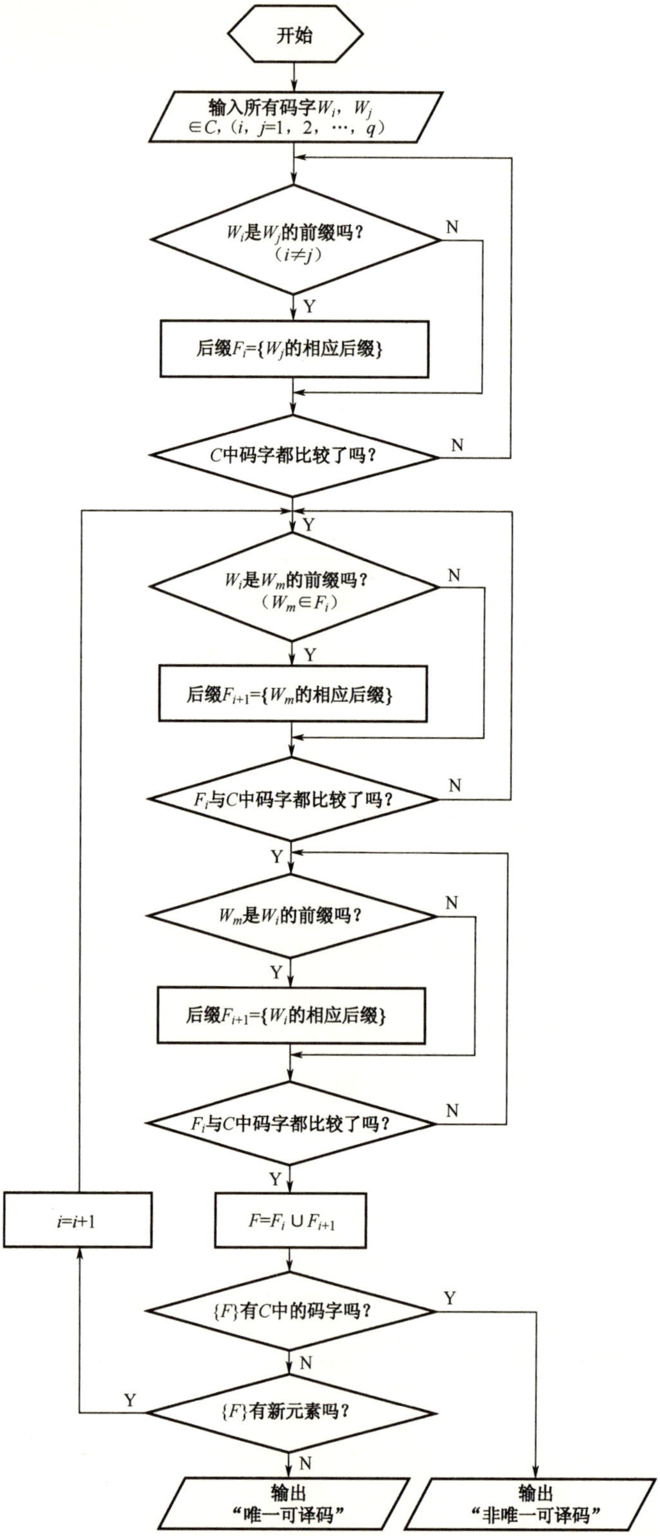
开始
输入所有码字W_i，W_j $\in C$，(i，j=1，2，…，q)
W_i是W_j的前缀吗？($i \neq j$)
N
Y
后缀F_i={W_j的相应后缀}
C中码字都比较了吗？
N
Y
W_i是W_m的前缀吗？($W_m \in F_i$)
N
Y
后缀F_{i+1}={W_m的相应后缀}
F_i与C中码字都比较了吗？
N
Y
W_m是W_i的前缀吗？
N
Y
后缀F_{i+1}={W_i的相应后缀}
F_i与C中码字都比较了吗？
N
Y
i=i+1
F=$F_i \cup F_{i+1}$
{F}有C中的码字吗？
Y
N
{F}有新元素吗？
Y
N
输出“唯一可译码”
输出“非唯一可译码”

图 5-6　尾随后缀判别法

表 5.4　例 5.5 的尾随后缀集合 F

s_i	C	F_1	F_2	F_3	F_4	F_5
s_1	a					
s_2	c					
s_3	ad	d				
s_4	abb	bb				
s_5	bad					ad
s_6	deb		eb		b	
s_7	$bbcde$		cde	de		$bcde$

尾随后缀集合的获得过程列于表 5.4 中。首先，观察码 C 中短的码字是否是其他码字的前缀，得到尾随后缀集合 $F_1=\{d,bb\}$，F_1 中的尾随后缀又是某些码字的前缀，得到尾随后缀集合 $F_2=\{eb,cde\}$。码字 c 是尾随后缀 cde 的前缀，得到尾随后缀集合 $F_3=\{de\}$。新后缀 de 是码字 deb 的前缀，得到尾随后缀集合 $F_4=\{b\}$。由新的尾随后缀 b 得到下一级尾随后缀集合 $F_5=\{ad,bcde\}$。F_5 中出现了码字“ad”，说明本编码不是唯一可译码。例如，码字序列“$abbcdebad$”，可以译码为 $s_1s_7s_5$ 或者 $s_4s_2s_6s_3$，显然，译码结果非唯一。

5.3.3　平均码长

定义 5.12　设信源符号集 $S=\{s_1,s_2,\cdots,s_q\}$，相应的码字 $W=\{w_1,w_2,\cdots,w_q\}$，其对应的码字长度分别为 $l_1,l_2,\cdots,l_q$，因是唯一可译码，信源符号 s_i 和码字 w_i 一一对应，则这个码的平均长度为

$$\overline{L}=\sum_{i=1}^{q}p(s_i)l_i \tag{5.18}$$

平均码长 $\overline{L}$ 表示每个信源符号编码时平均需用的码符号个数，其单位是“码符号/信源符号”。当信源给定时，信源熵 $H(S)$ 就确定了，而编码后每个信源符号平均用 $\overline{L}$ 个码元来变换。故平均每个码元载荷的信息量就是编码后信道的信息传输率：

$$R=H(X)=\frac{H(S)}{\overline{L}}\ \text{（比特/码符号）} \tag{5.19}$$

如果传输一个码符号平均需要 t 秒时间，则编码后信道每秒钟传输的信息量为

$$R_t=\frac{H(S)}{\overline{L}t}\ \text{（比特/秒）} \tag{5.20}$$

由式（5.20）可见，平均码长 $\overline{L}$ 越短，信息传输率 R_t 就越高。因此，我们感

兴趣的码是平均码长 $\overline{L}$ 最短的码。

定义 5.13 对应一给定的信源和一给定的码符号集，若有一种唯一可译码，其平均长度 $\overline{L}$ 小于所有其他的唯一可译码，则称这种编码为紧致码或最佳码。

5.3.4 信源变长编码定理

无失真信源编码的基本问题就是如何找到紧致码。定理 5.4 告诉我们编码的平均长度 $\overline{L}$ 可能达到的理论极限值。

定理 5.4 若一个离散无记忆信源 S 具有熵 $H(S)$，并有码符号 $X=\{x_1,x_2,\cdots,x_r\}$，则总可找到一种无失真编码方法，构成唯一可译码，使其平均码长满足

$$\frac{H(S)}{\log r}\leqslant\overline{L}<1+\frac{H(S)}{\log r} \tag{5.21}$$

定理 5.4 指出，平均码长 $\overline{L}$ 不能小于极限值 $H(S)/\log r$，否则唯一可译码不存在。同时又给出了平均码长的上界 $(1+H(S)/\log r)$。这并不是说大于这个上界就不能构成唯一可译码，是因为我们希望平均码长 $\overline{L}$ 尽可能短。当平均码长 $\overline{L}$ 大于上界时，唯一可译码也存在，只是平均码长 $\overline{L}$ 达到下界时才成为最佳码。

【证明】（1）下界证明。

将式（5.21）的下界条件改写为

$$H(S)-\overline{L}\log r\leqslant 0$$

根据定义有

$$\begin{aligned}H(S)-\overline{L}\log r&=-\sum_{i=1}^{q}p(s_i)\log p(s_i)-\log r\sum_{i=1}^{q}p(s_i)l_i\\&=-\sum_{i=1}^{q}p(s_i)\log p(s_i)+\sum_{i=1}^{q}p(s_i)\log r^{-l_i}\\&=\sum_{i=1}^{q}p(s_i)\log\frac{r^{-l_i}}{p(s_i)}\end{aligned} \tag{5.22}$$

应用詹森不等式，$E[\log(x)]\leqslant\log[E(x)]$，当 $x=\dfrac{r^{-l_i}}{p(s_i)}$ 时，式（5.22）变换为

$$H(S)-\overline{L}\log r\leqslant\log\left(\sum_{i=1}^{q}p(s_i)\frac{r^{-l_i}}{p(s_i)}\right)=\log\left(\sum_{i=1}^{q}r^{-l_i}\right)\leqslant 0$$（应用 Kraft 不等式）

下界条件得证。显然，下界条件在等号取得时，正是无失真编码成为最佳码的条件。下面我们进一步探究最佳码的取得条件。由式（5.22）可得

$$\frac{r^{-l_i}}{p(s_i)}=1 \quad \Rightarrow \quad p(s_i)=r^{-l_i} \quad (i=1,2,\cdots,q)$$

最佳码的码长取值为

$$l_i=\frac{-\log p(s_i)}{\log r}=-\log_r p(s_i)=\log_r\frac{1}{p(s_i)} \qquad (i=1,2,\cdots,q) \tag{5.23}$$

显然，最佳码长的取值是该符号的自信息量，概率高的信源符号编码的码长短。由于 l_i 必须是正整数，所以（$-\log_r p(s_i)$）也必须是正整数，即每个信源符号的概率 $p(s_i)$ 必须呈现 $\frac{1}{r^{m_i}}$ 的形式（m_i 是正整数）。

（2）上界证明。

只需要证明可选择一种唯一可译码满足式（5.21）的上界即可。令

$$\alpha_i=\log_r\frac{1}{p(s_i)}=\frac{-\log p(s_i)}{\log r} \qquad (i=1,2,\cdots,q)$$

再选取每个码字的码长满足

$$l_i=\left\lceil \log_r\frac{1}{p(s_i)}\right\rceil \qquad (i=1,2,\cdots,q) \tag{5.24}$$

符号 $\lceil x \rceil$ 表示“向上取整”，其值为不小于 x 的最小正整数。式（5.24）保证如此码长的编码能得到唯一可译码，去掉向上取整符号有

$$l_i<\frac{-\log p(s_i)}{\log r}+1$$

两边乘以 $p(s_i)$，并对 i 求和得

$$\sum_{i=1}^{q}p(s_i)l_i<\frac{-\sum_{i=1}^{q}p(s_i)\log p(s_i)}{\log r}+1 \quad \Rightarrow \quad \overline{L}<\frac{H(S)}{\log r}+1$$ 【证毕】

式（5.21）可以表达成另外一种形式：

$$H_r(S)\leqslant \overline{L}<H_r(S)+1 \tag{5.25}$$

式（5.25）可以解读为，无失真信源最佳编码的码长就是信源的熵。如果实际信源不满足概率条件式（5.23），定理 5.4 不能给出最佳码的获取途径。定理 5.5 解决了这个问题。

5.3.5　无失真变长信源编码定理

定理 5.5（香农第一定理）　离散无记忆信源 S 的 N 次扩展信源 $S^N=\{\alpha_1,\alpha_2,\cdots,\alpha_{q^N}\}$，其熵为 $H(S^N)$，并有码符号 $X=\{x_1,x_2,\cdots,x_r\}$。对扩展信源 $H(S^N)$ 进行编码，则总可以找到一种无失真编码方法，构成唯一可译码，使信源

S 中每个信源符号所需的平均码长满足

$$\frac{H(S)}{\log r} \leqslant \frac{\overline{L}_N}{N} < \frac{H(S)}{\log r} + \frac{1}{N} \quad 或 \quad H_r(S) \leqslant \frac{\overline{L}_N}{N} < H_r(S) + \frac{1}{N} \tag{5.26}$$

其中，$\overline{L}_N$ 是无记忆 N 次扩展信源 S^N 中每个信源符号 α_i 所对应的平均码长，有

$$\overline{L}_N = \sum_{i=1}^{q^N} p(\alpha_i)\lambda_i \tag{5.27}$$

式中，λ_i 是 α_i 所对应的码字长度。可见 $\frac{\overline{L}_N}{N}$ 仍是信源 S 中单个信源符号所需的平均码长。但是，$\frac{\overline{L}_N}{N}$ 的含义是，为了得到这个平均值，不是对单个信源符号 s_i 进行编码，而是对 N 个信源符号的序列 α_i 进行编码。

比较式（5.26）和式（5.21），香农第一定理给出的每个信源符号所需的平均码长上限减小了，而且对于式（5.26），当 $N \to \infty$ 时，有

$$\lim_{N \to \infty} \frac{\overline{L}_N}{N} = H_r(S) \tag{5.28}$$

式（5.28）告诉我们，通过对信源扩展后进行无失真编码，可以缩短平均码长 $\overline{L}$；随着 N 的增加，平均码长 $\overline{L}$ 趋于其理论极限值——信源的熵 $H_r(S)$。

【证明】应用定理 5.4 于扩展信源 S^N，有

$$H_r(S^N) \leqslant \overline{L}_N < H_r(S^N) + 1$$

式中，N 次无记忆扩展信源 S^N 的熵是信源 S 的熵的 N 倍，即

$$NH_r(S) \leqslant \overline{L}_N < NH_r(S) + 1$$

两边除以 N 即可得到式（5.26）。　　【证毕】

定理 5.5 的结论可以推广到一般离散平稳信源或马尔可夫信源，将定理中信源的熵 $H_r(S)$ 换成极限熵 H_∞，成为

$$H_\infty \leqslant \frac{\overline{L}_N}{N} < H_\infty + \frac{1}{N} \tag{5.29}$$

5.3.6　编码效率

与定义定长码编码后信源的信息传输率一样，定义变长码编码后信源的信息传输率为

$$R_{code} = \frac{\overline{L}_N \log r}{N} \tag{5.30}$$

显然，其物理意义相同。定义编码效率

$$\eta=\frac{H(S)}{R_{code}}=\frac{H(S)}{\overline{L}\log r}=\frac{H_r(S)}{\overline{L}}\qquad\left(\overline{L}=\frac{\overline{L}_N}{N}\right)\tag{5.31}$$

所以，在二元无噪无损信道中，信道信息传输率为

$$R=\frac{H(S)}{\overline{L}}=\eta$$

改写式（5.26）为

$$H(S)\leqslant\frac{\overline{L}_N}{N}\log r<H(S)+\frac{\log r}{N}\tag{5.32}$$

式（5.32）说明，η 一定是小于或等于 1 的数。对同一信源来说，若码的平均码长 $\overline{L}$ 越短，越接近极限值 $H_r(S)$，编码效率越接近 1。最佳变长编码的编码效率 $\eta=1$。因此，我们可以用编码效率 η 衡量各种编码的优劣。

为了衡量各种编码与最佳码的差距，定义**码的剩余度**为

$$1-\eta=1-\frac{H_r(S)}{\overline{L}}\tag{5.33}$$

例 5.6　设离散无记忆信源 S 的概率空间为

$$\begin{bmatrix}S\\p(s)\end{bmatrix}=\begin{bmatrix}s_1&s_2&s_3&s_4&s_5&s_6&s_7\\\frac{1}{2}&\frac{1}{2^2}&\frac{1}{2^3}&\frac{1}{2^4}&\frac{1}{2^5}&\frac{1}{2^6}&\frac{1}{2^6}\end{bmatrix}$$

若对信源 S 采用变长二元无失真编码，求其最短的平均长度和编码效率，并给出一种编码。

【解】其信源熵为

$$H(S)=-\sum_{i=1}^{7}p(s_i)\log p(s_i)=\frac{63}{32}=1.9688\ \text{比特/信源符号}$$

根据式（5.21），最短的平均码长为

$$\overline{L}=\frac{H(S)}{\log r}=H(S)=1.9688\ \text{码元符号/信源符号}$$

其一种编码为 $C=[0, 10, 110, 1110, 11110, 111110, 111111]$（在 5.4 节讨论其编码过程），编码效率为

$$\eta=\frac{H(S)}{\overline{L}}=1$$

与例 5.2 的编码结果和效率进行比较，显然，使用变长编码实现无失真编码，效率通常很高，而且没有编码错误产生，这比起定长编码有明显的优势。

无失真信源编码定理（即香农第一定理）指出了信源无损压缩与信源信息熵的关系。它指出了信息熵是无损压缩编码所需平均码长的极限值，也指出了可以通过编码使平均码长达到的极限值。所以，这是一个很重要的极限定理。

5.4　典型的变长编码方法

本节主要讨论无失真信源编码的技术和方法。典型的方法有：香农编码、霍夫曼编码、费诺编码等，下面分别介绍。

5.4.1　香农码

香农第一定理的证明过程告诉了我们一种编码方法，这种编码方法称为**香农编码**。方法如下：

（1）根据每个信源符号 s_i 的概率，使用式（5.24）计算出该符号编码后的码长 l_i，有

$$l_i = \left\lceil \log_r \frac{1}{p(s_i)} \right\rceil \qquad (i = 1, 2, \cdots, q)$$

（2）按照这个码长 l_i，用树图法构造一组相应的码字（即时码）。

香农编码的平均码长 $\overline{L}$ 不超过信源变长编码定理给出的上界 $\left(\overline{L} < H_r(S) + 1\right)$，一般情况下，香农编码的 $\overline{L}$ 不是最短的，即编出来的码不是紧致码（最佳码）。

例 5.7　设离散无记忆信源 S 的概率空间为

$$\begin{bmatrix} S \\ p(s) \end{bmatrix} = \begin{bmatrix} s_1 & s_2 & s_3 & s_4 & s_5 \\ 0.4 & 0.2 & 0.2 & 0.1 & 0.1 \end{bmatrix}$$

（1）对信源 S 采用二元香农编码；（2）求该编码的平均码长和编码效率。

【解】 将香农编码过程列于表 5.5 中。由信源符号的概率计算其码长 l_i，再通过树图按码长构造编码，如图 5-7 所示。显然，香农编码得到的编码不是唯一的，从图 5-7 可以看出，香农编码也不是最佳码，其中短的码字“10，110”等都被闲置着。

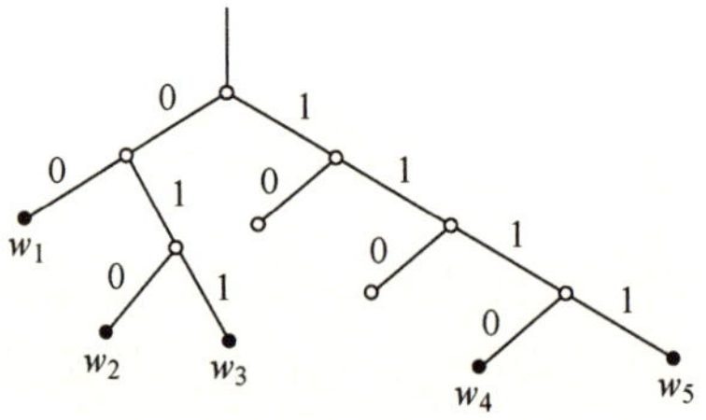

图 5-7　例 5.7 的香农编码树图

表 5.5　例 5.7 的香农编码过程

s_i	$p(s_i)$	$\log\frac{1}{p(s_i)}$	l_i	C
s_1	0.4	1.32	2	00
s_2	0.2	2.3	3	010
s_3	0.2	2.3	3	011
s_4	0.1	3.3	4	1110
s_5	0.1	3.3	4	1111

它的平均码长为

$$\overline{L}=\sum_{i=1}^{5}p(s_i)l_i=0.4\times 2+0.2\times 3+0.2\times 3+0.1\times 4+0.1\times 4=2.8 \text{ 码元/信源符号}$$

信源的熵为

$$H(S)=-\sum_{i=1}^{5}p(s_i)\log p(s_i)=2.122 \text{ 比特/信源符号}$$

编码效率为

$$\eta=\frac{H(S)}{\overline{L}}=0.758$$

本题编码的平均码长，$H(S)<\overline{L}<H(S)+1$，符合定理 5.4，但编码效率较低。

5.4.2　霍夫曼码

霍夫曼（Huffman）于 1952 年提出了一种构造最佳码的方法，称作**霍夫曼编码**。

1. 二元霍夫曼码

二元霍夫曼码的编码步骤如下，编码流程如图 5-8 所示。

（1）将 q 个信源符号按概率分布大小递减的顺序排列起来，$p_1\geqslant p_2\geqslant\cdots\geqslant p_q$。

（2）用码符号 0 和 1 分别分配给概率最小的两个信源符号，并将这两个概率最小的信源符号合并成一个新符号，其概率之和作为新符号的概率，得到包含（q–1）个符号的新信源，称为 S 信源的缩减信源 S_1。

（3）把缩减信源 S_1 的符号仍按概率大小以递减次序排列，将其最后两个概率最小的符号分别用码符号 0 和 1 表示，再合并成一个新符号，这样又形成了（q–2）个符号的缩减信源 S_2。

（4）以此类推，直至缩减信源最后只剩两个符号为止，将这最后两个符号分别用码符号 0 和 1 表示。

（5）最后，从最末一级缩减信源开始，依编码路径由后向前返回，途经的码符号依次排列，就得出各信源符号所对应的码字。

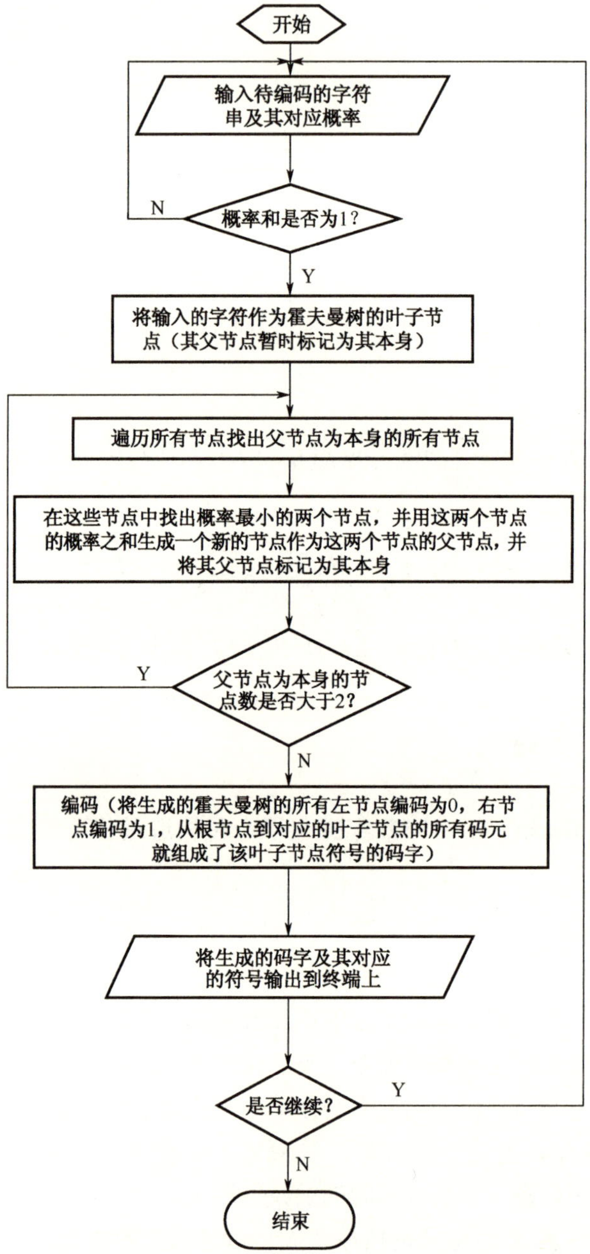

图 5-8　二元霍夫曼码编码流程图

例 5.8　设离散无记忆信源 S 的概率空间为

$$\begin{bmatrix} S \\ p(s) \end{bmatrix} = \begin{bmatrix} s_1 & s_2 & s_3 & s_4 & s_5 \\ 0.4 & 0.2 & 0.2 & 0.1 & 0.1 \end{bmatrix}$$

（1）对信源 S 采用二元霍夫曼编码；（2）求该编码的平均码长和编码效率。

【解】将二元霍夫曼编码过程列于表 5.6 中，通过不断缩减信源得到最后的编码。再将编码用树图表示出来，如图 5-9 所示，显然其可能的短码得到了利用，而且概率高的信源符号码长短。

表 5.6　例 5.8 的二元霍夫曼编码过程

信源符号 s_i	概率 $p(s_i)$	编码过程 s_1		编码过程 s_2		编码过程
s_1	0.4	1	0.4	1	0.4	1
s_2	0.2	01	0.2	01	0.4 (0)	00
s_3	0.2	000	0.2 (0)	000	0.2 (1)	01
s_4	0.1 (0)	0010	0.2 (1)	001		
s_5	0.1 (1)	0011				

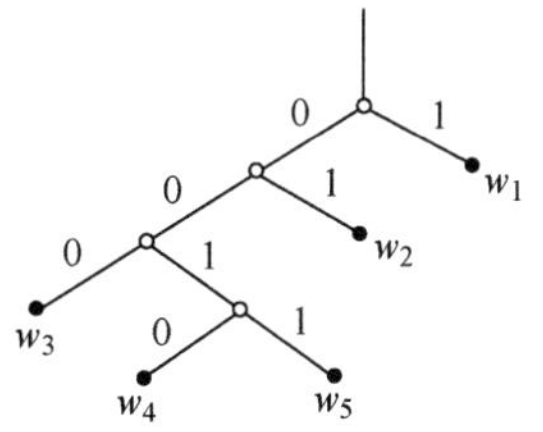

图 5-9　例 5.8 的二元霍夫曼码树图

它的平均码长为

$$\overline{L} = \sum_{i=1}^{5} p(s_i) l_i = 0.4 \times 1 + 0.2 \times 2 + 0.2 \times 3 + 0.1 \times 4 + 0.1 \times 4 = 2.2 \text{ 码元/信源符号}$$

信源的熵为 $H(S) = 2.122$ 比特/信源符号，编码效率为

$$\eta = \frac{H(S)}{\overline{L}} \approx 0.965$$

可见，对于相同的信源，霍夫曼码比香农码的编码效率高出很多，霍夫曼码构造过程未直接使用树图，但其码字编写过程仍然满足树图的形式，最后一级缩减信源是树图的根，因此也是一种即时码。但是我们也会发现，霍夫曼编码并不唯一。

首先，因为每次对缩减信源最后两个概率最小的符号分配码元 0 和 1 时是任意的，所以将会得到不同的码。但它们只是码字具体形式不同，而其码长 l_i 不变，平均码长 $\overline{L}$ 也不变，所以没有本质差别。其次，若缩减信源合并后的符号的概率与原信源符号概率相同，从编码方法上来说，哪个符号放在上面（下面）是没有区别的，但得到的码字是不同的霍夫曼码。对这两种不同的码，它们的码长 l_i 各不相同，但是可以证明其平均码长 $\overline{L}$ 是相同的。

对于例 5.8，我们重新做二元霍夫曼编码。表 5.6 的编码过程中，把合并后的概率总是放在其他相同概率的信源符号之下，这次做编码时，把缩减信源 S_1 和 S_2 中新合并后的概率尽可能地排列在相同概率的最上面，其过程如表 5.7 所示。

表 5.7　例 5.8 的另一种二元霍夫曼码

信源符号 s_i	概率 $p(s_i)$	编码过程 s_1	编码过程 s_2	编码过程 s_3	码字 w_i	码长 l_i
				0.6 (0)		
			0.4	0.4 (1)		
s_1	0.4	00 → 0.4	00 → 0.4 (0)	00	00	2
s_2	0.2	10 → 0.2	01 → 0.2 (1)	01	10	2
s_3	0.2	11 → 0.2 (0)	10		11	2
s_4	0.1 (0)	010 → 0.2 (1)	11		010	3
s_5	0.1 (1)	011			011	3

表 5.6 中的码字长度分别为 $\{1,2,3,4,4\}$；表 5.7 中的码字长度分别为 $\{2,2,2,3,3\}$，其平均码长

$$\overline{L}=\sum_{i=1}^{5}p(s_i)l_i=(0.4+0.2+0.2)\times 2+(0.1+0.1)\times 3=2.2\ \text{码元/信源符号}$$

可见，两种编码的平均码长是相同的，编码效率也相同，但其码字的码长不同，表 5.7 中码字的树图如图 5-10 所示。实际编码时，选择哪种编码更好呢？

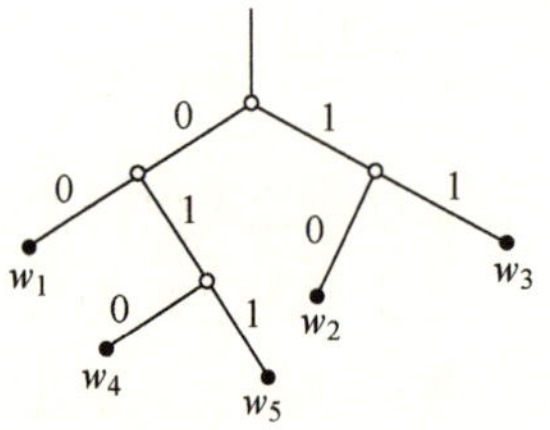

图 5-10　例 5.8 的另一种二元霍夫曼码树图

我们引进码字长度 l_i 偏离平均码长 $\overline{L}$ 的方差 σ^2 来表示码长的波动程度，即

$$\sigma^2 = E\left[\left(l_i - \overline{L}\right)^2\right] = \sum_{i=1}^{q} p\left(s_i\right)\left(l_i - \overline{L}\right)^2 \tag{5.34}$$

分别计算例 5.8 的两种编码的方差。

第一种方法：$\sigma_1^2 = \sum_{i=1}^{5} p\left(s_i\right)\left(l_i - \overline{L}\right)^2 = 1.36$

第二种方法：$\sigma_2^2 = \sum_{i=1}^{5} p\left(s_i\right)\left(l_i - \overline{L}\right)^2 = 0.16$

可见，第二种编码方法的方差要小许多。所以，用第二种方法所编得的码序列长度变化较小。因此相对来说，选择第二种编码方法要更好些。

由此例看出，**进行霍夫曼编码时，为得到码长方差最小的码，应使新合并的信源符号位于缩减信源序列尽可能高的位置，这样可以充分利用短码。**

霍夫曼码是用概率匹配方法进行信源编码的。它有两个明显特点：（1）霍夫曼码的编码方法保证了概率大的符号对应于短码，概率小的符号对应于长码，充分利用了短码；（2）每次缩减信源的最后两个码字总是最后一位码元不同，且有相同的码长（见表 5.6 和表 5.7），从而保证了霍夫曼码是紧致即时码。

定理 5.6　二元霍夫曼码一定是最佳即时码，即若 C 是霍夫曼码，C' 是任意其他即时码，则有

$$\overline{L}(C) \leqslant \overline{L}(C') \tag{5.35}$$

【证明】设某一缩减信源 S_j，得即时码 C_j，它的平均码长为 $\overline{L}_j$。S_j 中的某一元素 s_α 是由前一缩减信源 S_{j-1} 中概率最小的两个符号合并而来的，设这两个符号为 $s_{\alpha 0}$ 和 $s_{\alpha 1}$，它们的概率分别为 $p_{\alpha 0}$ 和 $p_{\alpha 1}$，则 S_j 中符号 s_α 的概率 $p_\alpha = p_{\alpha 0} + p_{\alpha 1}$。前一缩减信源 S_{j-1} 的码为 C_{j-1}，有 m 个元素，它的平均码长为 $\overline{L}_{j-1}$。由于在码 C_{j-1} 中除了 $s_{\alpha 0}$ 和 $s_{\alpha 1}$ 两码字比 s_α 码字长一个二元码字外，其余码字长度都是相同的，因而 $\overline{L}_{j-1}$ 和 $\overline{L}_j$ 有以下关系：

$$\begin{aligned}
\overline{L}_{j-1} &= \sum_{i=1}^{m} p_i l_i = \sum_{i=1}^{m-2} p_i l_i + \left(p_{\alpha 0} + p_{\alpha 1}\right)\left(l_\alpha + 1\right) \\
&= \sum_{i=1}^{m-2} p_i l_i + p_\alpha l_\alpha + p_{\alpha 0} + p_{\alpha 1} \\
&= \overline{L}_j + p_{\alpha 0} + p_{\alpha 1}
\end{aligned}$$

推导结果表明，缩减信源 S_j 和 S_{j-1} 的平均码长之差是一个与码长 l_i 无关的固定常数。所以，要求平均码长 $\overline{L}_{j-1}$ 最小，就是求平均码长 $\overline{L}_j$ 为最小，即对 $(m-1)$ 个元素，求得 l_i 使 $\overline{L}_j$ 为最小，得码 C_j 是信源 S_j 的最佳码，则此码长 l_i 也使其前缩减信源的平均码长 $\overline{L}_{j-1}$ 为最小，码 C_{j-1} 是信源 S_{j-1} 的最佳码。

由霍夫曼编码方法一次一次缩减，最后一步得到的缩减信源 S_{end} 只有两个信源

符号，分别编以一个码元，这样平均码长$\overline{L}_{end}=1$为最短，所以C_{end}一定是最佳码。由于C_{end}是最佳码，则由霍夫曼编码方法所得它前面一级缩减信源（最后第二级）S_{end-1}的即时码C_{end-1}也一定是最佳码，以此类推，信源S所得的霍夫曼码一定是最佳码。　【证毕】

2. r元霍夫曼码

二进制霍夫曼码的编码方法可以推广到r进制的情况。只是编码过程中构成缩减信源时，每次都是将r个概率最小的符号合并，分别用$0,1,\cdots,(r-1)$码符号表示。

为了充分利用短码，使霍夫曼码的平均码长最短，必须使最后一个缩减信源有r个信源符号，即对于r元霍夫曼编码，信源S符号个数q必须满足

$$q=(r-1)\theta+r \tag{5.36}$$

其中，θ表示信源缩减的次数。若信源S的符号个数q不满足式（5.36），则用虚设方法，增补一些概率为零的信源符号，使之满足式（5.36），这样得到的r元霍夫曼码一定是紧致码。

对于$r=2$的二元码，信源S的符号个数q必须满足：$q=\theta+2$。由于每次缩减信源的符号数总是比上一次递减1，因此，任意信源符号个数$(q\geqslant 2)$必定满足式（5.36）。

例 5.9　设离散无记忆信源S的概率空间为

$$\begin{bmatrix} S \\ p(s) \end{bmatrix}=\begin{bmatrix} s_1 & s_2 & s_3 & s_4 & s_5 & s_6 & s_7 & s_8 \\ 0.4 & 0.2 & 0.1 & 0.1 & 0.05 & 0.05 & 0.05 & 0.05 \end{bmatrix}$$

码符号集$X=\{0,1,2\}$，（1）试构造一种三元霍夫曼编码；（2）计算平均码长和编码效率；（3）计算该信源无失真编码的码长的理论极限。

【解】（1）编码过程示于表5.8中，根据式（5.36），三元编码时q的取值应为$\{5,7,9,\cdots\}$，本信源的实际符号个数为8，因此增补概率为0的符号s_9。

（2）平均码长$\overline{L}=\sum_{i=1}^{8}p(s_i)l_i=1.7$码元/信源符号，信源熵$H(S)=2.522$比特/信源符号，编码效率$\eta=\dfrac{H(S)}{\overline{L}\log r}\approx 0.936$。

（3）根据式（5.21），码长的理论极限

$$\overline{L}_0=\frac{H(S)}{\log r}=1.5912\ \text{码元/信源符号}$$

可见，未经信源扩展的霍夫曼编码效率也很高，得到编码的码长比较接近其码长的理论极限。

同样可以证明r元霍夫曼码一定也是最佳码。因为霍夫曼码是在信源给定情况

下的最佳码，所以其平均码长的界限同样满足定理 5.4，$H_r(S) \leqslant \overline{L} < H_r(S)+1$。

表 5.8　例 5.9 三元霍夫曼码

信源符号 s_i	概率 $p(s_i)$	编码过程 s_1	s_2	s_3	s_4	码字 w_i	码长 l_i
				0.4	0		
s_1	0.4			0.4	1	1	1
					2		
			0.2	0.2			
				0			
s_2	0.2		0.2			00	2
				1			
		0.1	0.1				
				2			
s_3	0.1	0.1	0.1			02	2
			0				
s_4	0.1	0.1				20	2
			1				
s_5	0.05	0.05				21	2
			2				
s_6	0.05	0.05				22	2
		0					
s_7	0.05					010	3
		1					
s_8	0.05					011	3
		2					
s_9	0						

对信源的 N 次扩展信源同样可以采取霍夫曼编码方法。因为霍夫曼码是紧致码，所以编码后单个信源符号所编得的平均码长随 N 的增加很快接近于极限值——信源的熵，即 $H_r(S) \leqslant \overline{L} < H_r(S)+\dfrac{1}{N}$。

5.4.3　费诺码

费诺（Fano）编码也是基于符号概率所做的编码，它不是最佳的编码方法，有时也能得到紧致码的性能。费诺编码步骤如下：

（1）将 q 个信源符号按概率分布大小递减的顺序排列起来，$p_1 \geqslant p_2 \geqslant \cdots \geqslant p_q$。

（2）将依次排列的信源符号依概率分为两大组，使两个组的概率和近似相等，并对两组分别赋予二进制码符号“0”和“1”。

（3）将每一大组的信源符号进一步再分成两组，重复步骤（2），直至每个小组只剩下一个信源符号为止。

（4）信源符号所对应的二进制码符号序列即为费诺码。

例 5.10　设离散无记忆信源 S 的概率空间为

$$\begin{bmatrix} S \\ p(s) \end{bmatrix} = \begin{bmatrix} s_1 & s_2 & s_3 & s_4 & s_5 \\ 0.4 & 0.2 & 0.2 & 0.1 & 0.1 \end{bmatrix}$$

对信源 S 做费诺编码。

【解】 将费诺编码过程列于表 5.9 中。上下两组的概率和分别为 0.4 和 0.6，依次经过四次分组分配码元后得到费诺码。编码结果与表 5.6 相同，虽然码字有差别，但是码长、平均码长、编码效率都相同。

表 5.9　例 5.10 的费诺码

<table>
<tr><th>s_i</th><th>p_i</th><th>No.1</th><th>No.2</th><th>No.3</th><th>No.4</th><th>w_i</th><th>l_i</th></tr>
<tr><td>s_1</td><td>0.4</td><td>0</td><td></td><td rowspan="2"></td><td rowspan="3"></td><td>0</td><td>1</td></tr>
<tr><td>s_2</td><td>0.2</td><td rowspan="4">1</td><td>0</td><td>10</td><td>2</td></tr>
<tr><td>s_3</td><td>0.2</td><td rowspan="3">1</td><td>0</td><td>110</td><td>3</td></tr>
<tr><td>s_4</td><td>0.1</td><td rowspan="2">1</td><td>0</td><td>1110</td><td>4</td></tr>
<tr><td>s_5</td><td>0.1</td><td>1</td><td>1111</td><td>4</td></tr>
</table>

费诺码也是一种即时码，而且其编码并不唯一。首先，每次对两个分组分配码元 0 和 1 时是任意的；其次，概率近似相等的分组也可能是不同的。在例 5.10 中，上下两组的概率和分别是 0.4 和 0.6，我们还有另外一种分法，上下两组的概率和可以是 0.6 和 0.4，如此分组的编码过程列于表 5.10 中。

表 5.10　例 5.10 的另一种费诺码

<table>
<tr><th>s_i</th><th>p_i</th><th>No.1</th><th>No.2</th><th>No.3</th><th>w_i</th><th>l_i</th></tr>
<tr><td>s_1</td><td>0.4</td><td></td><td>0</td><td rowspan="3"></td><td>00</td><td>2</td></tr>
<tr><td>s_2</td><td>0.2</td><td>0</td><td>1</td><td>01</td><td>2</td></tr>
<tr><td>s_3</td><td>0.2</td><td rowspan="3">1</td><td>0</td><td>10</td><td>2</td></tr>
<tr><td>s_4</td><td>0.1</td><td rowspan="2">1</td><td>0</td><td>110</td><td>3</td></tr>
<tr><td>s_5</td><td>0.1</td><td>1</td><td>111</td><td>3</td></tr>
</table>

我们会发现，表 5.10 中的费诺码与表 5.7 中的霍夫曼码是相同的，显然，这后一组编码的码长方差小，性能更好。**在费诺编码分组时，应该在概率和近似相等的前提下，使每组的符号数目也接近**，这样在编码过程中，每个信源符号被编码的机会相对均匀。

费诺编码方法同样适合于 r 元编码，只需每次分成 r 组即可。

费诺码考虑了信源的统计特性，使经常出现的信源符号对应短码。但是，这种编码方法不一定能使短码得到充分利用。尤其当信源符号较多，并有一些符号概率分布很接近时，分两大组的组合方法就会很多。可能某种分大组的结果，会出现后面小组的“概率和”相差较远，因而使平均码长增加。所以费诺码不一定是最佳码。一般，费诺码的平均码长的界限为 $H_r(S) \leqslant \overline{L} < H_r(S)+2$ 。

5.4.4　香农-费诺-埃利斯码

香农-费诺-埃利斯（Shannon-Fano-Elias）码不是分组码，它是根据信源符号的累积概率来获得码字的，虽不是最佳码，但是它的编码和译码效率都很高，且发展为算数码。

设信源符号集 $A=\{a_1,a_2,\cdots,a_q\}$，并设 $p(a_i)>0,(i=1,2,\cdots,q)$。定义信源符号累积概率函数为

$$F(s)=F(a_k)=\sum_{i=1}^{k}p(a_i)\quad a_k,a_i\in A \tag{5.37}$$

定义信源符号修正的累积概率函数为

$$\overline{F}(s)=\overline{F}(a_k)=\sum_{i=1}^{k-1}p(a_i)+\frac{1}{2}p(a_k)\quad a_k,a_i\in A \tag{5.38}$$

在图 5-11 中绘出了累积概率函数。因为信源的取值是离散的，所以累积概率函数呈阶跃形状。累积概率函数为每台阶的上界值，每台阶的高度就是该符号的概率值 $p(a_i)$，修正的累积概率函数值 $\overline{F}(a_k)$ 处于对应 a_k 台阶的中点。

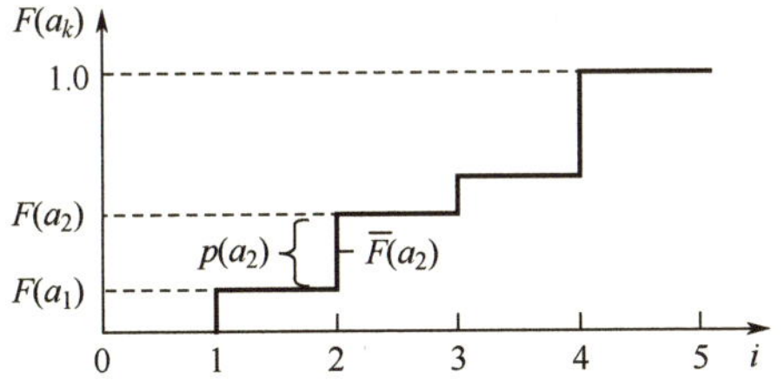

图 5-11　累积概率函数

显然，累积概率函数 $F(a_k)$ 是 k 的递增函数，即 $F(a_i)<F(a_j)$ $(i<j)$，所以这些累积概率值将区间 (0,1] 分成 q 个互不重叠的小区间。而 $\overline{F}(a_k)(k=1,2,\cdots,q)$ 位于不同区间中，因此可以采用 $\overline{F}(a_k)$ 值作为信源符号 a_k 的码字。

一般 $\overline{F}(a_k)$ 为一实数，若用二进制数表示，取小数后 $l(a_k)$ 位，即截去后面的位，得 $\overline{F}(a_k)$ 的近似值 $\lfloor\overline{F}(a_k)\rfloor_{l(a_k)}$，并用这个近似值作为 a_k 的码字。其中 $\lfloor x\rfloor_l$ 表示 x 截取 l 位，并小于等于 x 的数。根据二进制小数截去位数的影响，可知

$$\overline{F}(a_k)-\lfloor\overline{F}(a_k)\rfloor_{l(a_k)}<\frac{1}{2^{l(a_k)}} \tag{5.39}$$

若使截取长度 $l(a_k)$

$$l(a_k)=\left\lceil \log\frac{1}{p(a_k)}\right\rceil+1 \tag{5.40}$$

去掉向上取整符号，再移项得

$$l(a_k)\geqslant \log\frac{1}{p(a_k)}+1 \quad\Rightarrow\quad \frac{1}{p(a_k)}\leqslant 2^{l(a_k)-1}$$

即

$$\frac{p(a_k)}{2}\geqslant\frac{1}{2^{l(a_k)}}$$

则有

$$F(a_k)-\overline{F}(a_k)=\frac{p(a_k)}{2}\geqslant\frac{1}{2^{l(a_k)}}>\overline{F}(a_k)-\left\lfloor \overline{F}(a_k)\right\rfloor_{l(a_k)} \tag{5.41}$$

分析式（5.41），近似值$\left\lfloor \overline{F}(a_k)\right\rfloor_{l(a_k)}$位于台阶中点$\overline{F}(a_k)$的下方，且在下方台阶的上方，在数值区间$\left(\overline{F}(a_k)-\frac{1}{2^{l(a_k)}},\overline{F}(a_k)\right]$，而不同的$a_k$位于不同的台阶上，所以，不同码字对应的区域是不同的，没有重叠，这样得到的码一定满足前缀条件，是即时码。

下面推导香农-费诺-埃利斯码的平均码长的理论范围。由式（5.40）得

$$\overline{L}=\sum_{i=1}^{q}p(a_i)l(a_i)=\sum_{i=1}^{q}p(a_i)\left(\left\lceil\log\frac{1}{p(a_i)}\right\rceil+1\right)$$

去掉向上取整符号得

$$\sum_{i=1}^{q}p(a_i)\left(\log\frac{1}{p(a_i)}+1\right)\leqslant\overline{L}<\sum_{i=1}^{q}p(a_i)\left(\frac{1}{\log p(a_i)}+2\right)$$

$$H(S)+1\leqslant\overline{L}<H(S)+2 \tag{5.42}$$

可见，香农-费诺-埃利斯码的平均码长比霍夫曼码要增加 1 位二元码元。

例 5.11　设离散无记忆信源 S 的概率空间为

$$\begin{bmatrix} S \\ p(s)\end{bmatrix}=\begin{bmatrix} s_1 & s_2 & s_3 & s_4 \\ 0.25 & 0.5 & 0.125 & 0.125\end{bmatrix}$$

对信源 S 采用二元香农-费诺-埃利斯编码。

【解】 将香农-费诺-埃利斯编码过程列于表 5.11 中。首先计算累积概率 $F(a_k)$，再计算修正累积概率$\overline{F}(a_k)$和截取码长$l(a_k)$，将$\overline{F}(a_k)$转换成二进制小数，保留$l(a_k)$位小数，从而获得码字。

表 5.11　例 5.11 的香农-费诺-埃利斯编码过程

s_i	$p(s_i)$	$F(a_k)$	$\overline{F}(a_k)$	$l(a_k)$	$\lfloor \overline{F}(a_k) \rfloor_{l(a_k)}$	w_i
s_1	0.25	0.25	0.125	3	0.001	001
s_2	0.5	0.75	0.5	2	0.10	10
s_3	0.125	0.875	0.8125	4	0.1101	1101
s_4	0.125	1.0	0.9375	4	0.1111	1111

信源熵为

$$H(S) = -\sum_{i=1}^{4} p(s_i)\log p(a_i) = 1.75 \text{ 比特/信源符号}$$

平均码长为

$$\overline{L} = \sum_{i=1}^{4} p(s_i) l(s_i) = 2.75 \text{ 码元/信源符号}$$

编码效率为

$$\eta = \frac{H(S)}{\overline{L}} = 0.636$$

此信源若采用二元霍夫曼编码，其一种编码为$\{10, 0, 110, 111\}$，每个码字都比香农-费诺-埃利斯码短 1 个码元，编码效率达 100%。

本节讨论了四种典型的信源编码方法。霍夫曼编码方法保证了概率大的符号对应于短码，所有短码得到了充分利用，编码得到的霍夫曼码一定是最佳码。对 N 次扩展信源同样可以采用霍夫曼编码，而且编码后单个信源符号所编得的平均码长随 N 的增加很快接近于极限值——信源的熵。费诺码是统计匹配码，不一定是最佳码，但有时也可获得最佳的编码效果，这种编码方法得到的码字是即时码。费诺编码方法同样适合于 r 元编码，只需每次分成 r 组即可。香农-费诺-埃利斯码不是最佳码，但它发展后得到了算术编码，算术码在数据压缩中获得了广泛应用。

思　考　题

5.1　根据信源编码是否允许失真，信源编码是如何分类的？

5.2　信源编码的定义是什么？无失真信源编码根据其编码长度是否改变是如何分类的？

5.3　什么是即时码？某码为即时码的必要条件是什么？如何获得即时码？

5.4　码的 N 次扩展码与 N 次扩展信源是什么关系？

5.5　Kraft 不等式是什么？有什么物理意义？

5.6　表述信源定长编码定理，定长编码的理论下限是什么？

5.7　表述信源（无扩展）变长编码定理，变长编码的理论下限是什么？达到变长编码的理论下限的条件是什么？

5.8　表述香农第一定理的内容，定理中提出的获得最佳编码的理论途径是什么？

习　题

5.1　以下用码字集合的形式给出 4 种不同的编码，第一个码的符号集合为 $\{a,b,c\}$ ，其他 4 个码都是二进制码：

（1）$\{aa,ac,b,cc,abc\}$；

（2）$\{100,101,0,11\}$；

（3）$\{01,100,011,00,111,1010,1011,1101\}$；

（4）$\{01,111,011,00,010,110\}$。

对于上面列出的 4 种编码，分别回答下述问题：

（1）画出此码的树图，并判断此码是否是即时码。

（2）此码的码长分布是否满足 Kraft 不等式？此码是否是唯一可译码？

5.2　某信源二进制编码如表 5.12 所示，分析或计算：

（1）这些码中哪些是唯一可译码？

（2）哪些码是即时码？

（3）所有唯一可译码的平均码长和编码效率是多少？

表 5.12　习题 5.2 的编码表

符号	概率	C_1	C_2	C_3	C_4	C_5	C_6
a	1/2	000	0	0	0	1	01
b	1/4	001	01	10	10	000	001
c	1/16	010	011	110	1101	001	100
d	1/16	011	0111	1110	1100	010	101
e	1/16	100	01111	11110	1001	110	110
f	1/16	101	011111	111110	1111	110	111

5.3　对信源 S 进行二进制编码，信源概率和编码如表 5.13 所示。

表 5.13　习题 5.3 的编码表

信源符号	概　率	对应码字	信源符号	概　率	对应码字
s_1	0.40	1	s_5	0.07	0100
s_2	0.18	001	s_6	0.06	0101
s_3	0.10	011	s_7	0.05	00010
s_4	0.10	0000	s_8	0.04	00011

（1）计算表 5.13 所示的平均码长、编码后的信息传输率、编码效率和编码剩余度。

（2）若对信源符号采用定长编码，要求编码效率 $\eta=90\%$，允许编码错误概率 $\delta\leqslant 10^{-6}$，此时码长是多少？并求该信源做二元定长编码时的最佳编码的码长。

5.4　某信源 S 有 8 个符号，其概率分布和二进制编码如表 5.14 所示。

表 5.14　习题 5.4 的编码表

信源符号	概　率	对应码字	信源符号	概　率	对应码字
s_1	1/2	000	s_5	1/32	100
s_2	1/4	001	s_6	1/64	101
s_3	1/8	010	s_7	1/128	110
s_4	1/16	011	s_8	1/128	111

（1）计算信源的符号熵 $H(S)$。

（2）计算编码出现一个“1”或“0”的概率。

（3）计算这种等长编码的编码效率。

（4）对该信源做香农编码，计算其编码效率。

（5）对该信源做费诺编码，计算其编码效率。

5.5　设有离散无记忆信源 $\begin{bmatrix} S \\ p(s) \end{bmatrix}=\begin{bmatrix} s_1 & s_2 & s_3 & s_4 & s_5 & s_6 \\ 0.37 & 0.25 & 0.18 & 0.10 & 0.07 & 0.03 \end{bmatrix}$。

（1）求该信源的符号熵 $H(S)$。

（2）用霍夫曼编码方法编成二元码，计算其编码效率。

（3）要求编码错误概率小于10^{-3}，采用定长二元码要达到（2）中霍夫曼码的效率，问需要多少个信源符号一起编码（即求信源扩展长度 N）？

5.6　某离散无记忆信源 $\begin{bmatrix} S \\ p(s) \end{bmatrix}=\begin{bmatrix} s_1 & s_2 & s_3 & s_4 & s_5 \\ 0.4 & 0.3 & 0.2 & 0.05 & 0.05 \end{bmatrix}$。

（1）求该信源的熵 $H(S)$，并计算该信源进行二元变长编码和三元变长编码时的最佳码长。

（2）用霍夫曼编码方法编成二元码，计算其编码效率。

（3）用霍夫曼编码方法编成三元码，计算其编码效率。

（4）要求编码错误概率小于10^{-5}，采用定长二元码要达到（2）中霍夫曼码的效率，问需要多少个信源符号一起编码（即求信源扩展长度N）？

（5）若用逐个信源符号来编定长二元码，要求不出现编码差错，计算编码信息率和编码效率。

5.7　设一信源有 3 个符号，概率分别为 $\{0.5,0.4,0.1\}$。

（1）求二元霍夫曼码和编码效率。

（2）求二次扩展码的霍夫曼编码和编码效率。

5.8　某离散无记忆信源$\begin{bmatrix} S \\ p(s) \end{bmatrix}=\begin{bmatrix} s_1 & s_2 & s_3 \\ 0.25 & 0.5 & 0.25 \end{bmatrix}$，请进行香农-费诺-埃利斯编码。

第 6 章　有噪信道编码

实际上，在信息传输的信道中，总是存在噪声的随机干扰。若把无失真信源编码所得的码字送入有噪信道，则因噪声的随机干扰，信道输出端的接收序列与信道输入端的输入序列之间，就可能发生某些差错。若对无失真信源编码的码字，用有噪信道的输入符号集作为码符号集，再进行一次编码，利用信道的统计特性，在保持一定有效性的基础上，提高其抗干扰性能，使信息传输的有效性和可靠性在一定程度上达到辩证的统一，这就是有噪信道编码的目的。

在有噪信道中，怎么能使消息通过传输后发生的错误最少？无错误传输的最大信息传输率是多少？这就是本章要研究的内容，即研究通信的可靠性问题。

6.1　信道编码的一般概念

6.1.1　编码信道

在一般广义的通信系统中，信道是很重要的一部分。信道的任务是以信号方式传输信息。不失一般性，所研究的信道如图 6-1 所示。信道的输入端和输出端连接着编码器和译码器，它形成了一个新的信道，将这种变换后具有新特性的信道称作编码信道。对于信道而言，其特性可以用信道传递概率来描述，由此可求得其信道容量。

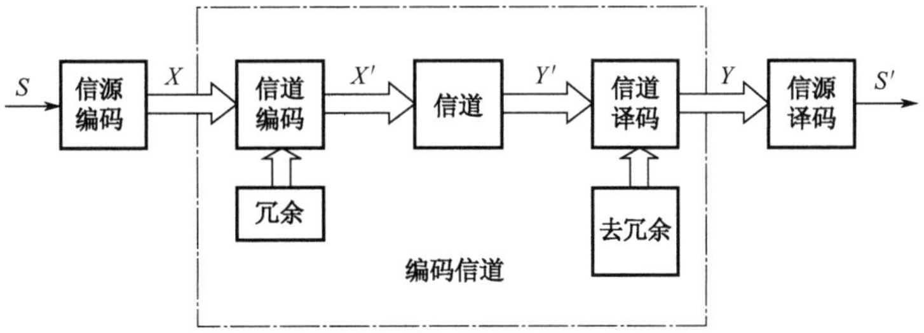

图 6-1　编码信道

6.1.2　信道编码的概念

1．检错码、纠错码

按编码的应用目的分类，在信道接收端，只能够检测出错误的编码称为**检错码**；既能检测出错误，又能自动纠正错误的编码称为**纠错码**。

2．二元码、多元码

按码元数分类，采用二元编码的称为**二元码**；采用多（q）元编码的称为**多元码**。目前传输系统或存储系统大都采用二进制的数字系统，所以一般提到的信道编码都是指二元码。

3．分组码、卷积码、循环码

按码的结构中对信息序列处理方式不同进行分类，若编码的规则仅局限在本码组之内，即本码组的校验元仅和本码组的信息元相关，则称这类码为**分组码**。若本码组的校验元不仅和本码组的信息元相关，而且还和与本码组相邻的前 L 个码组的信息元相关，则这类码称为**卷积码**。若分组码中的任一码字的码元循环移位后仍是这组的码字，则称其为**循环码**。目前，有许多广泛应用的好码是循环码。

4．线性码、非线性码

按码的数学结构中校验元与信息元的关系分类，纠错码可分为线性码和非线性码。若校验元与信息元之间呈线性关系，称其为**线性码**，否则称为**非线性码**。目前线性码的理论已较成熟，但许多好码却是非线性码。

5．系统码、非系统码

按照信息元在编码后是否保持原来的顺序分类，可分为系统码和非系统码。在**系统码**中，编码后的信息元保持原样不变；而**非系统码**中信息元则改变了原来的顺序形式。由于系统码的编码和译码相对比较简单些，所以得到了广泛应用。

6.1.3　差错控制的基本方式

信息经过信道传输发生错误后，通常要对信息进行纠正，纠正的过程叫作**差错控制**。差错控制的方式基本上有两类：一类是接收端检测到传输的码字有错以后，接收端译码器自动地纠正错误；另一类是接收端接收到错误以后，通过反馈信道发送一个应答信号，要求发送端重传接收端认为有错误的消息，从而达到纠正错误的目的。在数字和数据的信息通信系统中，利用信道编码提高系统可靠性的差错控制形式主要有三种：前向纠错、反馈重传和混合纠错，它们之间的主要区别如图 6-2 所示。

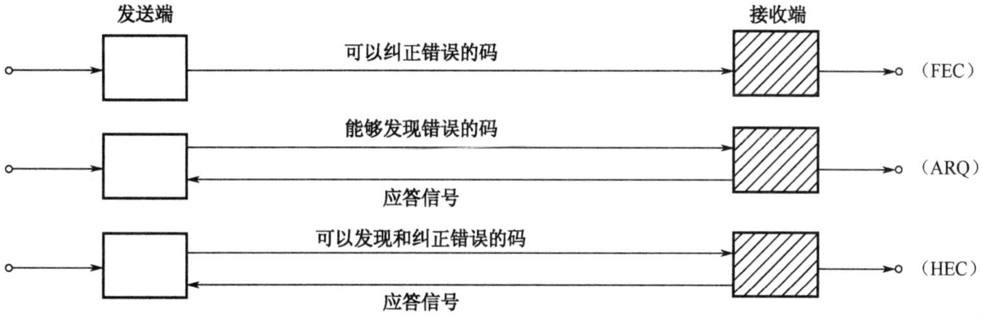

图 6-2　差错控制的基本方式

1. 前向纠错（FEC，Forward Error Control）

这种方式是发送端的信道编码器将信息码组编成具有一定纠错能力的码，接收端信道译码器对接收码字进行译码，若传输中产生的差错数目在码的纠错能力之内时，译码器对差错进行定位并加以纠正。

前向纠错又称**纠错编码**，其主要优点是：不需要反馈信道，适用于一点发送多点接收的广播系统，译码延时固定，较适合于实时传输系统。译码设备比较复杂，前向纠错能力是有限的，当差错数大于纠错能力时就不能纠正错误了，而且这时收信者无法判断差错是否纠正了。所以前向纠错一般不用于数据通信网，而用于容错能力强的语音、图像通信。

2. 反馈重传（ARQ，Automatic Repeat reQuest）

反馈重传方式是发送端发送一个码字给接收端，该码字只具有检错的功能，接收端收到码字后由译码器判决收到的码字是否有错，并向发送端发应答信号作为反馈，发送端等待从接收端来的应答信号，若应答信号是肯定的，则发送端就发送下一个码字，若应答信号是否定的，则发送端就重传该码字，一直继续到发送端收到一个肯定回答为止。例如，TCP 的差错控制采用了这一方式。

该方式的主要优点是：只需要少量的冗余码元（一般为总码元的 5%～20%）就能获得极低的输出误码率，并且所使用的检错码基本上与信道的差错统计特性无关，对各种信道的不同的差错特性，有一定自适应能力。此方式的主要缺点是必须有反馈信道，因而不能用于单向传输系统，也难以用于广播系统，并且实现控制比较复杂。此外，当信道干扰增大时，整个系统可能处在重传循环中，因而通信效率降低，在某些情况下甚至不能通信，传送消息的连贯性差，因此不大适于实时传输系统。

3．混合纠错（HEC，Hybird Error Control）

这种方式是 FEC 与 ARQ 方式的组合。发送端发送同时具有自动纠错和检错能力的码组，接收端接收到码组后，检查差错情况，如果差错在码的纠错能力以内，则自动进行纠正。如果信道的干扰严重，错误很多，超过了码的纠错能力，但能检测出来，则经反馈信道请求发送端重发这组数据。此时如同检错重传系统一样。

HEC 方式具有 FEC 与 ARQ 方式的优点，避免了 FEC 方式所需的复杂译码器及不能适应信道差错能力变化的缺点，还能克服 ARQ 方式信息连贯性差、有时通信效率低的缺点。因此这种方式特别适用于环路迟延大的高速传输系统（如卫星通信）中。

6.2　信道译码的选取规则

我们先给出译码规则和平均错误概率的概念。

定义 6.1　设信道输入符号集 $A=\{a_1,a_2,\cdots,a_r\}$，输出符号集 $B=\{b_1,b_2,\cdots,b_s\}$，若对每一个输出符号 b_j 都确定一个唯一的输入符号 a_i 与其对应，即设计函数

$$F(b_j)=a_i\quad(i=1,\ 2,\ \cdots,\ r;\ j=1,\ 2,\ \cdots,\ s)\tag{6.1}$$

则称这样的函数为**译码规则**。

显然，对于有 r 个输入、s 个输出的信道来说，按上述定义得到的译码规则可以有 r^s 种。

在确定译码规则 $F(b_j)=a_i$ 后，若信道输出端接收到的符号为 b_j，而发送的不是 a_i，则出现了错误。错误概率 $p(e|b_j)$ 称为**条件错误概率**，它表示收到符号 b_j 条件下的错误概率。那么，译码的**条件正确概率**为

$$p[F\ (b_j)|b_j]=p(a_i|b_j)$$

条件错误概率与条件正确概率之间有关系

$$p(e|b_j)=1-p(a_i|b_j)=\ -p[F\ (b_j)|b_j]\tag{6.2}$$

经过译码后的平均错误概率 P_E 应是条件错误概率 $p(e|b_j)$ 对 Y 空间取统计平均值。即

$$P_E = E\left[p(e|b_j)\right] = \sum_{j=1}^{s} p(b_j)p(e|b_j) \tag{6.3}$$

6.2.1　影响平均错误概率的因素

在有噪信道中传输消息是会发生错误的。为了减少错误，提高可靠性，需要分析平均错误概率与哪些因素有关，如何加以控制，能控制到什么程度等问题。下面举一个特殊的例子来分析平均错误概率的影响因素。

例 6.1　设有一个二元对称信道，信道错误概率 $p = 0.9$，如图 6-3 所示，其输入符号{0,1}为等概率分布。设计不同的译码规则，计算其平均错误概率。

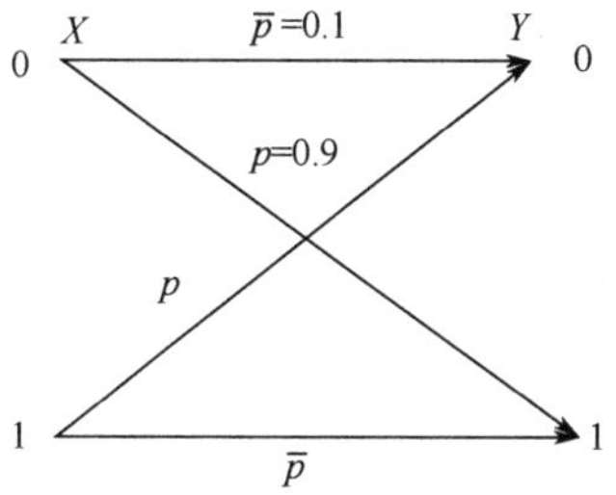

图 6-3　例 6.1 二元对称信道

【解】译码规则 1：$F(y=0)=0$， $F(y=1)=1$。此时的平均错误概率为

$$P_{E1} = p(x=0)\ p_e^{(0)} + p(x=1)\,p_e^{(1)} = 0.5\times0.9 + 0.5\times0.9 = 0.9$$

其中，$p_e^{(0)}$表示发送符号“0”而译码后是“1”的符号错误概率。本例中，发送符号“0”，信道输出为“1”，译码后也为“1”，这种情况的概率为 0.9。$p_e^{(1)}$表示发送符号“1”而译码后是“0”的符号错误概率，同理 $p_e^{(1)} = 0.9$。

译码规则 2：$F(y=0)=1$，$F(y=1)=0$。此时的平均错误概率为

$$P_{E2} = p(x=0)\ p_e^{(0)} + p(x=1)\,p_e^{(1)} = 0.5\times0.1 + 0.5\times0.1 = 0.1$$

采用译码规则 2 时，源端发送符号“0”，信道输出为“0”，译码后为“1”的概率为 0.1，即 $p_e^{(0)} = 0.1$。同理，$p_e^{(1)} = 0.1$。

在例 6.1 中，我们可以看到，不同的译码规则得到了不同的平均错误概率。显然，**平均错误概率不仅与信道的统计特性有关，也与译码规则有关**。如何选取译码规则，对编码信道获得最好的性能至关重要。

6.2.2　译码规则的选取准则

译码规则可以有多种，**判别译码规则优劣的原则就是能使平均错误概率最小**。

1. 最大后验概率准则

观察式（6.3），右边是非负项之和，要使 P_E 为最小，因为 $p(b_j)$ 与译码规则无关，所以应使条件错误概率 $p(e|b_j)$ 为最小。由式（6.2），为使 $p(e|b_j)$ 为最小，就应该选择 $p[F(b_j)|b_j]$ 为最大。即选择式（6.1）译码函数

$$F(b_j)=a^* \quad (a^* \in A,\quad b_j \in B) \tag{6.4}$$

使之满足条件

$$p(a^*|b_j) \geqslant p(a_i|b_j) \qquad (a_i \in A,\ a_i \neq a^*) \tag{6.5}$$

这种译码规则称为**最大后验概率准则**或**最小错误概率准则**。

也就是说，如果采用这样一种译码规则，它对于每一个输出符号 b_j 均译成具有最大后验概率的那个输入符号 a^*，则信道平均错误概率就能最小。

我们通常已知信道的传递概率 $p(b_j|a_i)$ 和输入符号概率 $p(a_i)$，所以式（6.5）可改写成

$$\frac{p(b_j|a^*)p(a^*)}{p(b_j)} \geqslant \frac{p(b_j|a_i)p(a_i)}{p(b_j)} \tag{6.6}$$

一般 $p(b_j)\neq 0$，式（6.6）写成

$$p(b_j|a^*)p(a^*) \geqslant p(b_j|a_i)p(a_i) \tag{6.7}$$

或者

$$p(a^*b_j) \geqslant p(a_ib_j) \qquad (a_i \in A, a_i = a^*, b_j \in B) \tag{6.8}$$

在利用最大后验概率准则选择译码函数时，式（6.8）与式（6.5）是等效的，而且联合概率的计算比起后验概率的计算更为简便。

2. 最大似然译码准则

若输入符号的先验概率 $p(a_i)$ 均相等，由式（6.7），可以把最大后验概率准则重新表述为：选择译码函数

$$F(b_j)=a^* \qquad (a^* \in A, b_j \in B)$$

使之满足条件

$$p(b_j|a^*) \geqslant p(b_j|a_i)\ (a_i \in A, a_i \neq a^*) \tag{6.9}$$

这种译码规则称为**最大似然译码准则**。

根据最大似然译码准则，我们可以直接从信道矩阵的传递概率中选定译码函数，即收到 b_j 后，译成信道矩阵 $\boldsymbol{P}$ 的第 j 列中最大那个元素所对应的信源符号。

当输入符号等概率时，最大似然译码准则与最大后验概率准则是等价的，都能使平均错误概率 P_E 最小。但如果先验概率 $p(a_i)$ 不相等或不知道，仍可以采用最大似然译码准则，但不一定能使 P_E 最小。

3. 平均错误概率的计算

根据式（6.3）和式（6.2），平均错误概率表述为

$$P_E=\sum_Y p\left(b_j\right)p\left(e\mid b_j\right)=\sum_Y p\left(b_j\right)\left\{1-p\left[F\left(b_j\right)\mid b_j\right]\right\}$$

$$=1-\sum_Y p\left(a^*b_j\right)=\sum_{X,Y} p\left(a_ib_j\right)-\sum_Y p\left(a^*b_j\right) \tag{6.10}$$

$$=\sum_{Y,X-a^*} p\left(a_ib_j\right) \tag{6.11}$$

式（6.11）中求和号 $\sum_{X-a^*}$ 表示对输入符号集 A 中除去 $F(b_j)=a^*$ 的所有元素求和，即**平均错误概率等于每个输出符号与非译码符号的联合概率和**。显然，译码的平均正确概率为

$$\overline{P}_E=1-P_E=\sum_Y p\left(a^*b_j\right) \tag{6.12}$$

式（6.12）表示**平均正确概率等于每个输出符号与其译码符号的联合概率和**。

式（6.11）中，平均错误概率是按每列输出符号与非译码符号的联合概率和再求和；当然，也可以按每行输出符号与非译码符号的联合概率和再求和，计算公式（6.11）表示为

$$P_E=\sum_{Y,X-a^*} p\left(a_i\right)p\left(b_j\mid a_i\right)=\sum_{X,Y-\left(a^*\to b_j\right)} p\left(a_i\right)p\left(b_j\mid a_i\right)=\sum_X p\left(a_i\right)p_e^{(i)} \tag{6.13}$$

式中，$p_e^{(i)}$ 表示某个输入符号 a_i 传输所引起的错误概率。

例 6.2　设有一离散信道，其信道传递矩阵为

$$\boldsymbol{P}=\begin{bmatrix}0.5 & 0.3 & 0.2\\0.2 & 0.5 & 0.3\\0.3 & 0.2 & 0.5\end{bmatrix}$$

（1）设信道输入符号等概率分布时，确定译码规则，计算相应的平均错误概率；（2）当信道输入符号 $p(a_1)=0.5$，$p(a_2)=p(a_3)=0.25$ 时，重做（1）。

【解】（1）因为输入符号等概率分布，根据最大似然译码准则，直接确定译码规则 A 为

$$A:\begin{cases}F\ (b_1)=a_1\\F\ (b_2)=a_2\\F\ (b_3)=a_3\end{cases}$$

在确定译码规则时，选择信道矩阵每列元素中最大的概率所对应的 a_i 作为 a^*。根据式（6.13）计算平均错误概率

$$P_{E1}=\sum_X p(a_i)P_e^{(i)}=\frac{1}{3}\left[(0.3+0.2)+(0.2+0.3)+(0.3+0.2)\right]=0.5$$

（2）由于输入符号不等概率分布，需要根据最大后验概率准则确定译码规

则，首先计算联合概率矩阵为

$$\boldsymbol{P}(\boldsymbol{XY})=\begin{bmatrix}0.5/2 & 0.3/2 & 0.2/2\\ 0.2/4 & 0.5/4 & 0.3/4\\ 0.3/4 & 0.2/4 & 0.5/4\end{bmatrix}$$

在确定译码规则时，选择联合概率矩阵每列元素中最大的概率所对应的 a_i 作为 a^*，得到译码规则 B：

$$B:\begin{cases}F(b_1)=a_1\\ F(b_2)=a_1\\ F(b_3)=a_3\end{cases}$$

计算平均错误概率：

$$P_{E2}=\sum_X p(a_i)P_e^{(i)}=0.5\times0.2+0.25\times(0.2+0.5+0.3)+0.25\times(0.3+0.2)=0.475$$

也可以使用联合概率公式计算平均错误概率：

$$P_{E2}=1-\sum_Y p\left(a^*b_j\right)=1-\left(\frac{0.5}{2}+\frac{0.3}{2}+\frac{0.5}{4}\right)=0.475$$

在（2）的求解中，若采用最大似然译码准则制定译码规则，就不能得到最小的平均错误概率，此时

$$P'_{E2}=\sum_X p(a_i)p_e^{(i)}=0.5\times(0.3+0.2)+0.25\times(0.2+0.3)+0.25\times(0.3+0.2)=0.5$$

可见，当输入符号不是等概率分布时，要使译码后平均错误概率最小，必须利用最大后验概率准则选择译码函数。

6.2.3　费诺不等式

平均错误概率 P_E 与译码规则（译码函数）有关，而译码规则又由信道特性来决定。由于信道中存在噪声，导致输出端发生错误，使接收符号后对发送的是什么符号存在不确定性。可见，P_E 与信道疑义度 $H(X|Y)$ 必然有一定关系，它们之间的关系是

$$H(X|Y)\leqslant H(P_E)+P_E\log(r-1)\tag{6.14}$$

这个重要的不等式是费诺第一个证明的，又称**费诺不等式**。

【证明】已知

$$P_E=\sum_{Y,X-a^*}p\left(a_ib_j\right)\qquad \bar{P}_E=1-P_E=\sum_Y p\left(a^*b_j\right)$$

$$H(P_E)+P_E\log(r-1)=P_E\log\frac{1}{P_E}+(1-P_E)\log\frac{1}{1-P_E}+P_E\log(r-1)$$

$$=\sum_{Y,X-a^*}p(a_ib_j)\log\frac{r-1}{P_E}+\sum_{Y}p(a^*b_j)\log\frac{1}{1-P_E} \tag{6.15}$$

$$H(X|Y)=\sum_{Y,X}p(a_ib_j)\log\frac{1}{p(a_i|b_j)}$$

$$=\sum_{Y,X-a^*}p(a_ib_j)\log\frac{1}{p(a_i|b_j)}+\sum_{Y}p(a^*b_j)\log\frac{1}{p(a^*|b_j)} \tag{6.16}$$

因此

$$H(X|Y)-H(P_E)-P_E\log(r-1)=\sum_{Y,X-a^*}p(a_ib_j)\log\frac{P_E}{(r-1)p(a_i|b_j)}+\sum_{Y}p(a^*b_j)\log\frac{1-P_E}{p(a^*|b_j)}$$

应用数学不等式 $\log x\leqslant x-1\ (x>0)$，得

$$H(X|Y)-H(P_E)-P_E\log(r-1)$$

$$\leqslant\sum_{Y,X-a^*}p(a_ib_j)\left[\frac{P_E}{(r-1)p(a_i|b_j)}-1\right]+\sum_{Y}p(a^*b_j)\left[\frac{1-P_E}{p(a^*|b_j)}-1\right]$$

$$=\frac{P_E}{r-1}\sum_{Y,X-a^*}p(b_j)-\sum_{Y,X-a^*}p(a_ib_j)+(1-P_E)\sum_{Y}p(b_j)-\sum_{Y}p(a^*b_j)$$

$$=P_E-P_E+(1-P_E)-(1-P_E)=0$$

其中

$$\sum_{Y,X-a^*}p(b_j)=\sum_{X-a^*}\left[\sum_{Y}p(b_j)\right]=\sum_{X-a^*}1=r-1$$

证得

$$H(X|Y)\leqslant H(P_E)+P_E\log(r-1)$$ 【证毕】

费诺不等式告诉我们，接收到 Y 后关于 X 的平均不确定性可分为两部分：第一部分是指接收到 Y 后是否产生 P_E 的不确定性 $H(P_E)$，第二部分表示当错误 P_E 发生后，到底是哪个输入符号发送而造成错误的最大不确定性为 $P_E\log(r-1)$。

若以 $H(X|Y)$ 为纵坐标，P_E 为横坐标，函数 $H(P_E)+P_E\log(r-1)$ 随 P_E 变化的曲线如图 6-4 所示。从图中可知，当信源、信道给定后，信道疑义度 $H(X|Y)$ 就给定了译码错误概率的下限。虽然 P_E 与译码规则有关，但是不管采用什么译码规则，该不等式都是成立的。

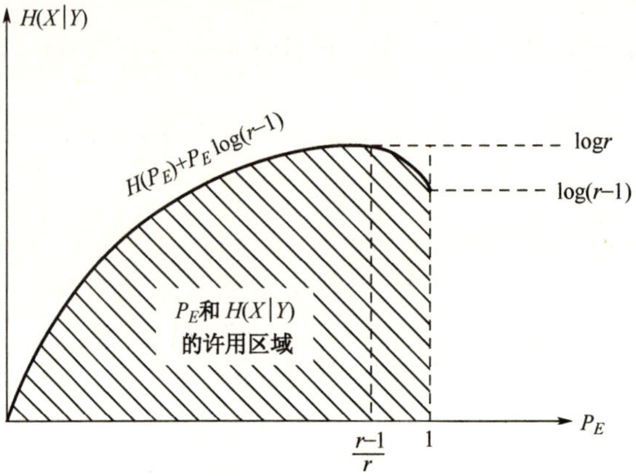

图 6-4　费诺不等式曲线

6.3　信道编码的选取规则

由前面分析可知，消息通过有噪信道传输时会发生错误，而错误概率与译码规则有关。但不论采用什么译码方法，P_E 总不会等于或趋于零。也就说，选择最佳译码规则只能使错误概率 P_E 有限地减小，无法使 P_E 任意地小。要想进一步减小错误概率，必须优选信道编码方法。本节讨论信道编码选取的一般规律。

6.3.1　简单重复编码

对于实际铺设完成的传输信道，其统计特性大致是确定的。如何提高信道可靠性、降低错误概率，是需要解决的重要现实问题。实际经验告诉我们，只要在发送端把消息重复发几遍，结合译码技术，就可使接收消息的平均错误概率减小，从而提高了通信的可靠性。下面通过举例说明这种方法。

一个二元对称信道如图 6-5 所示，设输入符号等概率分布。首先选择其译码规则，并计算平均错误概率。

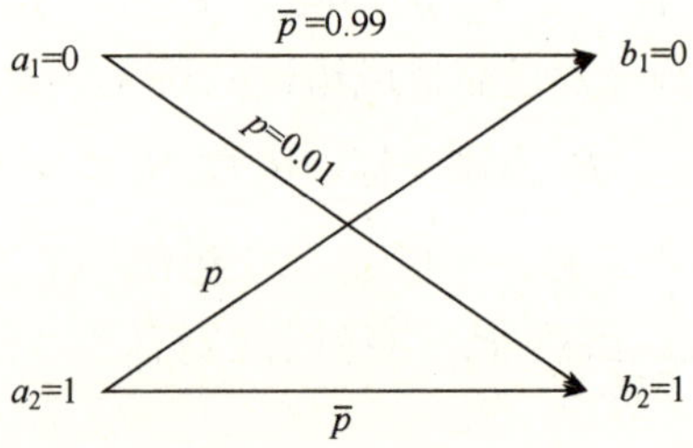

图 6-5　二元对称信道

根据最大似然译码准则，译码规则为

$$\begin{cases} F\ (b_1)=a_1 \\ F\ (b_2)=a_2 \end{cases}$$

则总的平均错误概率

$$P_E = \sum_X p\left(a_i\right)p_e^i = 0.01 = 10^{-2}$$

现采用简单重复编码，规定信源符号为“0”（或“1”）时，则重复发送三个“0”（或“1”）。如此构成的信道可以看成是二元对称信道的三次扩展信道，输入符号和输出符号的关系如图 6-6 所示。其输入是在 8 个可能的二元序列中选两个编码作为消息，称**许用码字**，其他没有使用的输入序列称**禁用码字**。输出端由于信道干扰的作用，8 个可能的输出符号都是接收序列。这时信道矩阵为

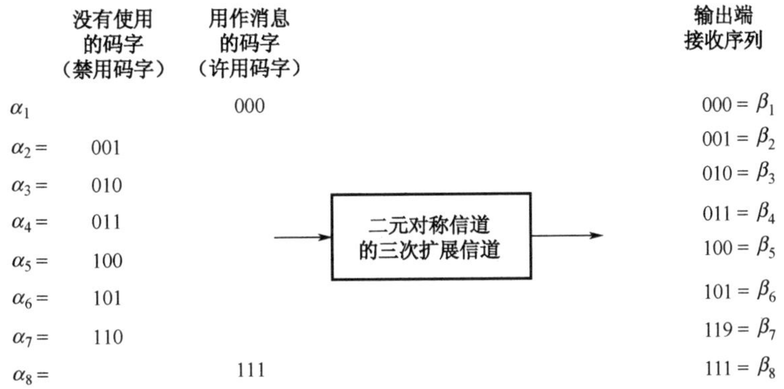

图 6-6 二元对称三次扩展信道

$$\boldsymbol{P} = \begin{matrix} & \begin{matrix} \beta_1 & \beta_2 & \beta_3 & \beta_4 & \beta_5 & \beta_6 & \beta_7 & \beta_8 \end{matrix} \\ \begin{matrix} \alpha_1 \\ \alpha_8 \end{matrix} & \begin{bmatrix} \bar{p}^3 & \bar{p}^2 p & \bar{p}^2 p & \bar{p}p^2 & \bar{p}^2 p & \bar{p}p^2 & \bar{p}p^2 & p^3 \\ p^3 & \bar{p}p^2 & \bar{p}p^2 & \bar{p}^2 p & \bar{p}p^2 & \bar{p}^2 p & \bar{p}^2 p & \bar{p}^3 \end{bmatrix} \end{matrix}$$

根据最大似然译码准则，三次重复编码的译码规则为

$$\begin{cases} F(\beta_2) = \alpha_1 \\ F(\beta_4) = \alpha_1 \\ F(\beta_6) = \alpha_1 \\ F(\beta_8) = \alpha_8 \end{cases} \qquad \begin{matrix} F(\beta_2) = \alpha_1 \\ F(\beta_4) = \alpha_8 \\ F(\beta_6) = \alpha_8 \\ F(\beta_8) = \alpha_8 \end{matrix}$$

由于输入等概率分布，译码后的平均错误概率为

$$\begin{aligned} P_E' &= \sum_{Y^3, X^3 - \alpha^*} p(\alpha_i)p(\beta_j | \alpha_i) \\ &= \frac{1}{2}[p^3 + \bar{p}p^2 + \bar{p}p^2 + \bar{p}p^2 + \bar{p}p^2 + \bar{p}p^2 + \bar{p}p^2 + p^3] \\ &= p^3 + 3\bar{p}p^2 \approx 3\times 10^{-4} \end{aligned}$$

三次简单重复编码的平均错误概率 P_E' 与原来 $P_E\left(=10^{-2}\right)$ 相比，降低了接近两个数量级。这是因为现在消息数 $M = 2$，每个消息码字 α_i 和 4 个接收序列对应，

当传送消息码字 α_i 时，若码字中有一位码元发生错误，译码器还能正确译出所传送的码字，但若传输中发生两位或三位码元错误时，译码器就会译错。所以这种简单重复编码方法可以纠正发生一位码元的错误，译错的可能性变小了，因此错误概率得到降低。

显然，若简单重复编码更多次，例如重复编码次数 $n=5, 7, \cdots$，可以进一步降低平均错误概率。同理可算得

$$n=5 \qquad P_E=10^{-5}$$

$$n=7 \qquad P_E=4\times10^{-7}$$

$$n=9 \qquad P_E=10^{-8}$$

$$n=11 \qquad P_E=5\times10^{-10}$$

可见当 n 很大时，使 P_E 很小是可能的，但带来了一个新问题，信道信息传输率就会降低很多。我们把**编码后信道的信息传输率**（也称**码率**）表示为

$$R_{channel}=\frac{\log M}{n} \tag{6.17}$$

其中，M 是信道编码的码字数，n 是编码重复次数。在上述举例中，$M=2$，计算编码后信道的信息传输率为

$$n=3 \qquad R_{channel}=\frac{1}{3}$$

$$n=5 \qquad R_{channel}=\frac{1}{5}$$

$$n=7 \qquad R_{channel}=\frac{1}{7}$$

$$n=n \qquad R_{channel}=1$$

简单重复编码在使 P_E 降低的同时，也降低了信道信息传输率。我们需要进一步探讨解决这两个指标矛盾的方法。

6.3.2　信道编码的选取

在简单三次重复编码中，把信道看成是三次无记忆扩展信道。这时输入端有 8 个二元序列可以作为码字 $\{\alpha_1, \cdots, \alpha_8\}$，而我们只选择了两个二元序列 $\{\alpha_1, \alpha_8\}$ 作为消息（$M=2$），这样每个消息携带的平均信息量仍是 1 比特，而传送一个消息需要付出的代价却是三个二元码符号，所以 $R_{channel}$ 降低到 1/3 比特/码符号。

由此得到启发，如果在扩展信道的输入端把 8 个可能作为消息的二元序列都作为码字（$M=8$），则每个消息携带的平均信息量就是 $\log M=3$ 比特，而传递一个消息所需的符号数仍为三个二元码符号，则 $R_{channel}$ 就提高到 1 比特/码符号。这时图 6-6 所示的二元对称三次扩展信道中的禁用码字也成为可用码字了。

根据最大似然译码准则，此时的译码规则为

$$F(\beta_i)=\alpha_i \qquad (i=1,2,\cdots,8)$$

条件正确概率为 $\overline{P}_E=\overline{p}_3\approx 0.97$，则平均错误概率为 $P_E=1-\overline{P}_E\approx 3\times 10^{-2}$。此时的 P_E 反而比单符号信道传输的 P_E 大三倍。

对上述结果进行分析：在一个二元信道的 n 次无记忆扩展信道中，输入端有 2^n 个符号序列可以作为码字。如果选出其中的 M 个作为消息传递，则当 M 大一些时，P_E 也跟着大，$R_{channel}$ 也增大。

若在三次无记忆扩展信道中，取 M = 4，作为消息便可以有 70 种选取方法。我们自行选取其中两种许用码字方案如下：

第 I 方案			第 II 方案		
0	0	0	0	0	0
0	1	1	0	0	1
1	0	1	0	1	0
1	1	0	1	0	0

计算相应的错误概率为

$$P_{E1}\approx 2\times 10^{-2} \quad P_{E2}\approx 2.28\times 10^{-2}$$

信道信息传输率均为

$$R_{channel}=\frac{\log 4}{3}=\frac{2}{3}$$

$M=4$ 的两种方案与 $M=2$ 的情况相比，错误概率升高了，信息传输率也升高了；与 M = 8 的情况相比，错误概率降低了，信息传输率也降低了。而 M 取值相同的两个方案的错误概率并不相同，接下来我们将予以讨论。

比较这两种方案可知，第 II 种编码的错误概率要略高一些。对于第 I 种编码，当接收到发送的码字中任一位码元发生错误时，可以判断出该消息在传输中发生了错误，但无法判断是由于哪个消息发生了什么错误而来。对第 II 种编码，当发送消息“000”时其任意一位码元发生错误，就变成了其他三个可能发送的消息，根本无法判断传输时有无发生错误。可见，错误概率与编码选择有很大关系。

6.3.3　(5, 2)线性码

(5, 2)线性码中的“5”表示信道编码长度 n=5，“2”表示信息组的位长。这里信道输入端所选的消息数不变，仍取 M=4，增加码字的长度为 n=5，这时信道为二元对称五次扩展信道，在输入端有 2^5(=32)个二元序列中选取 4 个作为发送码字。此时的信道信息传输率为

$$\frac{1}{3}（M=2, n=3\text{ 的码}）< R_{channel} = \frac{\log 4}{5} = \frac{2}{5} < \frac{2}{3}（M=4, n=3\text{ 的码}）$$

设输入序列 $\alpha_i = (a_{i_1}, a_{i_2}, a_{i_3}, a_{i_4}, a_{i_5})$，$i$ =1,2,3,4，$a_{i_k} \in \{0,1\}$，a_{i_k} 是 α_i 的第 k 个分量，且满足方程

$$\begin{cases} a_{i_1} = a_{i_1} \\ a_{i_2} = a_{i_2} \\ a_{i_3} = a_{i_1} \oplus a_{i_2} \\ a_{i_4} = a_{i_1} \\ a_{i_5} = a_{i_1} \oplus a_{i_2} \end{cases}$$

其中，$\oplus$ 为模二和运算，或者写成矩阵形式

$$\begin{bmatrix} a_{i_1} \\ a_{i_2} \\ a_{i_3} \\ a_{i_4} \\ a_{i_5} \end{bmatrix} = \begin{bmatrix} 1 & 0 \\ 0 & 1 \\ 1 & 1 \\ 1 & 0 \\ 1 & 1 \end{bmatrix} \begin{bmatrix} a_{i_1} \\ a_{i_2} \end{bmatrix}$$

当信息组 $(a_{i_1} a_{i_2})$ 取值为{00，01，10，11}时，得到一种(5, 2)线性码：{00000, 01101, 10111, 11010}，采用最大似然译码准则，其译码规则如图 6-7 所示。

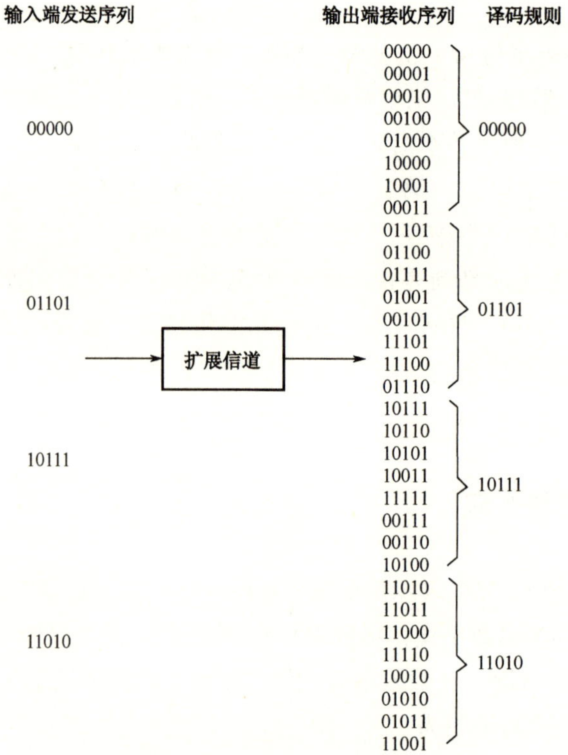

图 6-7　(5, 2)线性码及其译码规则

从图 6-7 可以看出，选用此编码和译码规则，接收端能纠正码字中所有发生一位码元的错误，也能纠正其中两个二位码元的错误，可计算其正确译码概率为

$$\overline{P}_E = \overline{p}^5 + 5\overline{p}^4 p + \overline{p}^3 p^2$$

因此平均错误概率为

$$P_E = 1 - \overline{P}_E = 1 - \overline{p}^5 - 5\overline{p}^4 p - 2\overline{p}^3 p^2 \approx 7.8\times 10^{-4} \quad (p = 0.01)$$

将(5, 2)线性编码方法与上述 M=4、n=3 的两种编码方法相比，虽然信息传输率略降低了一些，但错误概率减小很多；再与 M=2、n=3 的三次重复编码比较，它们的错误概率接近同一个数量级，但(5, 2)线性码的信息传输率增大了。可见采用增大 n 并适当增大 M 的编码方法，一般既能使 P_E 降低，又能使信息传输率不减小。下面讨论出现这样结果的原因何在。

6.3.4　码的最小距离

定义 6.2　设两个 n 长序列 $\alpha_i = (a_{i_1} a_{i_2} \cdots a_{i_n})$，$\beta_j = (b_{j_i} b_{j_2} \cdots b_{j_n})$，$\alpha_i$ 与 β_j 之间的距离是指 α_i 和 β_j 之间对应位置上不同码元的个数，用符号 $D(\alpha_i, \beta_j)$，表示，这种码字距离通常称为**汉明距离**。

如果 α_i 和 β_j 是两个二元 n 长序列，则其汉明距离可以表示为

$$D(\alpha_i, \beta_j) = \sum_{k=1}^{n} a_{i_k} \oplus a_{j_k} \tag{6.18}$$

例 6.3　二元三次重复编码的两个码字序列 $\alpha_1 = 000$，$\alpha_8 = 111$，求其汉明距离。

【解】根据汉明距离的定义

$$D(\alpha_1, \alpha_8) = \sum_{k=1}^{3} a_{i_k} \oplus a_{j_k} = 3$$

码字之间的距离越大，则受到干扰后由一个码字变为另一个码字的可能性越小。当码间距离为 1 时，表示它们在逻辑空间中是相邻的。对于码长 n 的码字，它有 n 个相邻的码字。

显然，码字距离符合距离公理，具有如下性质：

（1）非负性：$D(\alpha_i, \beta_j) \geqslant 0$，当且仅当 $\alpha_i = \beta_j$ 时等号成立；

（2）对称性：$D(\alpha_i, \beta_j) = D(\beta_j, \alpha_i)$；

（3）三角不等式：$D(\alpha_i, \beta_j) \leqslant D(\alpha_i, \gamma_k) + D(\beta_j, \gamma_k)$。

定义 6.3　码 C 中，任意两个码字的汉明距离的最小值称为该码 C 的最小距离，即

$$d_{\min} = \min\{D(w_i, w_j)\} \quad (w_i \neq w_j,\ w_i, w_j \in C) \tag{6.19}$$

例 6.4　前述 M=4、n=3 的两种编码方案为：$C_1 = \{000, 011, 101, 110\}$、$C_2 = \{000, 001, 010, 100\}$，试分别求其最小距离。

【解】 编码中两两码字距离中的最小值分别是

$$d_{\min 1} = \min\{D(w_i, w_j)\} = 2$$

$$d_{\min 2} = \min\{D(w_i, w_j)\} = 1$$

在例 6.4 中，$d_{\min 1} > d_{\min 2}$，因此 $P_{E1} < P_{E2}$。显然，$d_{\min 1}$ 越大，P_E 越小。原因是，**码 C 中最小距离越大，受干扰后，越不容易把一个码字传错成为另一码字，因而错误概率减小**。表 6.1 列出了本节讨论过的所有编码和其性能指标，可以看出，码的最小距离是影响译码后平均错误概率的主要因素。

表 6.1　6.3 节讨论的编码及其性能指标

	码 1	码 2	码 3	码 4	码 5
码字	000	000	000	00000	000
	111	011	001	01101	001
		101	010	10111	010
		110	100	11010	011
					100
					101
					110
					111
编码数 M	2	4	4	4	8
码长 n	3	3	3	5	3
信息传输率 $R_{channel}$	1/3	2/3	2/3	2/5	1
码的最小距离 $d_{\min}$	3	2	1	3	1
平均错误概率 P_E	3×10^{-4}	2×10^{-2}	2.28×10^{-2}	7.8×10^{-4}	3×10^{-2}

6.3.5　最小距离译码准则

我们在 6.2 节中学习了最大似然译码准则，对每一个输出符号译码成其最大传输概率所对应的输入符号。设 α_i 是输入码字，长度为 n，β_j 是输出端可能有的所有接收序列，长度也为 n。若 α_i 和 β_j 之间的距离为 $D(\alpha_i, \beta_j)$，简记为 D_{ij}，它表示传输过程中 α_i 传输 β_j 有 D_{ij} 个位置发生了错误，$(n-D_{ij})$个位置没有错误。

设二元对称信道的单个符号传输错误概率为 p，当信道是无记忆时，则编码后信道的传递概率为

$$p\left(\beta_j \mid \alpha_i\right)=p\left(b_{j_1} \mid a_{i_1}\right)p\left(b_{j_2} \mid a_{i_2}\right)\cdots p\left(b_{j_n} \mid a_{i_n}\right)=p^{D_{ij}}\,\overline{p}^{\left(n-D_{ij}\right)} \tag{6.20}$$

正常情况下 $p<0.5$，D_{ij} 越小，则 $p(\beta_j|\alpha_i)$ 越大，根据最大似然译码规则，此时的 α_i 即是 α^*。用汉明距离重新表述最大似然译码准则为：选择译码函数

$$F(\beta_j)=\alpha^* \qquad (\alpha^* \in C,\ \beta_j \in Y^n)$$

使之满足条件

$$D(\alpha^*,\beta_j) \leqslant D(\alpha_i,\beta_j) \qquad \left(\alpha_i \in C,\ \alpha_i \neq \alpha^*\right) \tag{6.21}$$

即满足条件

$$D(\alpha^*,\beta_j)=D_{\min}(\alpha_i,\beta_j) \qquad (\alpha_i \in C) \tag{6.22}$$

式（6.21）或式（6.22）称为**最小距离译码准则**。

在二元对称信道中，最小距离译码准则等同于最大似然译码准则。在任意信道中也可采用最小距离译码准则，但它不一定等同于最大似然译码准则。

在二元对称无记忆信道中，平均译码错误概率也可用汉明距离来表示。设输入码字数为 M（等概率分布），则有

$$P_E=\frac{1}{M}\sum_{Y^n,X^n-\alpha^*} p\left(\beta_j \mid \alpha_i\right)=\frac{1}{M}\sum_j\sum_{i\neq *} p^{D_{ij}}\,\overline{p}^{\left(n-D_{ij}\right)} \tag{6.23}$$

当输入为等概率分布时，最大似然译码准则与最大后验概率译码准则是等价的，则最小距离译码准则也与最大后验概率译码准则是等价的，都能得到最小错误概率。

综上所述，在有噪信道中，传输的平均错误概率 P_E 与各种编、译码方法有关。编码可采用选择 M 个消息所对应的码字之间最小距离 $d_{\min}$ 尽可能增大的编码方法。而译码采用将接收序列 β_j 译成与之距离最近的那个码字 α^* 的译码规则。只要码长 n 足够长，合适地选择 M 个消息所对应的码字，就可以使错误概率很小，而信息传输率保持一定。

6.4　有噪信道编码定理

定理 6.1（**有噪信道编码定理**）　设离散记忆信道 $\left[X,p(y|x),Y\right]$，其信道容量为 C。当信息传输率 $R_{channel}<C$ 时，只要码长 N 足够长，总可以在输入 X^N 符号集中找到 $M(=2^{NR_{channel}})$ 个码字组成一组码 $(2^{NR_{channel}},N)$ 和相应的译码规则，使译码的平均错误概率任意小 $(P_E \to 0)$。

有噪信道编码定理又称为**香农第二定理**，是信息论的基本定理之一。香农用随机选取典型序列的编码方法证明了该定理，本书略去证明过程。从信道信息传输的角度我们知道

$$R_{channel} = I(X;Y) \leqslant \max I(X;Y) = C$$

由信道的信息传输率 $R_{channel}$ 定义式（6.17）可知

$$M = 2^{NR_{channel}} \tag{6.24}$$

定理 6.2（有噪信道编码逆定理）　设离散无记忆信道 $[X, p(y|x), Y]$，其信道容量为 C。当信息传输率 $R_{channel} > C$ 时，无论码长 N 多长，总也找不到一种编码 $(M = 2^{NR_{channel}}, N)$，使译码错误概率任意小。

综合定理 6.1 和定理 6.2 可知，任何信道的信道容量是一个明确的分界点，当取分界点以下的信息传输率时，随码长 N 的加大，P_E 将趋于零；当取分界点以上的信息传输率时，P_E 将趋于 1。因此，在任何信道中信道容量是可达的、最大的可靠信息传输率。

香农第二定理也是一个存在定理，它说明错误概率趋于零的好码是存在的。但从实用观点来看，定理没有给出具体的编码方法。尽管如此，信道编码定理仍然具有根本性的重要意义，它有助于指导各种通信系统的设计，评价各种通信系统及编码的效率。

从香农第一定理和第二定理可以看出，要做到有效和可靠地传输信息，我们可以将通信系统设计成两部分的组合，即信源编码和信道编码两部分。首先，通过信源编码，用尽可能少的符号来表达信源，尽可能减小编码后的数据的剩余度，但需要满足 $R_{code} > H(S)$ 才能实现信源无失真编码。然后，对信源编码后所得的数据独立地设计信道编码，也就是适当增加一些剩余度，使能纠正和克服信道中引起的错误和干扰，同样需要满足条件 $R_{channel} < C$。这两部分编码是分别独立考虑的。

定理 6.3（信源－信道编码定理）　若 $S^N = (S_1 S_2 \cdots S_N)$ 是有限符号集的随机序列，信源 S 极限熵 $H_\infty < C$，则存在信源和信道编码，其 $P_E \to 0$。反之，对于任意平稳随机序列，若极限熵 $H_\infty > C$，则错误概率大于零，即不可能在信道中以任意小的错误概率发送随机序列。

定理 6.3 告诉我们在有噪信道中，只要 $H < C$，用两步编码处理方法传输信源信息与一步编码处理方法传输信源信息是一样有效的。正因为通过分别进行信源的数据压缩编码和信道编码，既能做到有效、可靠地传输信息，又能大大地简化通信系统的设计，因此在实际通信系统中得到广泛应用。

6.5　纠错码原理

进行信道编码是为了提高信号传输的可靠性，改善通信系统的传输质量，研究信道编码的目标是寻找具体构造编码的理论与方法。在理论上，香农第二定理已指出，只要实际信息传输率 $R_{channel} < C$，则无差错的信道编、译码方法是存在的。从原理上看，构造信道码的基本思路是根据一定的规律在待发送的信息码元中人为地加入一定的多余码元（称为监督码），以引入最小的多余度为代价来换取最好的抗干扰性能。

6.5.1　检错与纠错原理

检错、纠错的目的是要根据信道接收端接收到的序列 R 来判断 R 是否是发送的码 C，如果有错则尽可能纠正其中的错误。

要纠正传输差错，首先必须检测出错误。要检测出错误，常用的方法是：在发送端要传送的信息序列（常为二进制序列）中截取出长度相等的码元进行分组，每组长度为 k，组成 k 位码元信息序列，再根据某种编码算法以一定的规则在每个信息组的后面产生 r 个冗余码元，由冗余码元和信息码元一起形成“n 位编码序列”，即信道编码的码字 C。显然，纠错编码是冗余编码。

由于 r 个冗余码元一般是根据信息码元按一定的规律产生的，如按照一组表达式或某种函数关系产生，从而使其与信息码元之间建立了某种对应关系，码字内也就具有了某种特定的相关性，这种对应关系我们称为**校验关系**。译码就是利用校验关系进行检错、纠错的。在接收端收到的 n 位码字中，信息码元与冗余码元（校验码元）之间应符合上述编码规则，并根据这一规则进行检验，从而确定是否有错误。这就是差错控制的基本思想。

例如，奇偶校验方法是增加一位奇校验位（或偶校验位），使编码后对消息序列 m 的校验方程式成立。n 重复码方法能检测出任意小于 n 个差错的编码。这些检错方法都与信息位相关。

对于纠错码，其抗干扰能力完全取决于码书 C 中选取的编码码字之间的距离。码的最小距离 $d_{\min}$ 越大，则码字间的最小差别越大，抗干扰能力就越强，即受较强的干扰仍不会造成编码码字之间的混淆。可见，差错控制编码是用增加码元数，利用“冗余”来提高抗干扰能力的，即以降低信息传输速率为代价来减少错误。

6.5.2　检错与纠错能力

为了说明信道编码的纠错和检错能力，先给出如下有关码的定义：

编码效率 R，简称码率，是编码后信道的信息传输率，表示式为式（6.17），在这里

$$R = \frac{\log M}{n} = \frac{\log 2^k}{n} = \frac{k}{n} \tag{6.25}$$

比较纠错码的检错、纠错能力的最直接指标是检、纠差错的数目，常用汉明距离来描述这一特性。一个纠错码的每个码字都可以形成一个汉明球，因此要能够纠正所有不多于 t 位的差错，纠错码的所有汉明球均应不相交，判定纠错码的检、纠错能力可根据任意两个汉明球不相交的要求，由码的最小距离 $d_{\min}$ 来决定，下面是关于检、纠错码能力的结论。

（1）在一个码组内为了检测 e 个差错，则要求最小码距 $d_{\min} \geqslant e+1$；

（2）在一个码组内为了纠正 t 个差错，则要求最小码距 $d_{\min} \geqslant 2t+1$；

（3）在一个码组内为了纠正 t 个差错，同时检测 e 个$(e>t)$差错，则要求最小码距 $d_{\min} \geqslant e+t+1$。

结论（3）中所述能纠正 t 个差错，同时能检测 e 个差错的含义是指，当差错不超过 t 个时，差错能自动予以纠正；而当差错超过 t 个时，则不可能纠正错误，但仍可检测 e 个差错。这正是前述混合检、纠错的控制方式。上述结论可用图 6-8 所示的几何图形加以简单说明。图 6-8 中 C_1 和 C_2 分别表示(n,k)分组码中的任意两个码字。

对于结论（1），由图 6-8（a）可见，若码字 C_1 发生不超过 e 个差错时，该码字的位置移动将不超出以 C_1 为圆心、以 e 为半径的圆，则其他任一许用码字都不会落入此圆内，即 C_1 码字发生 e 个差错时就不可能与其他的许用码字相混淆，因此可以检出 e 个差错。

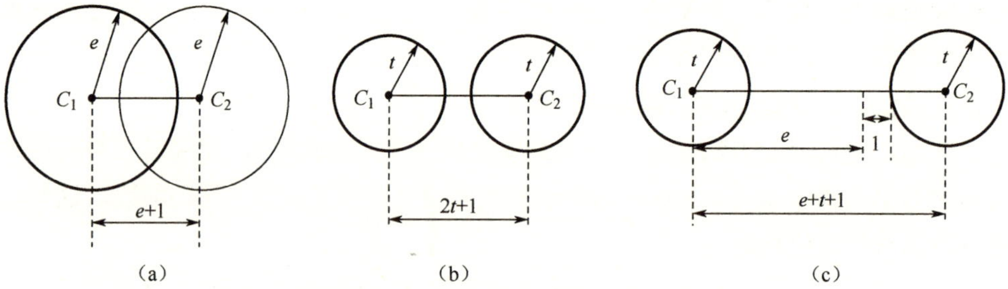

图 6-8　码的最小距离同检错和纠错能力的关系

对于结论（2），由图 6-8（b）可见，当许用码字 C_1 和 C_2 的各自误码不超过 t 个时，发生差错后两个许用码字的位置移动将分别不会超出以 C_1 和 C_2 为圆心、以 t 为半径的圆。只要这两个圆不相交，则当差错小于 t 个时，可根据它们落在哪个圆内就能正确纠错。

对于结论（3），可以用图 6-8（c）来说明。在最不利的情况下，C_1 发生 e 个差错而 C_2 发生 t 个差错。为了保证两码字仍不发生混淆，则要求以 C_1 为圆心、以 e 为半径的圆必须与以 C_2 为圆心、以 t 为半径的圆不发生交叠，即要求最小码距 $d_{\min} \geqslant e+t+1$。同时，还可看到若差错超过 t 个，两圆有可能相交，因而不再有纠错的能力，但仍可检测 e 个差错。

可以证明，采用差错控制编码后，即使只能纠正（或检测）1～2 个错误，也可以使误码率下降几个数量级，这种检、纠错对于随机信道效果明显，但是对于成串集中出现错误的突发信道则效果不佳。

6.6　线性分组码

线性分组码是纠错码中非常重要的一类码，虽然对于同样码长的非线性码来说线性码可用码字较少，但由于线性码的编码和译码容易实现，而且是讨论其他各类码的基础，至今仍是广泛应用的一类纠错码。

6.6.1　线性分组码的基本概念

通常在信源编码器之后加入信道编码器，又称纠错编码器，其输入的信息序列通常是二进制的，信道编码器对信源编码器输出的二进制序列进行分组，并对每一组进行变换，变换后的码组具有抗信道干扰的能力。若这种变换是线性变换，则称变换后的码组为**线性分组码**；若变换为非线性变换，则称变换后的码组为**非线性分组码**。

定义 6.4　信道编码器将其输入的信息序列，每 k 个信息符号分成一段，记为 $\boldsymbol{m}=(m_k,m_{k-1},\cdots,m_i,\cdots,m_1)$，$i=(1,2,\cdots k)$，序列 $\boldsymbol{m}$ 称为信息组，m_i 称为信息元。这样在二元数字通信系统中，可能的信息组总共有 2^k 个（在 q 元数字通信系统中总共有 q^k 个）。为了纠正信道中传输引起的差错，编码器将每个信息组按照一定的规则增加产生 r 个多余的符号，从而形成长度为 $n=k+r$ 的序列 $\boldsymbol{C}=(c_nc_{n-1}\cdots c_2c_1)$，称此序列为码字（或码组、码矢）。码字中每一个符号 $c_i(i=1,2,\cdots,n)$ 称为码元，所增加的 r 个码元称为校验元或监督元，其中 n 是码长，k 是信息组的位长，r 是校验元的位长。对于 2^k 个不同的信息组，通过信道编码器输出后，得到相应的码字也是 2^k 个，这些对应的码字是许用码字，所有许用码字的集合称为码 $\boldsymbol{C}$，也称为二元分组码。若由 $\boldsymbol{m}$ 到 $\boldsymbol{C}$ 之间的变换为线性变换，则称全体码字 $\boldsymbol{C}$ 的集合为二元线性分组码，通常用（n, k）线性分组码 $\boldsymbol{C}$ 来表示全体码字 C 的集合。

例 6.5　将信源编码器输出的二进制序列进行分组, 长度为 k=1，相应的信息码字表示为 $\boldsymbol{m}=(m_1)$，m_1 为二元码：0 和 1。$\boldsymbol{m}$ 到 $\boldsymbol{C}$ 之间的变换规则为

$$\begin{cases} c_n = m_1 \\ \vdots \\ c_2 = m_1 \\ c_1 = m_1 \end{cases}$$

显然，形成的纠错码具有的形式为：$\boldsymbol{C}=(c_n\cdots c_2c_1)=(m_1\cdots m_1m_1)$。由于 m_1 只取 0 或 1，所以 $\boldsymbol{C}$ 的全体码字只有两个：长为 n 的全 0 或全 1 序列。即经过上述变

换，得到了$(n,1)$重复码。可见，重复码是特殊的二元线性分组码。

例 6.6　设信源编码器输出的二进制序列为 $\boldsymbol{m}=(m_k m_{k-1}\cdots m_i\cdots m_1)$，$i=(1,2,\cdots,k)$，信道编码器输出的码字为 $\boldsymbol{C}=(c_n c_{n-1}\cdots c_i\cdots c_1)$，$i=(1,2,\cdots,n)$，其中，$n=k+1$。$\boldsymbol{m}$ 到 $\boldsymbol{C}$ 之间的变换规则为

$$\begin{cases} c_n = m_k \\ \quad\vdots \\ c_3 = m_2 \\ c_2 = m_1 \\ c_1 = m_1 + m_2 + \cdots m_k \end{cases}$$

c_1 的加法计算是模二加。变换后信道编码中每个码字的所有码元之和为

$$c_1 + c_2 + c_3 + \cdots + c_n = c_1 + m_1 + m_2 + \cdots + m_k = c_1 + c_1 = 0$$

显然，本例中的信道编码是偶校验码。偶校验也是一种二元线性分组码。

例 6.7　(7, 3)二元线性分组码，按以下规则(称校验方程)可得到 4 个校验元 $c_4c_3c_2c_1$。

$$\begin{cases} c_7 = m_3 \\ c_6 = m_2 \\ c_5 = m_1 \\ c_4 = m_3 + m_1 \\ c_3 = m_3 + m_2 + m_1 \\ c_2 = m_3 + m_2 \\ c_1 = m_2 + m_1 \end{cases} \tag{6.26}$$

式中，m_3, m_2, m_1 是 3 个信息码元，方程中的加运算均为模二加。由此可得到(7, 3)分组码的 8 个码字(2^k 个)。8 个信源序列与 8 个信道编码码字的对应关系列于表 6.2 中。由校验方程看到，信息码元与校验码元之间满足线性关系。

表 6.2　例 6.7 的输出码字与信息码元的对应关系

信息码元			码　字						
m_3	m_2	m_1	c_7	c_6	c_5	c_4	c_3	c_2	c_1
0	0	0	0	0	0	0	0	0	0
0	0	1	0	0	1	1	1	0	1
0	1	0	0	1	0	0	1	1	1
0	1	1	0	1	1	1	0	1	0
1	0	0	1	0	0	1	1	1	0
1	0	1	1	0	1	0	0	1	1
1	1	0	1	1	0	1	0	0	1
1	1	1	1	1	1	0	1	0	0

6.6.2　线性分组码的编码

从矢量空间的角度，形形色色的编码方法实质上是采用了不同的基底选择方法和矢量映射规则而形成的。基底的选择与映射规则均可用矩阵来表示，因此在线性分组码的讨论中就有了生成矩阵和一致校验矩阵的概念。

1. 生成矩阵

式（6.26）是生成线性分组码的转换公式，我们可以将其表示成矩阵的形式：

$$\left(c_7c_6c_5c_4c_3c_2c_1\right)=\left(m_3m_2m_1\right)\begin{bmatrix}1&0&0&1&1&1&0\\0&1&0&0&1&1&1\\0&0&1&1&1&0&1\end{bmatrix}\tag{6.27}$$

令式（6.27）中的矩阵为

$$\boldsymbol{G}=\begin{bmatrix}1&0&0&1&1&1&0\\0&1&0&0&1&1&1\\0&0&1&1&1&0&1\end{bmatrix}\tag{6.28}$$

则

$$\boldsymbol{C}=\boldsymbol{m}\boldsymbol{G}\tag{6.29}$$

称矩阵 $\boldsymbol{G}$ 为(7, 3)分组码的**生成矩阵**。当分别令 $(m_3m_2m_1)$ 为(000), (001), …, (111)时，代入式（6.27）即得表 6.2 所示的各信息码元组对应的码字。

式（6.27）中的 7 位二进制序列 $(c_7c_6c_5c_4c_3c_2c_1)$ 数有 2^7 =128 种不同的组合，而 3 位信息码元构成的信息位编码有 8 种组合，这 8 种信息码组合与由式（6.27）生成的(7, 3)分组码的 8 个码字一一对应，如表 6.2 所示。

在例 6.7 的(7, 3)分组码的编码过程中，核心因素是生成矩阵 $\boldsymbol{G}$，它决定了最终的码书。生成矩阵 $\boldsymbol{G}$ 由 3 个行矢量组成，这 3 个行矢量本身就是码书中的 3 个码字，可以证明这 3 个行矢量是线性无关的，即我们可以选择码书中 3 个线性无关的码字来构成生成矩阵 $\boldsymbol{G}$ 的行矢量。

生成矩阵的一般形式为

$$\boldsymbol{G}=\begin{bmatrix}g_{1,n}&g_{1,n-1}&\cdots&g_{1,1}\\g_{2,n}&g_{2,n-1}&\cdots&g_{2,1}\\\vdots&\vdots&\ddots&\vdots\\g_{k,n}&g_{k,n-1}&\cdots&g_{k,1}\end{bmatrix}\tag{6.30}$$

一般 (n, k) 线性分组码有 k 个信息元，$\boldsymbol{G}$ 由 k 行 n 列组成。

码书其实是一个子空间，只要找到一组合适的基底，它们的线性组合就能产生整个码书 $\boldsymbol{C}$。由线性代数知识我们知道，基底不是唯一的。由基底的线性组合产生的矢量中，任意选出 k 个矢量，只要它们满足线性无关的条件，都可以作为由 k

个信息码元生 (n, k) 线性分组码的生成矩阵。反映到矩阵的运算上，只要保证矩阵的秩仍是 k，就可以通过行初等变换（如行交换、行的线性组合等）改变生成矩阵的形式而不改变码书。

因此，任何生成矩阵都可通过行初等变换转化成如下的系统形式：

$$\boldsymbol{G}=\left[I_k\middle|P\right]=\left[\begin{array}{cccc|ccc} 1 & 0 & \cdots & 0 & p_{1,k+1} & \cdots & p_{1,n} \\ 0 & 1 & \cdots & 0 & p_{2,k+1} & \cdots & p_{2,n} \\ \vdots & \vdots & \vdots & \vdots & \vdots & \vdots & \vdots \\ 0 & 0 & \cdots & 1 & p_{k,k+1} & \cdots & p_{k,n} \end{array}\right] \tag{6.31}$$

式（6.31）中，I_k 表示 $k \times k$ 的单位矩阵。显然，由式（6.31）中的生成矩阵变换得到的码字，其最左边 k 位 $(c_n c_{n-1} \cdots c_{n-k+1})$ 是信息组，因此，生成的信道编码是系统码，这是我们后面经常使用的编码形式。另一种系统码是把信息组安置在码字的最右边 k 位：$(c_k c_{k-1} \cdots c_1)$。

能够产生系统码的生成矩阵称为**典型矩阵**（或称**标准生成矩阵**），典型矩阵的最大优势是便于检查生成矩阵 $\boldsymbol{G}$ 的各行是否线性无关。如果 $\boldsymbol{G}$ 不具有标准型，也能产生线性码，但码字不具备系统码的结构，因而存在码字译码不够便利的缺点。由于系统码的编码与译码较非系统码简单，而且对分组码来说，系统码与非系统码的抗干扰能力是等价的，故若无特别声明，我们仅讨论系统码。如果生成矩阵 $\boldsymbol{G}$ 为非标准型的，可经过行初等变换变成标准型。

2. 一致校验矩阵

例 6.7 的(7, 3)分组线性码的 4 个检验码元可由式（6.26）中的后 4 个线性方程式求出。为了更好地说明信息码元与校验码元之间的关系，现将式（6.26）中后 4 个线性方程式变换为

$$\begin{cases} c_4 = c_7 + c_5 \\ c_3 = c_7 + c_6 + c_5 \\ c_2 = c_7 + c_6 \\ c_1 = c_6 + c_5 \end{cases} \Rightarrow \begin{cases} c_7 + c_5 + c_4 = 0 \\ c_7 + c_6 + c_5 + c_3 = 0 \\ c_7 + c_6 + c_2 = 0 \\ c_6 + c_5 + c_1 = 0 \end{cases} \tag{6.32}$$

其矩阵形式表示为

$$\begin{bmatrix} 1 & 0 & 1 & 1 & 0 & 0 & 0 \\ 1 & 1 & 1 & 0 & 1 & 0 & 0 \\ 1 & 1 & 0 & 0 & 0 & 1 & 0 \\ 0 & 1 & 1 & 0 & 0 & 0 & 1 \end{bmatrix} \begin{bmatrix} c_7 \\ c_6 \\ c_5 \\ c_4 \\ c_3 \\ c_2 \\ c_1 \end{bmatrix} = \begin{bmatrix} 0 \\ 0 \\ 0 \\ 0 \end{bmatrix} \tag{6.33}$$

令式(6.33)中的矩阵为

$$\boldsymbol{H}=\begin{bmatrix}1&0&1&1&0&0&0\\1&1&1&0&1&0&0\\1&1&0&0&0&1&0\\0&1&1&0&0&0&1\end{bmatrix} \tag{6.34}$$

一般可写成

$$\boldsymbol{H}\boldsymbol{C}^{\mathrm{T}}=\boldsymbol{0}^{\mathrm{T}} \tag{6.35}$$

称矩阵 $\boldsymbol{H}$ 为(7, 3)分组码的**一致校验矩阵**，信息元和校验元之间的校验关系完全由 $\boldsymbol{H}$ 确定。式（6.35）和式（6.33）称为**一致校验方程**。

显然，当 $\boldsymbol{H}$ 一定时，便可由信息码元求出校验码元，因而求出其对应的信道编码码字。更为重要的是，在信道的接收端，使用 $\boldsymbol{H}$ 可以判断接收的码字 $\boldsymbol{C}$ 是否满足一致校验方程式（6.35）来检验传输是否出现差错。

一致校验矩阵的一般形式为

$$\boldsymbol{H}=\begin{bmatrix}h_{1,n}&h_{1,n-1}&\cdots&h_{1,1}\\h_{2,n}&h_{2,n-1}&\cdots&h_{2,1}\\\vdots&\vdots&\ddots&\vdots\\h_{r,n}&h_{r,n-1}&\cdots&h_{r,1}\end{bmatrix} \tag{6.36}$$

一般(n, k)线性分组码有 $r(=n-k)$个校验码元，因此有 r 个独立的线性方程，$\boldsymbol{H}$ 由 r 行 n 列组成。式（6.35）还可表示为

$$\begin{bmatrix}h_{1,n}&h_{1,n-1}&\cdots&h_{1,1}\\h_{2,n}&h_{2,n-1}&\cdots&h_{2,1}\\\vdots&\vdots&\ddots&\vdots\\h_{r,n}&h_{r,n-1}&\cdots&h_{r,1}\end{bmatrix}\begin{bmatrix}c_n\\c_{n-1}\\\vdots\\c_2\\c_1\end{bmatrix}=\begin{bmatrix}0\\0\\\vdots\\0\\0\end{bmatrix} \tag{6.37}$$

由于生成矩阵 $\boldsymbol{G}$ 中的每一行及其线性组合都是(n, k)码中的一个码字，故有

$$\boldsymbol{H}\boldsymbol{G}^{\mathrm{T}}=\boldsymbol{0}^{\mathrm{T}} \tag{6.38}$$

即说明矩阵 $\boldsymbol{H}$ 同矩阵 $\boldsymbol{G}$ 是正交的。

由例 6.7 的一致校验矩阵（6.34）可以看出，矩阵的右边是一个四阶单位矩阵。通常，系统型 (n, k) 线性分组码的 $\boldsymbol{H}$ 矩阵右边 r 列组成一个单位矩阵 I_r，即

$$\boldsymbol{H}=\left[Q\,\middle|\,I_r\right] \tag{6.39}$$

式中，Q 是一个 $r\times k$ 阶矩阵，我们称这种形式的 $\boldsymbol{H}$ 矩阵为典型矩阵（或标准矩阵）。同样，采用典型矩阵形式的 $\boldsymbol{H}$ 矩阵更易于检查各行是否线性无关。

由式（6.38）可得

$$\boldsymbol{H}\boldsymbol{G}^{\mathrm{T}}=\left[Q|I_r\right]\left[I_k|P\right]^{\mathrm{T}}=\left[Q|I_r\right]\begin{bmatrix}I_k\\P^T\end{bmatrix}=Q+P^{\mathrm{T}}=\boldsymbol{0}^{\mathrm{T}}$$

因此得

$$Q = P^T \quad \text{或者} \quad P = Q^T \tag{6.40}$$

显然，对于系统码的生成矩阵 G 和一致校验矩阵 H，如果已知其一，则另一个便已经确定了。

3. 线性分组码的编码

(n, k) 线性分组码的编码就是根据生成矩阵 G（或一致校验矩阵 H）将长度为 k 的信息码元变换成长度为 n 的码字。这里以 $(7, 3)$ 线性分组码为例来说明构造编码电路的方法。

例 6.8 已知 $(7, 3)$ 二元线性分组码的生成矩阵，求校验元方程，画出实现该线性分组码的编码电路。

$$G = \begin{bmatrix} 1 & 0 & 0 & 1 & 1 & 1 & 0 \\ 0 & 1 & 0 & 0 & 1 & 1 & 1 \\ 0 & 0 & 1 & 1 & 1 & 0 & 1 \end{bmatrix}$$

【解】 生成矩阵是典型矩阵，生成的码字将是系统码。由码字生成方程（6.29）可以写出校验元方程：

$$(c_7 c_6 c_5 c_4 c_3 c_2 c_1) = (m_3 m_2 m_1)\begin{bmatrix} 1 & 0 & 0 & 1 & 1 & 1 & 0 \\ 0 & 1 & 0 & 0 & 1 & 1 & 1 \\ 0 & 0 & 1 & 1 & 1 & 0 & 1 \end{bmatrix} \Rightarrow \begin{cases} c_4 = m_3 + m_1 = c_7 + c_5 \\ c_3 = m_3 + m_2 + m_1 = c_7 + c_6 + c_5 \\ c_2 = m_3 + m_2 = c_7 + c_6 \\ c_1 = m_2 + m_1 = c_6 + c_5 \end{cases}$$

校验元方程是做模二加法，可以使用异或运算电路实现。按照校验元方程可直接画出 $(7,3)$ 二元线性分组码的并行编码电路和串行编码电路，如图 6-9 所示。图 6-9（a）中，当并行信息组出现在编码器的输入端时，编码器同时输出 7 位编码的码字。图 6-9（b）中，信息位 m_3, m_2, m_1 顺序移位输入，编码器产生校验位，将输出开关上拨，顺序输出 m_3, m_2, m_1（码字的左三位），再将输出开关下拨，顺序输出 c_4, c_3, c_2, c_1（码字的右四位），完成了该信息组编码。

(a) 并行编码电路

(b) 串行编码电路

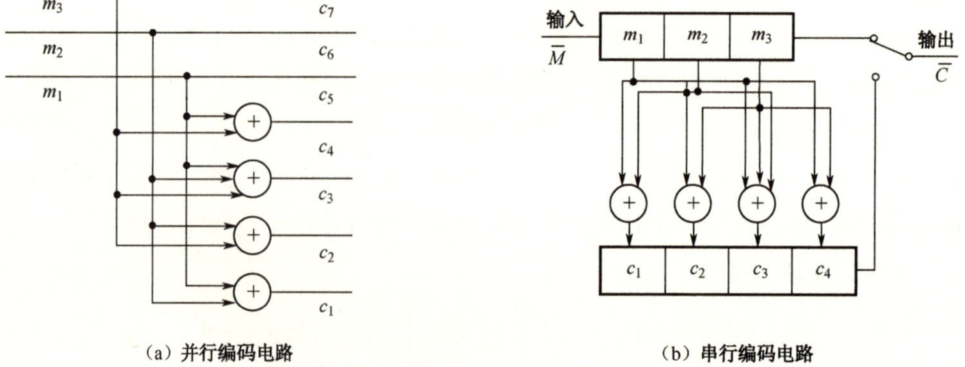

图 6-9 $(7,3)$ 二元线性分组码编码电路原理图

例 6.9　已知(7, 3)二元线性分组码的一致校验矩阵。（1）求校验元方程，画出实现该线性分组码的编码电路。（2）若输入信息组 $\boldsymbol{m}=(011)$，编出的码字是什么？（3）若接收到一个码元序列 $\boldsymbol{R}=(1101000)$，说明它是否是发送的码字？

$$\boldsymbol{H}=\begin{bmatrix}1&0&1&1&0&0&0\\1&1&1&0&1&0&0\\1&1&0&0&0&1&0\\0&1&1&0&0&0&1\end{bmatrix}$$

【解】（1）由一致校验矩阵写出一致校验方程，得到式（6.33），继而得到校验元方程同例 6.8，该线性分组码的编码电路也是图 6-9。

（2）将信息组代入校验元方程，计算出校验元，得到

$$\begin{cases}c_4=m_3+m_1=1\\c_3=m_3+m_2+m_1=0\\c_2=m_3+m_2=1\\c_1=m_2+m_1=0\end{cases}$$

即当 $\boldsymbol{m}$=(011)时，生成码字 $\boldsymbol{C}$=(0111010)。

（3）将接收到的码元序列 $\boldsymbol{R}$ 代入一致校验方程式（6.35），得

$$\begin{bmatrix}1&0&1&1&0&0&0\\1&1&1&0&1&0&0\\1&1&0&0&0&1&0\\0&1&1&0&0&0&1\end{bmatrix}\begin{bmatrix}1\\1\\0\\1\\0\\0\\0\end{bmatrix}=\begin{bmatrix}0\\0\\0\\1\end{bmatrix}$$

不满足一致校验方程，因此接收的序列 $\boldsymbol{R}$ 不是发送的编码 $\boldsymbol{C}$。

6.6.3　线性分组码的性质

1．封闭性

(n, k)码中任意两个许用码字之和（逐位模二加运算）仍为许用码字。

【证明】若 $\boldsymbol{C}_i$ 和 $\boldsymbol{C}_j$ 为许用码字，$\boldsymbol{H}$ 为其一致校验矩阵，由式（6.35）可得

$$\boldsymbol{C}\boldsymbol{H}^{\mathrm{T}}=\boldsymbol{0} \tag{6.41}$$

则

$$\boldsymbol{C}_i\boldsymbol{H}^{\mathrm{T}}=\boldsymbol{0} \qquad \boldsymbol{C}_j\boldsymbol{H}^{\mathrm{T}}=\boldsymbol{0}$$

令 $\boldsymbol{C}_i+\boldsymbol{C}_j=\boldsymbol{C}_k$，有

$$C_k H^{\mathrm{T}} = (C_i + C_j)H^{\mathrm{T}} = C_i H^{\mathrm{T}} + C_j H^{\mathrm{T}} = 0$$

显然，(n,k) 码中任意两个许用码字 C_i 与 C_j 之和仍为许用码字 C_k，结论得证。

2. 含有零码字

n 位长的零矢量 $\overbrace{(00\cdots0)}^{n}$ 为 (n,k) 线性分组码的许用码字。

3. 许用码字空间的基底

2^k 个许用码字中 k 个独立许用码字（又称基底）不只有一组，所有许用码字可由其中一组 k 个独立码字线性组合而成。由这 k 个独立许用码字以行矢量排列可得(n,k)线性分组码的生成矩阵 G。同一(n,k)线性分组码中由不同组的基底构成的生成矩阵 G 虽有不同，但它们是完全等价的。

4. 码的最小距离等于非零码的最小重量

码的重量是指在信道编码码组中非零码元的个数。对于二进制码，码的重量就是码组中“1”的个数，例如，“010”码的重量为 1，“110”码的重量为 2。

【证明】设(n,k)线性分组码中任意两个非零许用码字 $C_i, C_j \in C$，由封闭性有 $C_i + C_j = C_k \in C$。则 C_k 的码重等于 C_i, C_j 的码距离 $D(C_i, C_j)$，即

$$W(C_k) = W(C_i + C_j) = D(C_i, C_j)$$

因此

$$d_{\min} = D_{\min}(C_i, C_j) = W_{\min}(C_k)$$

由例 6.7 的(7, 3)线性码的 8 个码字计算 $d_{\min}$，除全零码字外，其余 7 个码字的最小重量 $W_{\min} = 4$，所以该(7, 3)线性码的最小距离 $d_{\min}=4$。该码的纠错能力是能纠正 1 个差错、检出 3 个差错（不同时）；或者是能纠正 1 个差错、检出 2 个差错（同时）。

5. 码的最小距离与一致校验矩阵 H 的关系

设(n,k)线性分组码 C 的校验矩阵为 H，则码的最小距离 $d_{\min}$ 的充要条件是 H 中任意($d_{\min}-1$)个列矢量线性无关，且有 $d_{\min}$ 个列矢量线性相关。（证明略）

本性质给我们指出了构造最小距离为 $d_{\min}$ 的线性分组码的思路。当所有列矢量相同时，其排列位置不同的 H 矩阵所对应的(n,k)码，都有相同的最小距离，则它们在纠错能力和码率上是完全等价的。也就是说，系统码和非系统码的纠错能力是相同的。由于系统码的编码、译码较非系统码简单，且 G 和 H 可以方便地互

求，因此一般只讨论系统码。

在例 6.9 中，已知一致校验矩阵，我们讨论其最小距离。从 $\boldsymbol{H}$ 立刻看到，任何三列相加均非零，即 3 列线性无关，而最少的相关列数为 4（如从右向左数第 2、3、4 及 7 列之和为零，这 4 列线性相关），由此得出码的最小距离 $d_{\min}=4$。我们根据最小码重计算出此码的最小距离也是 $d_{\min}=4$。

6.6.4　线性分组码的译码

只要找到 $\boldsymbol{G}$ 矩阵或 $\boldsymbol{H}$ 矩阵，便解决了编码问题。经编码后发送的码字，由于信道干扰可能出错，接收方怎样发现或纠正错误呢？这就是译码要解决的问题。我们先讨论表示发生传输错误的错误图样的概念。

1．错误图样

在二元无记忆 N 次扩展信道中，差错的形式也可以用二元序列来描述。

设发送码字为 $\boldsymbol{C}=(c_n c_{n-1}\cdots c_2 c_1)$，接收码字为 $\boldsymbol{R}=(r_n r_{n-1}\cdots r_2 r_1)$，两者的差别

$$\boldsymbol{E}=(e_n e_{n-1}\cdots e_2 e_1)=\boldsymbol{C}\oplus\boldsymbol{R} \tag{6.42}$$

称为**错误图样**。

如错误图样中的第 i 位为 $1(e_i=1)$，则表明传输过程中第 i 位发生了错误。显然，错误图样的汉明重量就是传输过程中发生的错误个数，即 $W(\boldsymbol{E})=e$。

例如，$\boldsymbol{R}$=(110000)，而 $\boldsymbol{C}$=(100001)，则 $\boldsymbol{E}=\boldsymbol{C}\oplus\boldsymbol{R}$=(010001)，可知接收的消息序列 $\boldsymbol{R}$ 中的第 1 位和第 5 位出现了错误，即 e_1 和 e_5 传输出现错误。

设数字信道为二元无记忆对称信道（BSC 信道），p 为错误传递概率（一般 $p\ll 1$），$\bar{p}$ 为正确传递概率，则 n 次无记忆扩展信道中，随机差错的错误图样 $\boldsymbol{E}$ 出现的概率为

$$p(\boldsymbol{E})=\bar{p}^{\,n-W(\boldsymbol{E})}p^{W(\boldsymbol{E})} \tag{6.43}$$

如果发生 e 位随机错误，则 $W(\boldsymbol{E})=e$，$p(\boldsymbol{E})=\bar{p}^{\,n-e}p^{e}$。随着发生错误个数 e 的增加，其发生的概率在降低。因此，采用简单的只纠正 1～2 位随机错误的纠错码，就能使误码率下降几个数量级。

n 长序列的所有错误图样的个数是

$$2^n=1+\binom{n}{1}+\binom{n}{2}+\cdots+\binom{n}{e}+\cdots+\binom{n}{n} \tag{6.44}$$

其中，$\binom{n}{e}$ 表示 e 位随机差错的错误图样个数。

2. 伴随式

译码的任务就是要从接收序列 $\boldsymbol{R}$ 中求出 $\boldsymbol{E}$，从而得到码字的估计值 $\boldsymbol{C}=\boldsymbol{R}\oplus\boldsymbol{E}$。

由于(n, k)码的任何一个码字 $\boldsymbol{C}$ 均满足式（6.35）或式（6.41），我们可将接收序列 $\boldsymbol{R}$ 用式（6.41）进行检验。若

$$\boldsymbol{R}\boldsymbol{H}^{\mathrm{T}}=(\boldsymbol{C}+\boldsymbol{E})\boldsymbol{H}^{\mathrm{T}}=\boldsymbol{C}\boldsymbol{H}^{\mathrm{T}}+\boldsymbol{E}\boldsymbol{H}^{\mathrm{T}}=\boldsymbol{E}\boldsymbol{H}^{\mathrm{T}}=\boldsymbol{0}$$

则接收序列 $\boldsymbol{R}$ 满足校验关系，可认为它是一个码字，反之，则认为 $\boldsymbol{R}$ 有错。

定义 6.5　设(n, k)码的一致校验矩阵为 $\boldsymbol{H}$，$\boldsymbol{R}$ 是发送码字为 $\boldsymbol{C}$ 时的接收序列，则称

$$\boldsymbol{S}=\boldsymbol{R}\boldsymbol{H}^{\mathrm{T}}=\boldsymbol{E}\boldsymbol{H}^{\mathrm{T}} \tag{6.45}$$

为接收序列 $\boldsymbol{R}$ 的**伴随式**（或**校正子**）。

显然，若错误图样 $\boldsymbol{E}$=0，则 $\boldsymbol{S}$=0，那么接收序列 $\boldsymbol{R}$ 就是发送的码字 $\boldsymbol{C}$；若 $\boldsymbol{E}\neq 0$，则 $\boldsymbol{S}\neq 0$，那么 $\boldsymbol{C}$ 在传输过程中有出错，如果从 $\boldsymbol{S}$ 得到 $\boldsymbol{E}$，则可从 $\boldsymbol{C}=\boldsymbol{R}+\boldsymbol{E}$ 恢复发送的码字。

如果将(n, k)码的一致校验矩阵 $\boldsymbol{H}$ 写成向量的形式，则有

$$\boldsymbol{H}=\begin{bmatrix} h_{1,n} & h_{1,n-1} & \cdots & h_{1,1} \\ h_{2,n} & h_{2,n-1} & \cdots & h_{2,1} \\ \vdots & \vdots & \ddots & \vdots \\ h_{r,n} & h_{r,n-1} & \cdots & h_{r,1} \end{bmatrix}=\begin{bmatrix} \boldsymbol{h}_n & \boldsymbol{h}_{n-1} & \cdots & \boldsymbol{h}_1 \end{bmatrix}$$

式中，$\boldsymbol{h}_i$ 对应 $\boldsymbol{H}$ 矩阵的某一列，它是一个 r 维的列向量。那么伴随式：

$$\boldsymbol{S}^{\mathrm{T}}=\boldsymbol{H}\boldsymbol{E}^{\mathrm{T}}=\begin{bmatrix} \boldsymbol{h}_n\boldsymbol{h}_{n-1}\cdots\boldsymbol{h}_1 \end{bmatrix}\begin{bmatrix} e_n \\ e_{n-1} \\ \vdots \\ e_1 \end{bmatrix}=e_n\boldsymbol{h}_n+e_{n-1}\boldsymbol{h}_{n-1}+\cdots+e_1\boldsymbol{h}_1 \tag{6.46}$$

式（6.46）说明：伴随式 $\boldsymbol{S}$ 是一致校验矩阵 $\boldsymbol{H}$ 的线性组合，如果错误图样中有一些分量不为 0，则在 $\boldsymbol{S}$ 中正好就是 $\boldsymbol{E}$ 中不为 0 的那几列 $\boldsymbol{h}_i$ 组合而成。由于 $\boldsymbol{h}_i$ 是 r 维的列向量，所以伴随式 $\boldsymbol{S}$ 也是一个 r 维向量。

例 6.10　例 6.7 所述的(7,3)二元线性分组码，计算分别接收序列 $\boldsymbol{R}_1$=(1010011)、$\boldsymbol{R}_2$=(1110011)、$\boldsymbol{R}_3$=(0011011)时的伴随式。

【解】该(7, 3)二元线性分组码的一致校验矩阵为

$$\boldsymbol{H}_{(7,3)}=\begin{bmatrix} 1 & 0 & 1 & 1 & 0 & 0 & 0 \\ 1 & 1 & 1 & 0 & 1 & 0 & 0 \\ 1 & 1 & 0 & 0 & 0 & 1 & 0 \\ 0 & 1 & 1 & 0 & 0 & 0 & 1 \end{bmatrix}$$

（1）当接收 $\boldsymbol{R}_1$ 时，接收端译码器根据接收序列计算的伴随式 $\boldsymbol{S}_1$ 为

$$S_1^{\mathrm{T}} = H_{(7,3)} R_1^{\mathrm{T}} = \begin{bmatrix} 1 & 0 & 1 & 1 & 0 & 0 & 0 \\ 1 & 1 & 1 & 0 & 1 & 0 & 0 \\ 1 & 1 & 0 & 0 & 0 & 1 & 0 \\ 0 & 1 & 1 & 0 & 0 & 0 & 1 \end{bmatrix} \begin{bmatrix} 1 \\ 0 \\ 1 \\ 0 \\ 0 \\ 1 \\ 1 \end{bmatrix} = \begin{bmatrix} 0 \\ 0 \\ 0 \\ 0 \end{bmatrix}$$

因此，译码器判别接收序列 $\boldsymbol{R}_1$ 无错，传输中没有发生错误。查阅表 6.2，可见是其中的码字。

（2）当接收 $\boldsymbol{R}_2$ 时，接收端译码器根据接收序列计算的伴随式 $\boldsymbol{S}_2$ 为

$$S_2^{\mathrm{T}} = H_{(7,3)} R_2^{\mathrm{T}} = \begin{bmatrix} 1 & 0 & 1 & 1 & 0 & 0 & 0 \\ 1 & 1 & 1 & 0 & 1 & 0 & 0 \\ 1 & 1 & 0 & 0 & 0 & 1 & 0 \\ 0 & 1 & 1 & 0 & 0 & 0 & 1 \end{bmatrix} \begin{bmatrix} 1 \\ 1 \\ 1 \\ 0 \\ 0 \\ 1 \\ 1 \end{bmatrix} = \begin{bmatrix} 0 \\ 1 \\ 1 \\ 1 \end{bmatrix}$$

由于 $\boldsymbol{S}_2 \neq 0$，所以译码器判别接收序列 $\boldsymbol{R}_2$ 有错，传输中发生了差错。该(7, 3)线性分组码能纠正一位码元的错误，观察伴随式 $\boldsymbol{S}_2$ 是 $\boldsymbol{H}$ 的第六列，因此可以判定接收序列中 r_6 发生了错误，从而可以推断发送的码字是(1010011)。

（3）当接收 $\boldsymbol{R}_3$ 时，接收端译码器根据接收序列计算的伴随式 $\boldsymbol{S}_3$ 为

$$S_3^{\mathrm{T}} = H_{(7,3)} R_3^{\mathrm{T}} = \begin{bmatrix} 1 & 0 & 1 & 1 & 0 & 0 & 0 \\ 1 & 1 & 1 & 0 & 1 & 0 & 0 \\ 1 & 1 & 0 & 0 & 0 & 1 & 0 \\ 0 & 1 & 1 & 0 & 0 & 0 & 1 \end{bmatrix} \begin{bmatrix} 0 \\ 0 \\ 1 \\ 1 \\ 0 \\ 1 \\ 1 \end{bmatrix} = \begin{bmatrix} 0 \\ 1 \\ 1 \\ 0 \end{bmatrix}$$

$\boldsymbol{S}_3 \neq 0$，所以译码器判别接收序列 $\boldsymbol{R}_3$ 有错，传输中发生了差错。但是 $\boldsymbol{S}_3$ 与 $\boldsymbol{H}$ 中的任何一列都不相同，因此发生差错不只是一位。由关系式（6.46）推断出错误图样 $\boldsymbol{E}$=(1001000)，或者 $\boldsymbol{E}$=(0100001)。前面已经分析该码的纠错能力是纠正 1 个差错，同时检出 2 个差错。这里由于发生了 2 个差错，因此能发现而不能纠正。

由上面的分析，可得如下结论：

（1）从式（6.45）可知伴随式 $\boldsymbol{S}$ 仅与错误图样 $\boldsymbol{E}$ 有关，它充分反映了信道受干扰的情况，而与发送的是什么码字无关。

（2）伴随式能判别码字传输是否发生错误。若 $\boldsymbol{S}$=0，则码字传输没有出错；若

$\boldsymbol{S} \neq 0$，则判断出错。

（3）不同的错误图样具有不同的伴随式，它们是一一对应的，对二元码来说，伴随式即为 $\boldsymbol{H}$ 矩阵中与错误图样对应的各列之和。

伴随式的计算可用电路来实现，例如我们一直在讨论的(7, 3)线性分组码，设接收序列 $\boldsymbol{R}=(r_7r_6r_5r_4r_3r_2r_1)$，则伴随式为

$$\boldsymbol{S}^{\mathrm{T}}=\boldsymbol{H}_{(7,3)}\boldsymbol{R}^{\mathrm{T}}=\begin{bmatrix}1&0&1&1&0&0&0\\1&1&1&0&1&0&0\\1&1&0&0&0&1&0\\0&1&1&0&0&0&1\end{bmatrix}\begin{bmatrix}r_7\\r_6\\r_5\\r_4\\r_3\\r_2\\r_1\end{bmatrix}=\begin{bmatrix}r_7+r_5+r_4\\r_7+r_6+r_5+r_3\\r_7+r_6+r_2\\r_6+r_5+r_1\end{bmatrix}=\begin{bmatrix}s_4\\s_3\\s_2\\s_1\end{bmatrix}$$

根据上式，可画出(7, 3)码的伴随式计算电路，如图 6-10 所示。

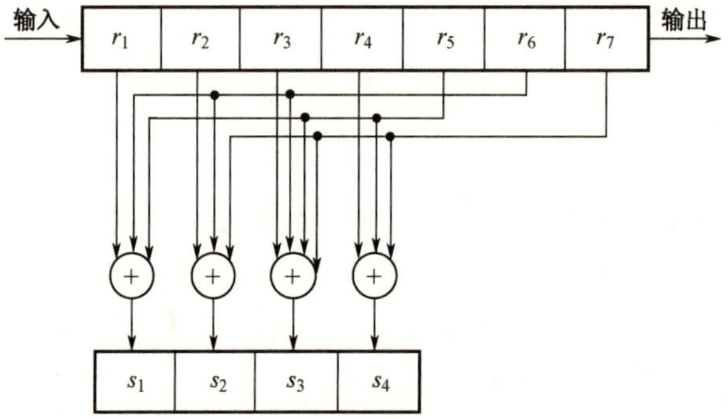

图 6-10　(7, 3)码的伴随式计算电路

3．标准阵列译码

6.2 节讨论了最大似然译码准则，对于二元对称信道而言，如果误码率很小，那么最大似然译码可以简化为最小汉明距离译码，简称汉明距离译码。汉明距离译码是一种硬判决译码，需要逐个比较接收序列与各种可能码字的汉明距离，选择汉明距离最小的码字作为译码估值。当码字长度较短时，汉明译码是一种简单的译码方式；当码字很长时，可能码字的数量很大，则查找最小汉明距离的比较工作过于烦琐，难以保证译码的实时性要求。在工程上，寻找更为快速、有效的译码实现算法是必要的。

利用校验矩阵 $\boldsymbol{H}$ 计算伴随式 $\boldsymbol{S}$，可以直接判断接收的序列 $\boldsymbol{R}$ 是否传输出错，但是需要纠错后才能译码。伴随式 $\boldsymbol{S}$ 中包含了差错样式，$\boldsymbol{S}$ 反映了差错图样的特征，并不能反映传输码字的特征，共有 2^n 种可能的差错图样 $\boldsymbol{E}$，但是只有 2^{n-k} 种可能的伴随式，结果是不同的差错图样具有相同的伴随式。即伴随式 $\boldsymbol{S}$ 与错误图

样 $\boldsymbol{E}$ 之间是一对多的映射，所以出现译码错误在所难免，但是对于在纠错能力范围的差错，应当保证译码的唯一性。

由于 $\boldsymbol{S}$ 为 r 维矢量，而 $\boldsymbol{E}$ 为 n 维矢量，所以对于给定的 $\boldsymbol{S}$ 取值，方程 $\boldsymbol{S}=\boldsymbol{EH}^{\mathrm{T}}$ 的解不是唯一的。满足方程 $\boldsymbol{S}=\boldsymbol{EH}^{\mathrm{T}}$ 的矢量 $\boldsymbol{E}$ 共有 2^k 个，但是译码器只能从中挑选一个解，究竟选择哪个解？合理的方法是以最小错误概率为准则，式（6.43）指出，随机差错的错误图样 $\boldsymbol{E}$ 的重量越轻，出现的概率越高，因此，当误码率一定时，就选择所有解中重量最轻的差错图样作为估值 $\hat{\boldsymbol{E}}$。由于 $\boldsymbol{E}=\boldsymbol{C}\oplus\boldsymbol{R}$，因此 $\boldsymbol{E}$ 的重量最小就是 $\boldsymbol{C}$、$\boldsymbol{R}$ 的汉明距离最小，所以这种译码方式实际上就是最小汉明译码，也是最大似然译码。

但是这种译码方法运算量太大，每接收一个码字译码器都要计算出伴随式，然后再解方程组找到重量最小的 $\boldsymbol{E}$。考虑到伴随式 $\boldsymbol{S}$ 取值只有 2^{n-k} 种可能，且其值可以根据 $\boldsymbol{S}=\boldsymbol{RH}^{\mathrm{T}}$ 直接计算。对于给定的 $\boldsymbol{S}$ 可以根据最小汉明距离译码方法，事先确定一个唯一的差错图样 $\boldsymbol{E}$ 与之对应，这样就可以按照所有 $\boldsymbol{S}$ 的取值构造一个标准阵列译码表，译码时不需要解方程，只需要查表就可以实现快速译码。

下面是构造标准阵列译码表的一般方法：

第一步：用概率译码确定各伴随式对应的差错图案。将 $\boldsymbol{S}$ 的可能取值逐一代入方程式（6.45），对应每个 $\boldsymbol{S}$ 都有 $\boldsymbol{E}$ 的 2^k 个解，可以取其中重量最小者为 $\boldsymbol{E}$ 的估值。$\boldsymbol{S}$ 有 2^{n-k} 种取值，因此需要解 2^{n-k} 次方程组。这里很可能会出现一种情况：$\boldsymbol{E}$ 的 2^k 个解中有两个或两个以上并列重量最小，到底取哪个？出现这种情况后实际上就找不出最优解了，所以重要的问题在于根本不让此类问题发生，这正是后面将介绍的完备码的应用。

第二步：确定标准阵列译码表的第一行和第一列。鉴于接收码 $\boldsymbol{R}$ 有 2^n 种可能的取值，伴随式 $\boldsymbol{S}$ 有 2^{n-k} 种可能的取值，码字 $\boldsymbol{C}$ 有 2^k 种可能的取值，所以译码表设计成有 2^{n-k} 行、2^k 列。可以在第一行的 2^k 格放置 2^k 个码字 $\boldsymbol{C}_i$，$(i=0,1,\cdots,2^k-1)$，这就是无差错时的接收码，此时伴随式 $S_0=(00\cdots0)$，错误图样 $\boldsymbol{E}_0=(00\cdots0)$，$\boldsymbol{R}=\boldsymbol{C}+\boldsymbol{E}_0=\boldsymbol{C}$，即接收码等于发送码。还可以在第一列的 2^{n-k} 格放置 $\boldsymbol{S}$ 的 2^{n-k} 可能取值所对应的线性方程组的最轻解，这些解按概率大小排列，重量轻者在先，重量大者在后。第一列的首位一定存放全零伴随式 S_0 所对应的全零错误图样 E_0，译码正确概率为 $(1-p)^n$；接下来的第 2～$(n+1)$位填上所有重量为 1 的错误图样 $(10\cdots00),(01\cdots00),\cdots,(00\cdots01)$，共 n 个，这些错误图样对应 n 个伴随式值 $S_1\sim S_{n+1}$，译码正确概率为 $p(1-p)^{n-1}$；如果此时第一列还有多余的格子，即 $(1+n)<2^{n-k}$，接着再在后面格中填入带 2 个差错的错误图样 $(11\cdots00),(011\cdots00),\cdots,$ $(00\cdots011),(101\cdots00),\cdots$ 最多 $\binom{n}{2}$ 个。如所占行数 $\left(1+n+\binom{n}{2}\right)$ 仍小于 2^{n-k}，再列出

带 3 个差错的图样，以此类推直到放满为止。

第三步：在码表的第$(j+1)$行、第$(i+1)$列填入$\boldsymbol{C}_i+\boldsymbol{E}_j$（见表 6.3）。

表 6.3　标准阵列译码表

$S_0 \Leftarrow E_0$	$E_0+C_0=0+0=0$	$E_0+C_1=C$	…	$E_0+C_i=C$	…	$E_0+C_{2^k-1}=C_{2^k-1}$
$S_1 \Leftarrow E_1$	$E_1+C_0=E_1$	E_1+C_1	…	E_1+C_i	…	$E_1+C_{2^k-1}$
$S_2 \Leftarrow E_2$	$E_2+C_0=E_2$	E_2+C_1	…	E_2+C_i	…	$E_2+C_{2^k-1}$
⋮	⋮	⋮	…	⋮	…	⋮
$S_j \Leftarrow E_j$	$E_j+C_0=E_j$	E_j+C_1	…	E_j+C_i	…	$E_j+C_{2^k-1}$
⋮	⋮	⋮	…	⋮	…	⋮
$S_{2^{n-k}-1} \Leftarrow E_{2^{n-k}-1}$	$E_{2^{n-k}-1}+C_0=E_{2^{n-k}-1}$	$E_{2^{n-k}-1}+C_1$	…	$E_{2^{n-k}-1}+C_i$	…	$E_{2^{n-k}-1}+C_{2^k-1}$

显然，标准阵列译码表同一行的每列中包含同一个错误图样和相同的伴随式，同一列的每行中包含同一个码字，表中元素的总数是2^n，与接收矢量所有可能取值相对应，也就是说译码表包含了所有接收序列，没有重复也没有遗漏。

线性分组码的标准阵列表具有如下特性：

（1）表中每一行称为一个**陪集**，该行的首位元素 $E_j(j=0,1,\cdots,2^{n-k}-1)$称为**陪集首**。把错误图样作为陪集首，则同一陪集中的所有元素都对应相同的伴随式。不同陪集有不同的陪集首，也就对应不同的伴随式。

（2）表中各列以各码字为基础，将2^n个接收序列划分成不相交的2^k个子集。每个子集对应于同一个许用码字$\boldsymbol{C}_i$，它是每列子集的**子集首**。列子集各元素是同一许用码字$\boldsymbol{C}_i$在信道中发生若干错误得到的，同列中各元素对应的是不同的错误图样。而且列子集中各元素与许用码字$\boldsymbol{C}_i$距离最近，即各元素与许用码字的距离等于错误图样$\boldsymbol{E}_j$的重量$W(\boldsymbol{E}_j)$。根据建表过程可知，选取的陪集首都是重量为最轻的错误图样。所以，列子集的划分是满足最大似然译码准则的。

对于构造好的标准阵列译码表和接收码字$\boldsymbol{R}$可以采用下列三种方法进行译码：

（1）直接在水平、垂直两个方向对译码表进行二维搜索，然后沿着阵列的列找到对应的编码码字，将其作为译码输出。这种译码方式的特点是，当 n 值较大时，搜索量较大，从而降低了译码速度。

（2）首先计算伴随式 $\boldsymbol{S}=\boldsymbol{R}\boldsymbol{H}^{\mathrm{T}}$，根据伴随式的值确定接收码字所在行，沿着该行逐个搜索各个元素，找到 $\boldsymbol{R}$ 对应的列，将该列的第 1 个元素作为译码输出。这种译码方式可以减少搜索量，但是需要计算伴随式的值。

（3）最后一种方法不需要构造译码表，其实现方法是计算伴随式 $\boldsymbol{S}=\boldsymbol{R}\boldsymbol{H}^{\mathrm{T}}$的值，同时确定$\boldsymbol{S}$所对应的错误图样$\hat{\boldsymbol{E}}$，译码输出为$\hat{\boldsymbol{C}}=\boldsymbol{R}+\hat{\boldsymbol{E}}$。

当然无论采用上述译码方式的哪一种，都会面临一个问题：由于伴随式的值 $\boldsymbol{S}_i$ 与错误图样 $\boldsymbol{E}_i$ 不是一一对应的，译码错误在所难免。实际上由于码的纠错能力 t 是一定的，一旦错误图样 $\boldsymbol{E}_i$ 的最小重量超过 t，就有可能出现译码错误。所以在构造标准阵列译码表时，对于所有满足给定伴随式的差错图样 $\boldsymbol{E}_i$，如果最小重量都大于 t，可以选择最小重量的任意错误图样作为 $\boldsymbol{S}_i$ 对应的错误图样。但是每个 $\boldsymbol{E}_i$ 只能选择一次，这样可以保证译码表中所有的元素都是唯一的。反之，如果存在一个满足方程 $\boldsymbol{S}=\boldsymbol{E}\boldsymbol{H}^{\mathrm{T}}$、具有最小重量的错误图样 $\boldsymbol{E}_i$，当最小重量小于 t 时，则这样的错误图样 $\boldsymbol{E}_i$ 是唯一的。换句话说，在纠错能力范围内的差错是可以纠正的。

例 6.11　已知某(5, 2)系统线性码的生成矩阵，设接收码 $\boldsymbol{R}$=(11011)，请先构造该码的标准阵列译码表，然后译出发送码的估值 $\hat{\boldsymbol{C}}$。

$$\boldsymbol{G}_{(5,2)}=\begin{bmatrix}1&0&1&1&1\\0&1&1&0&1\end{bmatrix}$$

【解】 分别将信息组 $\boldsymbol{m}=(00),(01),(10),(11)$ 及已知的 $\boldsymbol{G}$ 代入式(6.29)，求得 4 个许用码字为 $\boldsymbol{C}_0=(00000),\boldsymbol{C}_1=(01101),\boldsymbol{C}_2=(10111),\boldsymbol{C}_3=(11010)$。

由式（6.31）、式（6.39）和式（6.40），求得校验矩阵为

$$\boldsymbol{H}_{(5,2)}=\begin{bmatrix}1&1&1&0&0\\1&0&0&1&0\\1&1&0&0&1\end{bmatrix}$$

伴随式有 $2^{n-k}=2^3=8$ 种组合，而错误图样除了代表无差错的全零图样外，代表一个差错的图样有 $\begin{pmatrix}5\\1\end{pmatrix}$=5 种，代表两个差错的图案有 $\begin{pmatrix}5\\2\end{pmatrix}$=10 种。要把 8 个伴随式对应到 8 个最轻的错误图样，无疑应选择正确译码概率最大的全零错误图样和 5 种一个差错的图样。剩下的两个伴随式，不得不在 10 种两个差错的图样中选取其中两个。

先将 $\boldsymbol{E}_j$=(00000), (10000), (01000), (00100), (00010), (00001)代入式（6.45），解得对应的 $\boldsymbol{S}_j$ 分别是(000), (111), (101), (100), (010), (001)。剩下的两个伴随式是(011), (110)，每个有 2^k 种解，对应 2^k 个错误图样。本例伴随式(011)的 2^2 个解（错误图样）是(00011), (10100), (01110), (11001)，其中(00011)和(10100)并列为最小重量，并只能选择其中之一作为解，比如选择后者(10100)。若问为什么不选(00011)，我们将无言以对，因为如选前者从译码正确概率来看是一样的，这里的非唯一性正是这种译码方法导致译码错误的主要原因。同理，可选择本题伴随式(110)所对应的最轻错误图样之一(10001)。至此，根据 4 个码字和 8 个错误图样，可列出标准阵列译码表 6.4。

表 6.4　(5,2)线性码的标准阵列译码表

$S_0 = 000$	$E_0 + C_0 = 00000$	$C_1 = 10111$	$C_2 = 01101$	$C_3 = 11010$
$S_1 = 111$	$E_1 = 10000$	00111	11101	01010
$S_2 = 101$	$E_2 = 01000$	11111	00101	10010
$S_3 = 100$	$E_3 = 00100$	10011	01001	11110
$S_4 = 010$	$E_4 = 00010$	10101	01111	11000
$S_5 = 001$	$E_5 = 00001$	10110	01100	11011
$S_6 = 011$	$E_6 = 10100$	00011	11001	01110
$S_7 = 110$	$E_7 = 10001$	00110	11100	01011

若接收码 ***R***=(11011)，可用以下 3 种方法之一译码：

（1）直接对码表做行、列两维搜索，找到(11011)，它所在列的子集首是(11010)，因此译码输出为(11010)。

（2）先计算伴随式 $\boldsymbol{R}\boldsymbol{H}^{\mathrm{T}} = (11011)\boldsymbol{H}^{\mathrm{T}} = (001) = \boldsymbol{S}_5$，确定 $\boldsymbol{S}_5$ 所在行，再沿着行对码表做一维搜索找到(11011)，最后按其所在列向上找出码字(11010)。

（3）先计算伴随式 $\boldsymbol{R}\boldsymbol{H}^{\mathrm{T}} = (001) = \boldsymbol{S}_5$，并确定 $\boldsymbol{S}_5$ 所对应的陪集首（错误图样）$\boldsymbol{E}_5 = (00001)$，再将陪集首与接收码相加得到码字 $\boldsymbol{C} = \boldsymbol{R} + \boldsymbol{E}_5 = (11011) + (00001) = (11010)$。

上述方法从（1）到（3），查表的时间下降而运算量增大，可针对不同情况选用。

进一步分析，本例(5, 2)线性码码集的 4 个码字中，除全零码外最轻码的重量 ***W***(***E***)=3，则码的最小距离 $d_{\min}$=3，因此其纠错能力 t=1。在制定标准阵列译码表过程中，由 ***S*** 决定错误图样 ***E*** 时只有前 6 行真正体现了最大似然译码准则，而第 7，8 行错误图样的选择不具有唯一性。比如第 7 行可有(00011), (10100)两个选择，如果制作码表当初选的 $\boldsymbol{E}_6$ 不是(10100)而是(00011)，那么码表第 7 行的 4 个元素应是(00011),(10100),(01110),(11001)。设想接收码 ***R***=(10100)，若制表时选 $\boldsymbol{E}_6$ =(10100)，则译码输出 ***C***=(00000)；若制表时选 $\boldsymbol{E}_6$ =(00011)，则译码输出 ***C***=(10111)。两种情况下接收码 ***R*** 和译码 ***C*** 的汉明距离都是 2，因此正确译码的概率也是一样的，区分不出哪个更好些。产生这种结果的原因是前 6 行错误图样的重量不大于 1，在 t=1 的纠错能力范围之内，而第 7,8 行错误图样的重量已大于 1，超出了纠错能力范围。由此想到，伴随式的个数 2^{n-k} 应该与 $\{n,k,t\}$ 形成一定的数量关系，因此后面提出了线性分组码之完备码的概念。

4．简化译码表

利用标准阵列译码时，需要将标准阵列的 2^n 个 ***R*** 存入译码器，译码器的复杂

性将随 n 呈指数增大，这使标准阵列译码方法的适用性受到一定限制。

如果注意到表 6.3 中错误图样与伴随式的对应关系，可将标准阵列译码表简化：只构造 $\boldsymbol{S}_i$ 与 $\boldsymbol{E}_i$ 的对应表。译码器只需存储 2^{n-k} 个长为 $(n-k)$ 的矢量 $\boldsymbol{S}_i$ 和 2^{n-k} 个 n 长的错误图样矢量 $\boldsymbol{E}_i$，存储量可大大降低，使译码简化。

译码时，先由接收码 $\boldsymbol{R}$ 计算伴随式 $\boldsymbol{S}=\boldsymbol{R}\boldsymbol{H}^{\mathrm{T}}$，在简化译码表中查出 $\boldsymbol{S}$ 的对应错误图样 $\hat{\boldsymbol{E}}$，再计算 $\boldsymbol{R}+\hat{\boldsymbol{E}}=\hat{\boldsymbol{C}}$，输出 $\hat{\boldsymbol{C}}$ 为译出的码字。如例 6.11 中，列出简化译码表 6.5，$\boldsymbol{R}$=（11011），计算出 $\boldsymbol{S}=\boldsymbol{R}\boldsymbol{H}^{\mathrm{T}}=(001)$，在简化译码表 6.5 中查到 $\boldsymbol{S}$ 对应的 $\hat{\boldsymbol{E}}=(00001)$，则输出 $\hat{\boldsymbol{C}}=\boldsymbol{R}+\hat{\boldsymbol{E}}=(11010)$。

表 6.5　例 6.11 中(5,2)线性码的简化译码表

$\boldsymbol{S}_j$	000	111	101	100	010	001	011	110
$\boldsymbol{E}_j$	00000	10000	01000	00100	00010	00001	10100	10001

由于 (n, k) 线性码中的 n, k 都较大，即使只存储简化译码表，存储量仍相当大。但近年来，由于大规模集成电路的发展，存储器的容量大大增加，体积更加缩小，价格又日益下降，因此这种译码方法有相当好的应用前景。

6.6.5　汉明码

1. 完备码

任意 (n, k) 线性码有 2^{n-k} 个伴随式，可以纠正小于等于 $t=[(d_{\min}-1)/2]$ 个随机错误。故凡重量不大于 t 的错误图样，都对应有唯一确定的伴随式。这样，伴随式的数目必须满足条件

$$2^{n-k} \geqslant \binom{n}{0}+\binom{n}{1}+\binom{n}{2}+\cdots+\binom{n}{t}=\sum_{i=0}^{t}\binom{n}{i} \tag{6.47}$$

式（6.47）称为**汉明限**。任何能纠正小于等于 t 个错误的码，都必须满足此条件。

若式（6.47）中等号成立，则码的伴随式数目恰好与不大于 t 个差错的错误图样数目相等，即所有伴随式与可纠正的小于等于 t 个差错的全部错误图样一一对应。这时标准阵列表中第 1 列的陪集首，恰好是全部重量小于等于 t 的错误图样，不再会有其他重量大于 t 的错误图样列入。这种满足汉明限等号成立的二元 (n, k) 线性码称为完备码。迄今为止，发现的完备码只有可纠正 1 位差错的二元汉明码、纠正 2 位差错的三元格雷码[(11,6)线性码，$d_{\min}=5$]、纠正 3 位差错的二元格雷码[(23,12)线性码，$d_{\min}=7$]，以及最小距离为 n（n 为奇数）的任意 $(n, 1)$ 二元重复码。

2. 汉明码

汉明码于 1950 年由汉明（Hamming）首先构造和提出，它是一类可以纠正 1 位随机错误的高效的线性分组码。由于汉明码具有良好的性质，如它是完备码、编译码方法简单、传输效率高等，使它获得广泛应用，尤其是在计算机的存储和运算系统中更常用到。

我们把可以纠正 1 位随机错误的完备的线性分组码称为**汉明码**。

由于汉明码是纠正 1 位随机错误的码，因此汉明码的最小距离 $d_{\min}=3$。汉明码是完备码，汉明限的等号成立，即

$$2^{n-k}=\binom{n}{0}+\binom{n}{1}=1+n$$

因为校验位数 $r=n-k$，汉明码位数 $n=2^r-1$，则码率

$$R=\frac{n}{k}=\frac{n-r}{k}=1-\frac{r}{2^r-1}$$

汉明码的构造比较简单。线性分组码的性质 5 指出，要纠正 1 位随机错误，其 $\boldsymbol{H}$ 矩阵中必须任意 2 列线性无关，即要求 $\boldsymbol{H}$ 矩阵中无相关的列矢量，也无全零矢量，且长为 r 的列矢量共有 2^r-1 个。所以 $\boldsymbol{H}$ 矩阵的所有列矢量正好是全部长为 r 的二元序列（除零序列以外）。把这些长为 r 的二元序列按列排成矩阵，就得到了纠正 1 位差错的汉明码的一致校验矩阵。任意调换 $\boldsymbol{H}$ 矩阵中列矢量的位置，并不影响码的纠错能力。因此，我们根据译码的需要而常常构造出下面两种形式的 $\boldsymbol{H}$。

（1）$\boldsymbol{H}$ 矩阵中的列矢量按照其对应的二进制数由大到小的顺序排列。

将 r 长的二元序列看成一个二进制数（对应十进制数 j），将此序列放置在 $\boldsymbol{H}$ 的第 j 列。这样，译码时无须采用标准阵列表和简化译码表，当检测出伴随式后，将伴随式的二元序列看成一个二进制数，换算成十进制数 j，则表明传输码字 $(c_n c_{n-1}\cdots c_j\cdots n_2 n_1)$ 的第 j 位 $(j=1,2,\cdots,n)$ 发生了错误，便可以直接纠正并译码。$\boldsymbol{H}$ 的形式为

$$\boldsymbol{H}_{Hamming}=\begin{bmatrix}1 & 1 & \cdots & 0 & 0\\ 1 & 1 & \cdots & 0 & 0\\ \vdots & \vdots & \cdots & \vdots & \vdots\\ 1 & 1 & \cdots & 1 & 0\\ 1 & 0 & \cdots & 0 & 1\end{bmatrix} \tag{6.48}$$

例 6.12　取 r=3，构造一个二元汉明码 $\left(2^r-1,2^r-1-r\right)$。若接收序列 $\boldsymbol{R}$=(0110110)，试判断发送的码字。

【解】 当 $r=3$ 时，构造 $\left(2^r-1,2^r-1-r\right)$=(7,4) 汉明码。根据上面的分析和式（6.48），得到(7, 4)汉明码的 $\boldsymbol{H}$ 矩阵为

$$
\boldsymbol{H}_{Hamming}=\begin{bmatrix}1&1&1&1&0&0&0\\1&1&0&0&1&1&0\\1&0&1&0&1&0&1\end{bmatrix}
$$

H 矩阵的所有列矢量正好是全部长为 3 的二元序列（除零序列以外），每个序列放置在其二进制数对应的位置序号上。如序列(011)放置在矩阵右数的第 3 列位置上。根据式(6.37)得到一致校验方程

$$
\begin{cases}c_4=c_7+c_6+c_5\\c_2=c_7+c_6+c_3\\c_1=c_7+c_5+c_3\end{cases}
$$

令 $c_3=m_1,c_5=m_2,c_6=m_3,c_7=m_4$，计算本汉明码如表 6.6 所示。

表 6.6　例 6.12(7, 4)汉明码

信息码元				码字					信息码元				码字				
m_4	m_3	m_2	m_1	c_7	c_6	c_5	c_4	c_3	m_4	m_3	m_2	m_1	c_7	c_6	c_5	c_4	c_3
						c_2	c_1								c_2	c_1	
0	0	0	0	0	0	0	0	0	1	0	0	0	1	0	0	1	0
						0	0								1	1	
0	0	0	1	0	0	0	0	1	1	0	0	1	1	0	0	1	1
						1	1								0	0	
0	0	1	0	0	0	1	1	0	1	0	1	0	1	0	1	0	0
						0	1								1	0	
0	0	1	1	0	0	1	1	1	1	0	1	1	1	0	1	0	1
						1	0								0	1	
0	1	0	0	0	1	0	1	0	1	1	0	0	1	1	0	0	0
						1	0								0	1	
0	1	0	1	0	1	0	1	1	1	1	0	1	1	1	0	0	1
						0	1								1	0	
0	1	1	0	0	1	1	0	0	1	1	1	0	1	1	1	1	0
						1	1								0	0	
0	1	1	1	0	1	1	0	1	1	1	1	1	1	1	1	1	1
						0	0								1	1	

若接收序列 ***R***=(0110110)，计算伴随式 $\boldsymbol{S}=\boldsymbol{RH}^{\mathrm{T}}=(010)$，序列(010)是 ***H*** 矩阵中右数第 2 列的列矢量，其对应的二进制数是 $(010)_2=(2)_{10}$，可判定 ***R*** 中第 2 位码元出错，改错后得发送的码字 $\hat{\boldsymbol{C}}$=(0110100)。

（2）系统汉明码的校验矩阵 ***H***。

我们只需调换上述 $\boldsymbol{H}_{Hamming}$ 中列矢量的位置，就可获得其中一种系统汉明码的校验矩阵 $\boldsymbol{H}_{(7,4)H}$，并可直接获得生成矩阵 $\boldsymbol{G}_{(7,4)H}$，此生成矩阵计算得到的 16 个码

字如表 6.7 所示。由表 6.7 中码字的重量计算码字的最小距离与表 6.6 相同，都是 $d_{\min}=3$，能纠正 1 个码元的错误。

表 6.7　(7, 4)系统汉明码

信息码元				码字					信息码元				码字				
m_4	m_3	m_2	m_1	c_7	c_6	c_5	c_4	c_3	m_4	m_3	m_2	m_1	c_7	c_6	c_5	c_4	c_3
						c_2	c_1								c_2	c_1	
0	0	0	0	0	0	0	0	0	1	0	0	0	1	0	0	0	1
						0	0								0	1	
0	0	0	1	0	0	0	1	0	1	0	0	1	1	0	0	1	1
						1	1								1	0	
0	0	1	0	0	0	1	0	1	1	0	1	0	1	0	1	0	0
						1	0								1	1	
0	0	1	1	0	0	1	1	1	1	0	1	1	1	0	1	1	0
						0	1								0	0	
0	1	0	0	0	1	0	0	1	1	1	0	0	1	1	0	0	0
						1	1								1	0	
0	1	0	1	0	1	0	1	1	1	1	0	1	1	1	0	1	0
						0	0								0	1	
0	1	1	0	0	1	1	0	0	1	1	1	0	1	1	1	0	1
						0	1								0	0	
0	1	1	1	0	1	1	1	0	1	1	1	1	1	1	1	1	1
						1	0								1	1	

$$\boldsymbol{H}_{(7,4)H}=\begin{bmatrix}1&1&1&0&1&0&0\\0&1&1&1&0&1&0\\1&1&0&1&0&0&1\end{bmatrix}\rightarrow\boldsymbol{G}_{(7,4)H}=\begin{bmatrix}1&0&0&0&1&0&1\\0&1&0&0&1&1&1\\0&0&1&0&1&1&0\\0&0&0&1&0&1&1\end{bmatrix}$$

若接收序列 $\boldsymbol{R}$=(0110110)，计算伴随式 $\boldsymbol{S}=\boldsymbol{R}\boldsymbol{H}^{\mathrm{T}}=(111)$，序列(111)是 $\boldsymbol{H}_{(7,4)H}$ 矩阵中左数第 2 列的列矢量，可判定 $\boldsymbol{R}$ 中第 6 位码元出错，改错后得发送的码字 $\hat{\boldsymbol{C}}=(0010110)$。

设码字 $\boldsymbol{C}=(c_7c_6c_5c_4c_3c_2c_1)$，此系统汉明码的一致校验方程为

$$\begin{cases}c_3=c_7+c_6+c_5\\c_2=c_6+c_5+c_4\\c_1=c_7+c_6+c_4\end{cases}$$

据此，(7, 4)系统汉明码的编码电路原理图如图 6-11 所示。

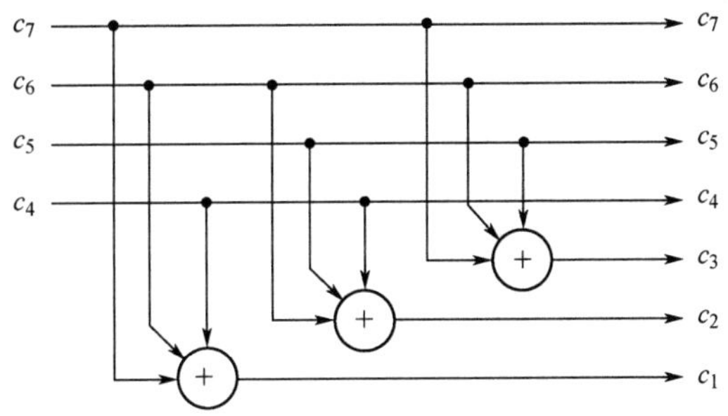

图 6-11 (7, 4)系统汉明码的编码电路原理图

系统汉明码的译码可以采用计算伴随式，然后确定错误图样并加以纠正的方法。图 6-12 所示为（7, 4）系统汉明码的译码电路原理图。图中，校正子即指伴随式，生成的伴随式是 3 位矢量，其矢量是 $\boldsymbol{H}_{(7,4)H}$ 矩阵中右数第 4～7 列矢量时，可直接纠正对应的信息元 $c_4 \sim c_7$。当伴随式输出为 0 时，“错误指示”输出无效电平，码字序列直接输出信息组；当伴随式输出不为 0 时，“错误指示”输出有效电平，表明传输出错，且码字序列经过纠正后输出信息组。

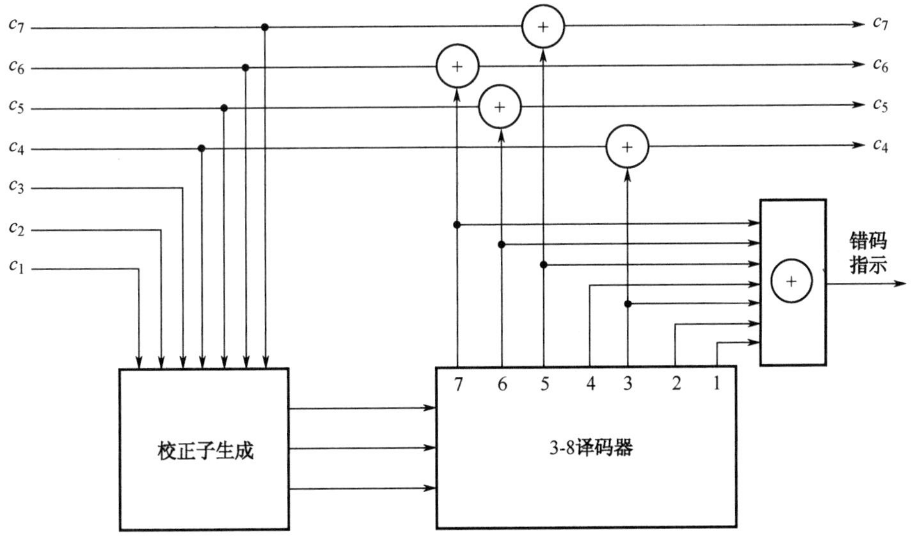

图 6-12 (7, 4)汉明码的译码电路原理图

显然，(7, 4)汉明码的 $\boldsymbol{H}$ 矩阵并非只有以上两种。因为(n, k)汉明码的一致校验矩阵有 n 列 r 行，它的 n 列由除了全 0 以外的 r 位码组构成，每个码组只在某列中出现一次，$\boldsymbol{H}$ 矩阵中各列的次序是可以任意改变的。

思　考　题

6.1　在信道传输层面，有哪些常用的差错控制方式？

6.2　译码规则的定义是什么？

6.3　常用的译码准则有哪些？请叙述三种译码准则的内容，并指出各译码准则分别使用什么参数条件来制定译码规则。哪些译码准则可以获得最小平均错误概率？或者在什么条件下可以获得最小平均错误概率？

6.4　什么是简单重复编码？并指出这种编码的主要优缺点。

6.5　什么是码字的汉明距离？什么是码的最小距离？信道编码的平均错误概率与哪些因素有关？

6.6　表述有噪信道编码定理的内容。

6.7　请写出信道编码的检错和纠错能力与码的最小距离之间的关系式。

6.8　请解释线性分组码涉及的基本概念：信息元、校验元、许用码字、码的重量、错误图样、分组码的码率、伴随式、完备码。

6.9　线性分组码的生成矩阵的行数与列数是多少？分别与什么因素有关？生成矩阵的直接用途是什么？

6.10　线性分组码的一致校验矩阵的行数与列数是多少？分别与什么因素有关？一致校验矩阵的直接用途是什么？

6.11　线性分组码有哪些性质？

6.12　线性分组码一般采用什么译码方式？

6.13　什么是汉明码？如何构造 $\boldsymbol{H}$ 矩阵可以直接纠错并译码？

习　　题

6.1　设有一离散无记忆信道，其信道矩阵为

$$\boldsymbol{P}=\begin{bmatrix}1/2 & 1/3 & 1/6\\ 1/6 & 1/2 & 1/3\\ 1/3 & 1/6 & 1/2\end{bmatrix}$$

（1）若信源输入符号是等概率的，求最佳译码函数和平均错误概率；（2）若信源输入符号概率是 $p(x_1)=1/2,\quad p(x_2)=p(x_3)=1/4$，求最佳译码函数和平均错误概率。

6.2　某信道的输入、输出符号集合分别为 $\{x_1,x_2\}$ 和 $\{y_1,y_2,y_3,y_4\}$，而且信道传递矩阵为

$$\boldsymbol{P}=\begin{bmatrix}0.7 & 0.1 & 0.1 & 0.1\\ 0.1 & 0.1 & 0.1 & 0.7\end{bmatrix}$$

信道输入符号概率为 $p(x_1)=0.4$，$p(x_2)=0.6$，分别采用最大后验概率准则和最大似然译码准则进行译码，制定译码函数，并计算相应的译码平均错误概率。

6.3　设有一离散无记忆信道，其信道矩阵为

$$\boldsymbol{P}=\begin{bmatrix}1/2 & 1/2 & 0 & 0 & 0\\ 0 & 1/2 & 1/2 & 0 & 0\\ 0 & 0 & 1/2 & 1/2 & 0\\ 0 & 0 & 0 & 1/2 & 1/2\\ 1/2 & 0 & 0 & 0 & 1/2\end{bmatrix}$$

（1）计算该信道的信道容量；（2）找出一个码长为 2 的重复码，其信息传输率为 $\frac{1}{2}\log 5$。当输入码字为等概率分布时，如果按最大似然译码规则设计译码器，给出一种译码规则，求译码器输出端的平均错误概率。

6.4　某离散无记忆信道的误码率为 0.01，现有两个码子{0000,1111}通过信道传输，信道输入码字等概率分布，如果采用最大似然译码准则译码，写出所有可能的接收码字，并计算平均错误概率 P_E。

6.5　计算码长 n=5 的二元重复码的译码错误概率，假设无记忆二元对称信道的错误概率 $p=0.01$。此码能检出多少位的错误？或者能纠正多少位的错误？

6.6　设某二元码为 $\boldsymbol{C}=\{00111, 01001, 10010, 11100\}$。

（1）计算此码的最小距离 $d_{\min}$；

（2）计算此码的码率 $\boldsymbol{R}$，假设码字等概率输入；

（3）采用最小距离译码准则，问接收序列 11010，10111 和 11011 时应译成什么码字？

（4）此码能纠正几位码元的错误？

6.7　设二元(6, 3)码的生成矩阵为

$$\boldsymbol{G}=\begin{bmatrix}1 & 0 & 0 & 0 & 1 & 1\\ 0 & 1 & 0 & 1 & 0 & 1\\ 0 & 0 & 1 & 1 & 1 & 0\end{bmatrix}$$

试给出其一致校验矩阵。

6.8　设二元 (7,4) 码的生成矩阵为

$$\boldsymbol{G}=\begin{bmatrix}1 & 0 & 0 & 0 & 1 & 1 & 1\\ 0 & 1 & 0 & 0 & 1 & 0 & 1\\ 0 & 0 & 1 & 0 & 0 & 1 & 1\\ 0 & 0 & 0 & 1 & 1 & 1 & 0\end{bmatrix}$$

（1）求该码的所有码字；

（2）求该码的一致校验矩阵。

6.9　设一个 (8, 4) 系统码其一致校验方程为

$$\begin{cases} c_1 = m_4 + m_3 + m_2 \\ c_2 = m_3 + m_2 + m_1 \\ c_3 = m_4 + m_2 + m_1 \\ c_4 = m_4 + m_3 + m_1 \end{cases}$$

式中，m_1, m_2, m_3, m_4 是信息元，c_1, c_2, c_3, c_4 是校验元，求该码的生成矩阵 $\boldsymbol{G}$ 和一致校验矩阵 $\boldsymbol{H}$。

6.10　考虑一个 (8, 4) 系统线性分组码，其一致校验方程为

$$\begin{cases} c_4 = m_1 + m_2 + m_4 \\ c_3 = m_1 + m_3 + m_4 \\ c_2 = m_1 + m_2 + m_3 \\ c_1 = m_2 + m_3 + m_4 \end{cases}$$

式中，m_1, m_2, m_3, m_4 是信息元，c_1, c_2, c_3, c_4 是校验元。

（1）求该码的生成矩阵 $\boldsymbol{G}$ 和一致校验矩阵 $\boldsymbol{H}$；

（2）证明这码的最小重量为 4；

（3）若某接收序列 $\boldsymbol{R}$ 的伴随式为 $\boldsymbol{S} = [1011]$，求其错误图样 $\boldsymbol{E}$，问发生了几位错误？

6.11　设一分组码具有校验矩阵为

$$\boldsymbol{H} = \begin{bmatrix} 1 & 0 & 0 & 1 & 0 & 1 \\ 0 & 1 & 0 & 0 & 1 & 1 \\ 0 & 0 & 1 & 1 & 1 & 1 \end{bmatrix}$$

（1）求这分组码的 n 和 k，共有多少个码字？

（2）求此分组码的生成矩阵；

（3）序列 101010 是许用码字吗？

（4）设发送码字 $\boldsymbol{C} = (001111)$，但接收到的序列为 $\boldsymbol{R} = (000010)$，其伴随式 $\boldsymbol{S}$ 是什么？该伴随式表明已发生的错误是哪些位？为什么与实际错误不同？

6.12　设 (4, 2) 系统分组码的生成矩阵和校验矩阵为

$$\boldsymbol{G} = \begin{bmatrix} 1 & 0 & 0 & 1 \\ 0 & 1 & 1 & 1 \end{bmatrix} \qquad \boldsymbol{H} = \begin{bmatrix} 0 & 1 & 1 & 0 \\ 1 & 1 & 0 & 1 \end{bmatrix}$$

（1）求所有码字；

（2）列出译码标准阵列表；

（3）对接收序列 $R = (1010)$ 译码。

6.13　由下列矩阵生成一个 (7, 4) 汉明码，$r=3$，其中 c_1,c_2,c_4 为校验位，其余为信息位，请对接收序列（1）$R=(0111110)$、（2）$R=(0001111)$进行译码。

$$\boldsymbol{G}=\begin{bmatrix}1&1&1&0&0&0&0\\1&0&0&1&1&0&0\\0&1&0&1&0&1&0\\1&1&0&1&0&0&1\end{bmatrix}\qquad \boldsymbol{H}=\begin{bmatrix}0&0&0&1&1&1&1\\0&1&1&0&0&1&1\\1&0&1&0&1&0&1\end{bmatrix}$$

第 7 章　连续信源熵和连续信道容量

在实际中，有些信源输出的消息是时间和取值都连续的函数，这样的信源称为波形信源。例如，语音信号 $X(t)$、电视信号 $X(x_0,y_0,t_0)$ 都是时间和取值连续的函数，而在某一固定时刻 t_0，$X(t_0)$ 和 $X(x_0,y_0,t_0)$ 都是取值连续的函数。一般而言，波形信源输出的消息是某一随机过程 $\{x(t)\}$ 中的一个样本函数，它是一个时间 t 的连续函数。

就统计特性而言，连续随机过程大致可分为**平稳随机过程**与**非平稳随机过程**两大类。前者是指统计特性（各维概率密度函数）不随时间平移而变化的随机过程，后者则是统计特性随时间平移而变化的随机过程。一般认为，通信系统中的信号都是平稳的随机过程。

对于随机过程来说，它的每个样本函数可以遵照取样定理做取样处理。因为样本函数 $x(t)$ 有无限多个，取样后某瞬时的样本值是一个随机变量 X_i，也就是随机过程变换为时间离散的随机序列 $(\boldsymbol{X}=X_1,X_2,\cdots,X_i,\cdots)$。这时，随机序列中的每一个随机变量 X_i 是连续型的随机变量。用连续随机变量描述输出消息的信源称为**连续信源**。

类似地，输入和输出都是时间上离散而幅值连续的随机信号的信道称为**连续信道**。

本章在对离散信源熵和离散信道容量学习理解的基础上，重点阐述连续信源熵和连续信道容量的概念。

7.1　连续信源的差熵

7.1.1　一维连续信源的差熵

在某一固定时刻 t_0，若信源的输出能用一个取值连续的随机变量 X 描述，则称为**一维连续信源**。一维连续信源是最简单、最基本的，它可以用取值连续的一维随机变量 X 表示，其数学模型为

$$X=\begin{bmatrix}\mathbf{R}\\ p(x)\end{bmatrix}\qquad \text{其中，}\int_{\mathbf{R}}p(x)\mathrm{d}x=1$$

连续变量 X 的取值范围是全实数集 **R**， $p(x)$ 是其概率密度函数。

我们知道，连续变量可以用离散变量来逼近，把连续变量当作离散变量的极限来处理。所以，若在一维连续信源 X 的取值区间 $[a,b]$ 中，以间隔 $\varDelta$ 对 X 进行分层量化，得相应的离散随机变量 X_i 和离散信息熵 $H(X_i)$，然后，令分层间隔 $\varDelta$ 趋于零，则可得离散信息熵 $H(X_i)$ 的极限值，这个极限值就是一维连续信源 X 的信息熵 $H(X)$。

假定连续信源 X 的概率密度函数 $p(x)$ 如图 7-1 所示。我们把取值区间 $[a,b]$ 分割成 n 个小区间，各小区间设为等宽 $\varDelta=\dfrac{b-a}{n}$。那么，X 处于第 i 区间的概率是

$$
\begin{aligned}
P_i &= P\{a+(i-1)\varDelta \leqslant x \leqslant a+i\varDelta\} \\
&= \int_{a+(i-1)\varDelta}^{a+i\varDelta} p(x)\mathrm{d}x = p(x_i)\varDelta \qquad (i=1,2,\cdots,n)
\end{aligned} \tag{7.1}
$$

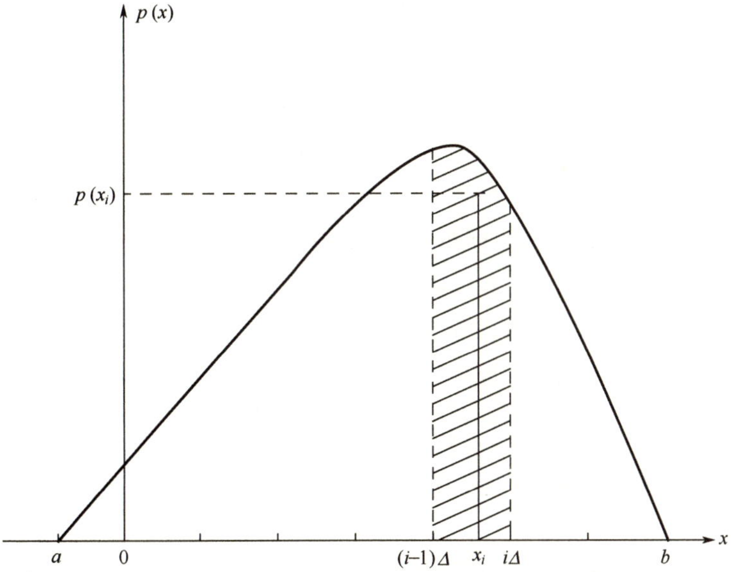

图 7-1　连续信源 X 的概率密度函数

式中， x_i 是 $\{a+(i-1)\varDelta\} \sim \{a+i\varDelta\}$ 之间的某一值。当 $p(x)$ 是 x 的连续函数时，由积分中值定理可知，必存在一个 x_i 值使式（7.1）成立。这样，连续变量 X 就可用取值为 $x_i(i=1,2,\cdots,n)$ 的离散变量 X_i 来近似。连续信源 X 就被量化成离散信源

$$
\begin{bmatrix} X_i \\ P_i \end{bmatrix} = \begin{bmatrix} x_1 & x_2 & \cdots & x_n \\ p(x_1)\varDelta & p(x_2)\varDelta & \cdots & p(x_n)\varDelta \end{bmatrix}
$$

且

$$
\sum_{i=1}^{n} p(x_i)\varDelta = \sum_{i=1}^{n} \int_{a+(i-1)\varDelta}^{a+i\varDelta} p(x)\mathrm{d}x = \int_a^b p(x)\mathrm{d}x = 1
$$

则离散信源 X_i 的熵是

$$H(X_i) = -\sum_i P_i \log P_i = -\sum_{i=1}^{n} p(x_i)\Delta \log[p(x_i)\Delta]$$
$$= -\sum_{i=1}^{n} p(x_i)\Delta \log p(x_i) - \sum_{i=1}^{n} p(x_i)\Delta \log \Delta$$

当 $n \to \infty$，$\Delta \to 0$ 时，离散随机变量 X_i 趋于连续随机变量 X，而离散信源 X_i 的熵 $H(X_i)$ 的极限值就是连续信源的信息熵。

$$\begin{aligned} H(X) &= \lim_{n\to\infty} H(X_i) = -\lim_{\Delta\to 0}\sum_{i=1}^{n} p(x_i)\Delta \log p(x_i) - \lim_{\Delta\to 0}(\log \Delta)\sum_{i=1}^{n} p(x_i)\Delta \\ &= -\int_a^b p(x)\log p(x)\mathrm{d}x - \lim_{\Delta\to 0}\log \Delta \end{aligned} \tag{7.2}$$

一般情况下，式（7.2）的第一项是定值。而当 $\Delta \to 0$ 时，第二项是趋于无限大的值。所以避开第二项，定义**连续信源的差熵**为

$$h(X) \equiv -\int_{\mathbf{R}} p(x)\log p(x)\mathrm{d}x \tag{7.3}$$

由式（7.3）可知，所定义的连续信源的熵并不是实际信源输出的绝对熵，而连续信源的绝对熵应该还要加上一项无限大常数项。这一点是可以理解的，因为连续信源的可能取值数是无限多个，若设取值是等概率分布，那么信源的不确定性为无限大。可见，$h(X)$ 已不能代表连续信源的平均不确定性大小，也不能代表信源输出的信息量。通常我们称 $h(X)$ 为**差熵**（或**相对熵**，也有称为**微分熵**的），以区别于原来的绝对熵。当对数取以 2 为底时，差熵的单位为“比特/自由度”；当对数取以 e 为底时，单位为“奈特/自由度”。

同理，我们可以定义两个连续变量 X、Y 的联合熵和条件熵如下：

$$h(XY) = -\iint_{\mathbf{R}} p(xy)\log p(xy)\mathrm{d}x\mathrm{d}y \tag{7.4}$$

$$h(Y|X) = -\iint_{\mathbf{R}} p(xy)\log p(y|x)\mathrm{d}x\mathrm{d}y \tag{7.5}$$

可以看到，这样定义的连续信源的差熵与离散信源的熵的形式相似，但是它们在概念上是有区别的，离散熵代表信源的信息量，而连续熵则不能。

例 7.1　令 X 是在区间 $[a,b]$ 上均匀分布的随机变量，概率密度函数如图 7-2 所示，求 $h(X)$。

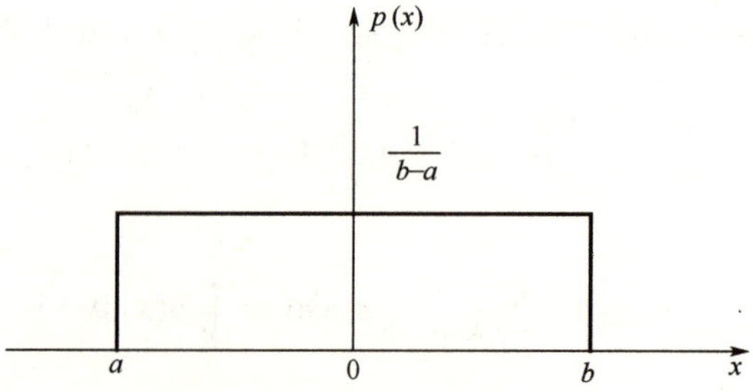

图 7-2　均匀分布概率密度函数

【**解**】因为均匀分布，x 的概率密度函数为

$$p(x)=\begin{cases}\dfrac{1}{b-a} & x\in[a,b]\\ 0 & \text{其余}\end{cases}$$

应用式（7.3），得

$$h(X)=\int_a^b \frac{1}{b-a}\log(b-a)\mathrm{d}x=\log(b-a)\quad（比特/自由度）\tag{7.6}$$

由均匀分布的一维连续信源差熵的计算结果可以推断出：熵值可能为正值、负值或零。例 7.1 中，若 $(b-a)<1$，则 $h(X)<0$；若 $(b-a)>1$，则 $h(X)>0$；若 $(b-a)=1$，则 $h(X)=0$。因此连续信源的差熵不具有非负性，这与离散信源熵不同，这是因为连续信源差熵 $h(X)$ 是信息熵 $H(X)$ 中的定值部分，见式（7.2）。

7.1.2　*N* 维连续信源的差熵

连续平稳信源输出的消息是连续型的平稳随机序列。其数字模型是概率空间 $[\boldsymbol{X},p(\boldsymbol{x})]$，$\boldsymbol{X}=(X_1X_2\cdots X_N)$，其中 X_i 都是取值连续的随机变量，并且 N 维概率密度函数表示为 $p(\boldsymbol{x})=p(x_1x_2\cdots x_N)$，$x_i\in X_i(i=1,2,\cdots,N)$。

$$\int_{\boldsymbol{X}} p(x)\mathrm{d}x=\int\cdots\int_{X_1X_2\cdots X_N} p(x_1x_2\cdots x_N)\mathrm{d}x_1\mathrm{d}x_2\cdots\mathrm{d}x_N=1\tag{7.7}$$

如果平稳随机序列中各连续型随机变量彼此统计独立，此时连续平稳信源为**连续平稳无记忆信源**，则其 N 维概率密度函数满足

$$p(\boldsymbol{x})=p(x_1x_2\cdots x_N)=\prod_{i=1}^{N}p(x_i)\tag{7.8}$$

由式（7.3）得 N 维连续平稳信源的联合差熵为

$$h(\boldsymbol{X})=h(X_1X_2\cdots X_N)=-\int_{\mathbf{R}} p(x)\log p(x)\mathrm{d}x\tag{7.9}$$

同理，得 N 维连续平稳信源的条件差熵为

$$h(X_N|X_1X_2\cdots X_{N-1})=-\int\cdots\int_{X_1X_2\cdots X_N} p(x_1x_2\cdots x_N)\log p(x_N|x_1x_2\cdots x_{N-1})\mathrm{d}x_1\mathrm{d}x_2\cdots\mathrm{d}x_N$$

$$(N=2,3,\cdots,n)\tag{7.10}$$

当 N=2 时，得到二维联合差和条件熵分别为

$$h(X_1X_2)=-\iint_{\mathbf{R}} p(x_1x_2)\log p(x_1x_2)\mathrm{d}x_1\mathrm{d}x_2\tag{7.11}$$

$$h(X_2|X_1)=-\iint_{\mathbf{R}} p(x_1x_2)\log p(x_2|x_1)\mathrm{d}x_1\mathrm{d}x_2\tag{7.12}$$

与离散信源熵一样，可以证明条件熵不会大于非条件熵，即

$$h(X_2|X_1)\leqslant h(X_2)\tag{7.13}$$

当且仅当 X_1,X_2 彼此统计独立时，式（7.13）等号成立。

7.1.3　典型连续信源的差熵

在通信系统中，连续信源的典型分布有均匀分布、高斯分布和指数分布，现在来计算这类信源的差熵。

1. 均匀分布连续信源的差熵

对于一维均匀分布连续信源的差熵，在例 7.1 中已经计算得到，$h(X)=\log(b-a)$，$[a,b]$是均匀分布的区间。

对于 N 维均匀分布连续信源，设其 N 维矢量 $\boldsymbol{X}=\left(X_1X_2\cdots X_N\right)$ 分量分别在$[a_1,b_1]$，$[a_2,b_2]$，…，$\left[a_N,b_N\right]$的区域内均匀分布，概率密度为

$$p(\boldsymbol{x})=\begin{cases}\dfrac{1}{\prod_{i=1}^{N}(b_i-a_i)} & \boldsymbol{x}\in\prod_{i=1}^{N}(b_i-a_i)\\ 0 & \text{其余}\end{cases}\tag{7.14}$$

式（7.14）表明，此平稳信源是各分量彼此独立且无记忆的信源。由式（7.9）可求得熵为

$$\begin{aligned}h(\boldsymbol{X})&=-\int_{a_N}^{b_N}\cdots\int_{a_1}^{b_1}p(\boldsymbol{x})\log p(x)\mathrm{d}x\\&=-\int_{a_N}^{b_N}\cdots\int_{a_1}^{b_1}\frac{1}{\prod_{i=1}^{N}(b_i-a_i)}\log\frac{1}{\prod_{i=1}^{N}(b_i-a_i)}\mathrm{d}x_1\mathrm{d}x_2\cdots\mathrm{d}x_N\\&=\log\prod_{i=1}^{N}(b_i-a_i)\qquad\text{（比特/N自由度）}\qquad(7.15)\\&=\sum_{i=1}^{N}h(X_i)\qquad\text{（比特/N自由度）}\qquad(7.16)\end{aligned}$$

可见，N 维区域体积内均匀分布连续平稳信源的差熵就是 N 维区域体积的对数，也等于各变量X_i在各自取值区间$[a_i,b_i]$内均匀分布时的差熵$h(X_i)$之和。因此，无记忆连续平稳信源和无记忆离散平稳信源一样，满足

$$h(\boldsymbol{X})=h(X_1X_2\cdots X_N)=\sum_{i=1}^{N}h(X_i)\tag{7.17}$$

2. 高斯分布连续信源的差熵

基本高斯信源是指信源输出的一维随机变量 X 的概率密度分布是正态分布，概率密度函数如图 7-3 所示，即

$$p(x)=\frac{1}{\sqrt{2\pi\sigma^2}}\exp(-\frac{(x-m)^2}{2\sigma^2})\tag{7.18}$$

式中，m 是X的均值，σ^2 是X的方差，此信源的差熵是

$$h(X) = -\int_{-\infty}^{\infty} p(x)\log p(x)\mathrm{d}x = -\int_{-\infty}^{\infty} p(x)\log\left[\frac{1}{\sqrt{2\pi\sigma^2}}\exp\left(-\frac{(x-m)^2}{2\sigma^2}\right)\right]\mathrm{d}x$$

$$= \int_{-\infty}^{\infty} p(x)\log\sqrt{2\pi\sigma^2}\mathrm{d}x + \int_{-\infty}^{\infty} p(x)\left[\frac{(x-m)^2}{2\sigma^2}\right]\mathrm{d}x\log\mathrm{e}$$

$$= \log\sqrt{2\pi\sigma^2} + \frac{1}{2}\log\mathrm{e} = \frac{1}{2}\log 2\pi\mathrm{e}\sigma^2 \tag{7.19}$$

其中，$\int_{-\infty}^{\infty}(x-m)^2 p(x)\mathrm{d}x = \sigma^2$。可见，正态分布的连续信源的熵与数学期望值 m 无关，只与方差 σ^2 有关。当均值 $m=0$ 时，X 的方差等于信源输出的平均功率 P，由式（7.19）得

$$h(X) = \frac{1}{2}\log 2\pi\mathrm{e}P \tag{7.20}$$

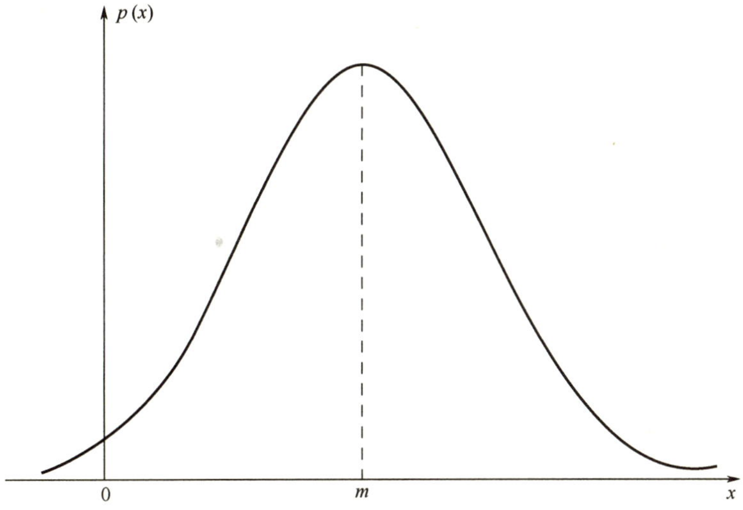

图 7-3　高斯分布概率密度函数

7.2　连续信源最大差熵定理

在离散信源中，当信源符号（q 个）等概率分布时信源的熵取得最大值 $\log q$。在连续信源中差熵也具有极大值，但其情况有所不同。除存在完备集条件 $\int_{\mathbf{R}} p(x)\mathrm{d}x = 1$ 外，还有其他约束条件。当约束条件不同时，信源的最大差熵值会不同，即在不同约束条件下，求泛函数 $h(X) = -\int_{\mathbf{R}} p(x)\log p(x)\mathrm{d}x$ 的极值。

我们经常对两种情况感兴趣：一种是信源的输出值受限，另一种是信源的输出平均功率受限，下面分别加以讨论。

7.2.1　峰值受限条件下连续信源的最大熵

定理 7.1　若信源输出的幅度被限定在$[a,b]$区域内，则当输出信号的概率密度是均匀分布时，信源具有最大熵，其值等于$\log(b-a)$。若当 N 维随机矢量取值受限时，也只有各随机分量统计独立并均匀分布时具有最大熵。

某信源输出的连续随机变量 X 的取值幅度受限在$[a,b]$区域内，即等价于信源输出信号的峰值功率 $\hat{p}$ 受限。此时的约束条件为

$$\int_a^b p(x)\mathrm{d}x = 1$$

【证明】 设均匀分布的概率密度函数 $p(x)=\dfrac{1}{b-a}$，且满足 $\int_a^b p(x)\mathrm{d}x = 1$；同时设 $q(x)$ 为任意分布的概率密度函数，也满足 $\int_a^b q(x)\mathrm{d}x = 1$。用符号 $h[X,p(x)]$、$h[X,q(x)]$ 分别表示上述信源的差熵，有

$$\begin{aligned}
h[X,q(x)]-h[X,p(x)] &= -\int_a^b q(x)\log q(x)\mathrm{d}x + \int_a^b p(x)\log p(x)\mathrm{d}x \\
&= -\int_a^b q(x)\log q(x)\mathrm{d}x - \left[\log(b-a)\cdot\int_a^b p(x)\mathrm{d}x\right] \\
&= -\int_a^b q(x)\log q(x)\mathrm{d}x - \left[\log(b-a)\cdot\int_a^b q(x)\mathrm{d}x\right] \\
&= -\int_a^b q(x)\log q(x)\mathrm{d}x + \int_a^b q(x)\log p(x)\mathrm{d}x \\
&= \int_a^b q(x)\log\frac{p(x)}{q(x)}\mathrm{d}x
\end{aligned}$$

因为 $\log x$ 在 $(0,\infty)$ 区域内是 $\cap$ 型凸函数，由詹森不等式有

$$\int_{\mathbf{R}} p(x)\log x\mathrm{d}x \leqslant \log\left(\int_{\mathbf{R}} xp(x)\mathrm{d}x\right)$$

因为在区间$[a,b]$上，$\dfrac{p(x)}{q(x)}>0$，所以

$$h[X,q(x)]-h[X,p(x)] \leqslant \log\left[\int_a^b q(x)\frac{p(x)}{q(x)}\mathrm{d}x\right] = 0$$

定理 7.1 得证，当且仅当 $q(x)=p(x)$ 时等式成立。对于 N 维随机矢量的证明可采用相同的方法，此处略。

7.2.2　平均功率受限条件下连续信源的最大熵

定理 7.2　若信源输出信号的功率被限定为 P，则当输出信号的概率密度是高斯分布时，信源具有最大熵，其值等于$\dfrac{1}{2}\log(2\pi eP)$。

信源输出信号的平均功率被限定为 P，若信号的均值为零，此条件就成为方差 σ^2 受限。则约束条件为

$$\int_{-\infty}^{\infty} p(x)\mathrm{d}x = 1 \qquad \sigma^2 = \int_{-\infty}^{\infty} (x-m)^2 p(x)\mathrm{d}x < \infty$$

【证明】设高斯分布的概率密度函数为 $p(x)$，且满足 $\int_{-\infty}^{\infty} p(x)\mathrm{d}x = 1, \int_{-\infty}^{\infty} (x-m)^2 p(x)\mathrm{d}x = \sigma^2$；同时设 $q(x)$ 为任意分布的概率密度函数，也满足 $\int_{-\infty}^{\infty} q(x)\mathrm{d}x = 1$， $\int_{-\infty}^{\infty} (x-m)^2 q(x)\mathrm{d}x = \sigma^2$。证明过程如下：

$$\begin{aligned}\int_{-\infty}^{\infty} q(x)\log\frac{1}{p(x)}\mathrm{d}x &= -\int_{-\infty}^{\infty} q(x)\log\left[\frac{1}{\sqrt{2\pi\sigma^2}}\exp\left(-\frac{(x-m)^2}{2\sigma^2}\right)\right]\mathrm{d}x \\ &= -\int_{-\infty}^{\infty} q(x)\log\frac{1}{\sqrt{2\pi\sigma^2}}\mathrm{d}x + \int_{-\infty}^{\infty} q(x)\frac{(x-m)^2}{2\sigma^2}\mathrm{d}x \cdot \log \mathrm{e} \\ &= \log\sqrt{2\pi\sigma^2} + \frac{1}{2}\log \mathrm{e} = \frac{1}{2}\log 2\pi \mathrm{e}\sigma^2 = h\left[X, p(x)\right]\end{aligned}$$

$$\begin{aligned}h\left[X, q(x)\right] - h\left[X, p(x)\right] &= -\int_{-\infty}^{\infty} q(x)\log q(x)\mathrm{d}x - \int_{-\infty}^{\infty} q(x)\log\frac{1}{p(x)}\mathrm{d}x \\ &= \int_{-\infty}^{\infty} q(x)\log\frac{p(x)}{q(x)}\mathrm{d}x \\ &\leqslant \log\left[\int_{-\infty}^{\infty} q(x)\frac{p(x)}{q(x)}\mathrm{d}x\right] = 0\end{aligned}$$

定理 7.2 得证，当且仅当 $q(x) = p(x)$ 时等式成立。

7.3　连续信源熵的性质

连续信源差熵的表达式在形式上和离散信源的信息熵相似，但在概念上不能把它作为信息熵来理解。与离散熵对比，它只具有部分信息熵的含义和性质，丧失了某些重要的特性。下面讨论连续信源差熵的性质，重点阐述它们之间的异处。

7.3.1　可负性

连续信源的差熵在某些情况下，可以得出其值为负值。在例 7.1 中，均匀分布的差熵计算结果可能为正、负或零，原因在 7.1.1 节中已经做了详细的分析。而离散信源的熵具有非负性。

7.3.2　可加性

任意两个相互关联的连续信源 X 和 Y，有

$$h(XY)=h(X)+h(Y|X)=h(Y)+h(X|Y) \tag{7.21}$$

类似离散情况可以证明得

$$h(X|Y)\leqslant h(X) \quad 或 \quad h(Y|X)\leqslant h(Y) \tag{7.22}$$

当且仅当 X 与 Y 统计独立时，上面两式等式成立，即式（7.21）成为

$$h(XY)=h(X)+h(Y) \tag{7.23}$$

显然，连续信源差熵的可加性与离散信源熵的可加性相同。根据连续信源差熵的计算公式，证明式（7.21）如下：

$$\begin{aligned}
h(XY)&=-\iint_{\mathbf{R}}p(xy)\log p(xy)\mathrm{d}x\mathrm{d}y\\
&=-\iint_{\mathbf{R}}p(xy)\log p(x)\mathrm{d}x\mathrm{d}y--\iint_{\mathbf{R}}p(xy)\log p(y|x)\mathrm{d}x\mathrm{d}y\\
&=-\int_{\mathbf{R}}\left[\int_{\mathbf{R}}p(xy)\mathrm{d}y\right]\log p(x)\mathrm{d}x+h(Y|X)\\
&=-\int_{\mathbf{R}}p(x)\log p(x)\mathrm{d}x+h(Y|X)=h(X)+h(Y|X)
\end{aligned}$$

类似地，可以证明公式 $h(XY)=h(Y)+h(X|Y)$。

7.3.3　极值性

在 7.2 节中已经证明，当信源参数受限条件不同时，连续信源的差熵取得的最大值是不同的，而且最佳分布也不同。连续信源虽然具有极值性，但其与离散信源的极值特性是不同的。

7.3.4　上凸性

连续信源的差熵 $h(X)$ 是其概率密度函数 $p(x)$ 的 $\cap$ 型凸函数（上凸函数）。即对于任意两概率密度函数 $p_1(x)$ 和 $p_2(x)$ 及任意 $0<\theta<1$，则有

$$h[\theta p_1(x)+(1-\theta)p_2(x)]\geqslant\theta h[p_1(x)]+(1-\theta)h[p_2(x)] \tag{7.24}$$

此性质与离散信源的上凸性是一样的，这里证明略。

7.3.5　变换性

1. 连续信源坐标变换

设连续平稳信源输出的是 N 维连续型随机矢量 $\boldsymbol{X}=(X_1X_2\cdots X_N)$，将它送入信息处理网络即变换器，其输出为另一个 N 维随机矢量 $\boldsymbol{Y}=(Y_1Y_2\cdots Y_N)$，然后将 $\boldsymbol{Y}$ 送入信道或者继续进行其他变换。一般地，若变换是某种确定的 $\boldsymbol{X}$ 与 $\boldsymbol{Y}$ 的函数对

应关系，则可以表示为

$$\begin{cases} Y_1 = g_1\left(X_1X_2\cdots X_N\right) \\ Y_2 = g_2\left(X_1X_2\cdots X_N\right) \\ \quad\vdots \\ Y_N = g_N\left(X_1X_2\cdots X_N\right) \end{cases} \tag{7.25}$$

或者表示为

$$\begin{cases} X_1 = f_1(Y_1Y_2\cdots Y_N) \\ X_2 = f_2(Y_1Y_2\cdots Y_N) \\ \quad\vdots \\ X_N = f_N(Y_1Y_2\cdots Y_N) \end{cases} \tag{7.26}$$

在数学上，由 $\boldsymbol{X}$ 到 $\boldsymbol{Y}$ 的确定变换关系，正如这里的描述，就是**信源的坐标变换**。

在离散信源中若有确定的对应变换关系，变换后信源的熵是不变的。那么，在连续信源中消息经过变换后，其熵（差熵）是否改变？

2. 连续信源坐标变换后的概率密度函数

已知某 N 维随机矢量 $\boldsymbol{X}$ 的概率密度函数为 $p_{\boldsymbol{X}}\left(x_1x_2\cdots x_N\right)$，变换后的 N 维随机矢量 $\boldsymbol{Y}$ 的概率密度函数为 $p_{\boldsymbol{Y}}\left(y_1y_2\cdots y_N\right)$。$\boldsymbol{Y}$ 与 $\boldsymbol{X}$ 有确定的函数关系，见式（7.25）和式（7.26）。显然，矢量 $\boldsymbol{X}$ 与 $\boldsymbol{Y}$ 之间有一一对应的映射关系，即将 $\boldsymbol{X}$ 样本空间集区域 A 内的点 x 映射到另一新的样本空间集区域 B 内的点 y，示意图如图 7-4 所示。

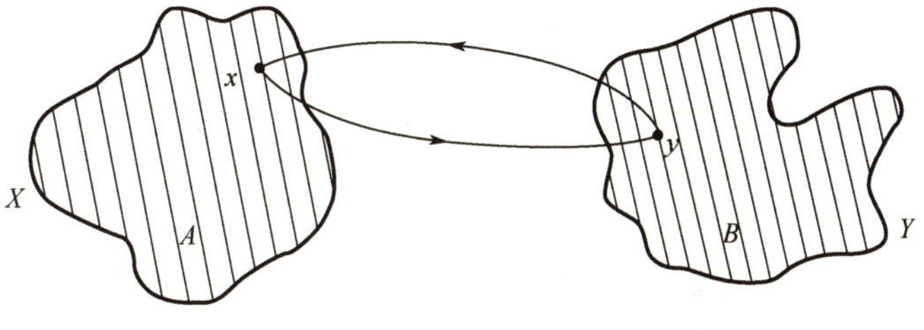

图 7-4　空间 A 与空间 B 的一一对应示意图

由数学知识可知，矢量变换前后的概率密度函数的关系式为

$$p_{\boldsymbol{Y}}\left(y_1y_2\cdots y_N\right) = p_{\boldsymbol{X}}\left(x_1x_2\cdots x_N\right)\left|J\left(\frac{\boldsymbol{X}}{\boldsymbol{Y}}\right)\right| \tag{7.27}$$

其中，$J\left(\dfrac{\boldsymbol{X}}{\boldsymbol{Y}}\right)$ 是数学中著名的**雅可比行列式**，其计算式为

$$J\left(\frac{\boldsymbol{X}}{\boldsymbol{Y}}\right)=\frac{\partial\left(X_1X_2\cdots X_N\right)}{\partial\left(Y_1Y_2\cdots Y_N\right)}=\begin{vmatrix}\frac{\partial f_1}{\partial Y_1} & \frac{\partial f_2}{\partial Y_1} & \cdots & \frac{\partial f_N}{\partial Y_1}\\ \frac{\partial f_1}{\partial Y_2} & \frac{\partial f_2}{\partial Y_2} & \cdots & \frac{\partial f_N}{\partial Y_2}\\ \vdots & \vdots & \ddots & \vdots\\ \frac{\partial f_1}{\partial Y_N} & \frac{\partial f_2}{\partial Y_N} & \cdots & \frac{\partial f_N}{\partial Y_N}\end{vmatrix} \tag{7.28}$$

而且

$$J\left(\frac{\boldsymbol{X}}{\boldsymbol{Y}}\right)=1/J\left(\frac{\boldsymbol{Y}}{\boldsymbol{X}}\right) \tag{7.29}$$

只有当式（7.27）中的雅可比行列式绝对值$\left|J\left(\frac{\boldsymbol{X}}{\boldsymbol{Y}}\right)\right|=1$时，连续信源变换后概率密度函数才不改变。

3. 连续信源坐标变换后的差熵

连续信源变换后的差熵为

$$\begin{aligned}h(\boldsymbol{Y})&=-\int_B p_{\boldsymbol{Y}}(y_1y_2\cdots y_N)\log p_{\boldsymbol{Y}}(y_1y_2\cdots y_N)\mathrm{d}y_1\mathrm{d}y_2\cdots\mathrm{d}y_N\\ &=-\int_A p_{\boldsymbol{X}}(x_1x_2\cdots x_N)\left|J\left(\frac{\boldsymbol{X}}{\boldsymbol{Y}}\right)\right|\cdot\log\left[p_{\boldsymbol{X}}(x_1x_2\cdots x_N)\left|J\left(\frac{\boldsymbol{X}}{\boldsymbol{Y}}\right)\right|\right]\cdot\left|J\left(\frac{\boldsymbol{X}}{\boldsymbol{Y}}\right)\right|\mathrm{d}x_1\mathrm{d}x_2\cdots\mathrm{d}x_N\\ &=-\int_A p_{\boldsymbol{X}}(x_1x_2\cdots x_N)\cdot\log\left[p_{\boldsymbol{X}}(x_1x_2\cdots x_N)\left|J\left(\frac{\boldsymbol{X}}{\boldsymbol{Y}}\right)\right|\right]\mathrm{d}x_1\mathrm{d}x_2\cdots\mathrm{d}x_N\\ &=h(\boldsymbol{X})-\int_A p_{\boldsymbol{X}}(x_1x_2\cdots x_N)\cdot\log\left|J\left(\frac{\boldsymbol{X}}{\boldsymbol{Y}}\right)\right|\mathrm{d}x_1\mathrm{d}x_2\cdots\mathrm{d}x_N\\ &=h(\boldsymbol{X})-E\left[\log\left|J\left(\frac{\boldsymbol{X}}{\boldsymbol{Y}}\right)\right|\right]\end{aligned} \tag{7.30}$$

显然，信源信息通过处理网络后，连续平稳信源的熵（差熵）会发生变化，其差值是雅可比行列式绝对值对数的统计平均值。因此**连续信源的差熵不具有坐标变换的不变性**，这是与离散信源不同的性质。

例 7.2　设连续信源输出的信号 X 是方差为σ^2、均值为 0 的正态分布随机变量，概率密度函数为$p(x)=\frac{1}{\sqrt{2\pi\sigma^2}}\mathrm{e}^{-\frac{x^2}{2\sigma^2}}$。将信号 X 送入放大倍数为 k、直流分量为 a 的网络后输出。计算输出变量 Y 的差熵。

【解】依题意，放大器输出与输入的关系为 $y=kx+a$，或者表示为 $x=\frac{y-a}{k}$，则雅可比行列式$\left|\frac{\mathrm{d}x}{\mathrm{d}y}\right|=\frac{1}{k}$，由式（7.27）得到输出变量的概率密度函

数为

$$p(y)=p(x)\left|\frac{\mathrm{d}x}{\mathrm{d}y}\right|=\frac{1}{\sqrt{2\pi k^2\sigma^2}}\mathrm{e}^{-\frac{(y-a)^2}{2k^2\sigma^2}}$$

由高斯信源差熵的计算式（7.19）得

$$h(Y)=\frac{1}{2}\log 2\pi\mathrm{e}(k\sigma)^2$$

由坐标变换后差熵的变化式（7.30）计算输出变量 Y 的差熵得

$$h(Y)=h(X)-E\left[\log\frac{1}{k}\right]=\frac{1}{2}\log 2\pi\mathrm{e}\sigma^2+\log k=\frac{1}{2}\log 2\pi\mathrm{e}(k\sigma)^2$$

显然，连续信源信号 X 经放大器网络输出后，熵值增加了 $\log k$ 比特，当 $k>1$ 或 $k<1$ 时，变换后信源的熵值会增大或减小。熵值增大表明输出的不确定性增大，反之熵值减小表示其不确定性减小，符合放大后的实际物理意义。

由于连续信源的差熵是相对熵，与离散信源的熵的性质已经发生了变化，例如离散信源熵的非负性、极值性、变换性都发生了改变，但是其可加性、上凸性没有改变。

7.4　连续信道的平均互信息及性质

对于前面讨论的连续信源差熵，当对其做差运算时具有与离散信源一样的信息特性。平均互信息是两熵之差，平均互信息的最大值就是信道容量，因此连续信道与离散信道具有相同的信息传输率和信道容量的表达式。我们重点讨论加性噪声信道的信道容量。

7.4.1　连续信道分类及数学模型

1. 按信道输入和输出的统计特性分类

基本连续信道就是输入和输出都是单个连续型随机变量的信道，如图 7-5 所示，其输入是连续型随机变量 X，取值区间为 $[a,b]$ 或实数域 $\mathbf{R}$，输出是连续型随机变量 Y，取值 $[a',b']$ 或实数域 $\mathbf{R}$，信道的传递概率密度函数为 $p(y|x)$，并满足 $\int_{\mathbf{R}}p(y|x)\mathrm{d}y=1$，基本连续信道可用概率空间 $[X,p(y|x),Y]$ 来描述。

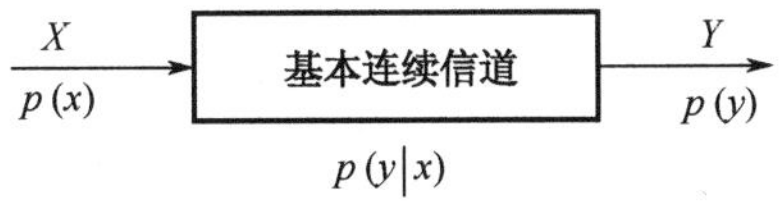

图 7-5　基本连续信道

多维连续信道就是输入和输出都是 N 维连续型平稳随机序列的信道，如图 7-6 所示，其输入是连续型随机序列 $\boldsymbol{X}=X_1X_2\cdots X_N$，输出是连续型随机序列 $\boldsymbol{Y}=Y_1Y_2\cdots Y_N$，信道的传递概率密度函数为 $p(y|x)=p(y_1y_2\cdots y_N|x_1x_2\cdots x_N)$，并满足 $\int_{\mathbf{R}}\int_{\mathbf{R}}\cdots\int_{\mathbf{R}}p(y_1y_2\cdots y_N|x_1x_2\cdots x_N)\mathrm{d}y_1\mathrm{d}y_2\cdots\mathrm{d}y_N=1$，多维连续信道可用概率空间 $\left[\boldsymbol{X},p(y|x),\boldsymbol{Y}\right]$ 来描述。

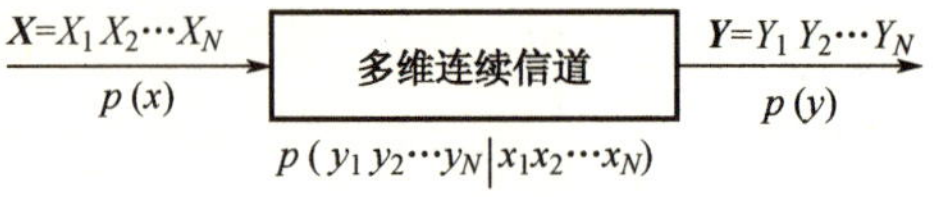

图 7-6　多维连续信道

若多维连续信道的传递概率密度函数满足

$$p(\boldsymbol{y}|\boldsymbol{x})=p(y_1y_2\cdots y_N|x_1x_2\cdots x_N)=\prod_{i=1}^{N}p(y_i|x_i) \tag{7.31}$$

则称此信道为**连续无记忆信道**。和离散无记忆信道的定义一样，同样可以证明，式（7.31）是满足连续无记忆信道的充要条件。若不满足式（7.31），则称信道为**连续有记忆信道**。

2. 按噪声的统计特性分类

高斯噪声是平稳遍历的随机过程，其瞬时值的概率密度函数服从高斯分布（即正态分布），如式（7.18），高斯噪声是实际中普遍存在的一类噪声。信道中的噪声是高斯噪声，则称这种信道为**高斯信道**，高斯信道是常见的一种信道。

白噪声也是平稳遍历的随机过程，它的功率谱密度均匀分布于整个频率区间 $(-\infty<\omega<\infty)$，即功率谱密度为一常数

$$N(\omega)=\frac{N_0}{2}\qquad(-\infty<\omega<+\infty) \tag{7.32}$$

但其瞬时值的概率密度函数可以是任意的。信道中的噪声是白噪声，则称这种信道为**白噪声信道**。白噪声只是一种理想化的模型，因为实际噪声的功率谱密度不可能具有无限宽的带宽，否则它们是物理上不可实现的。一般情况下，只要实际噪声在比所考虑的有用频带还要宽得多的范围内，具有均匀功率谱密度，就可以把它当作白噪声来处理。

具有高斯分布的白噪声称为**高斯白噪声**。高斯噪声和白噪声是从不同的角度来定义的，高斯噪声是指它的 N 维概率密度函数服从高斯分布，并不涉及其功率谱密度的形状；白噪声则是就其功率谱密度是均匀分布而言的，而不论它服从什么样的概率分布。信道中的噪声是高斯白噪声，则称这种信道为**高斯白噪声信道**。通信系统中的波形信道常假设为高斯白噪声信道。

3. 按噪声对信号的作用表现分类

信道中噪声对信号的干扰作用表现为与信号相乘的关系，则信道称为**乘性信道**，此噪声称为**乘性干扰**。在实际无线电通信系统中常遇到乘性干扰，主要的乘性干扰是衰落（瑞利）干扰，它是短波和超短波无线电通信中的主要干扰。

信道中噪声对信号的干扰作用表现为与信号相加的关系，则此信道称为**加性信道**，此噪声称为**加性噪声**，即 $\{y(t)\}=\{x(t)\}+\{n(t)\}$，其中 $\{x(t)\}$、$\{y(t)\}$ 和 $\{n(t)\}$ 分别是信道的输入、输出和噪声的随机信号。一般干扰与信号是相互独立的，即 $Y=X+n$，如图 7-7 所示。

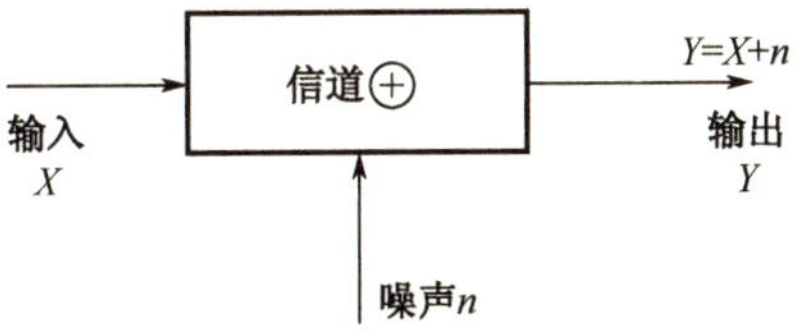

图 7-7　基本加性连续信道

由式（7.27），得到信号传输前后的联合概率密度函数关系如下：

$$p_{XY}(x,y)=p_{Xn}(x,n)\left|J\left(\frac{X,n}{X,Y}\right)\right| \tag{7.33}$$

其中坐标变换式为：$X=X,\ n=Y-X$，计算雅克比行列式

$$J\left(\frac{X,n}{X,Y}\right)=\begin{vmatrix}\dfrac{\partial X}{\partial X} & \dfrac{\partial n}{\partial X}\\ \dfrac{\partial X}{\partial Y} & \dfrac{\partial n}{\partial Y}\end{vmatrix}=\begin{vmatrix}1 & -1\\ 0 & 1\end{vmatrix}=1$$

因为 X 与 n 统计独立，得

$$p_{XY}(x,y)=p_{Xn}(x,n)=p_X(x)\cdot p_n(n)$$

则连续信道的概率模型是

$$p(y\,|\,x)=\frac{p_{XY}(x,y)}{p_X(x)}=\frac{p_{Xn}(x,n)}{p_X(x)}=p_n(n) \tag{7.34}$$

这是加性连续信道中的一项重要性质，即**加性连续信道的传递概率密度函数等于噪声的概率密度函数**。

由式（7.28），有 d*x*d*y*=d*x*d*n*。在加性信道中，条件熵为

$$
\begin{aligned}
h(Y|X) &= -\iint_{\mathbf{R}} p(xy)\log p(y|x)\mathrm{d}x\mathrm{d}y \\
&= -\int_{-\infty}^{+\infty} p(x)\mathrm{d}x \int_{-\infty}^{+\infty} p(y|x)\log p(y|x)\mathrm{d}y \\
&= -\int_{-\infty}^{+\infty} p(x)\mathrm{d}x \int_{-\infty}^{+\infty} p(n)\log p(n)\mathrm{d}n \\
&= h(n)
\end{aligned} \tag{7.35}
$$

条件熵 $h(Y|X)$ 是由于信道中噪声引起的，它等于噪声信源的熵，所以称条件熵 $h(Y|X)$ 为**噪声熵**。

7.4.2　连续信道的平均互信息

1. 基本连续信道的平均互信息

利用平均互信息的定义和 7.1 节连续信源熵的计算公式（7.2），推导得到基本连续信道的平均互信息公式为

$$
\begin{aligned}
I(X;Y) &= H(X) - H(X|Y) \\
&= \left[-\int_{\mathbf{R}} p(x)\log p(x)\mathrm{d}x - \lim_{\Delta\to 0}\log\Delta\right] - \left[-\iint_{\mathbf{R}} p(xy)\log p(x|y)\mathrm{d}x\mathrm{d}y - \lim_{\Delta\to 0}\log\Delta\right] \\
&= -\iint_{\mathbf{R}} p(xy)\log p(x)\mathrm{d}x\mathrm{d}y + \iint_{\mathbf{R}} p(xy)\log p(x|y)\mathrm{d}x\mathrm{d}y \\
&= \iint_{\mathbf{R}} p(xy)\log\frac{p(x|y)}{p(x)}\mathrm{d}x\mathrm{d}y = h(X) - h(X|Y) && (7.36) \\
&= \iint_{\mathbf{R}} p(xy)\log\frac{p(y|x)}{p(y)}\mathrm{d}x\mathrm{d}y = h(Y) - h(Y|X) && (7.37) \\
&= \iint_{\mathbf{R}} p(xy)\log\frac{p(xy)}{p(x)p(y)}\mathrm{d}x\mathrm{d}y = h(X) + h(Y) - h(XY) && (7.38)
\end{aligned}
$$

对于连续信道的平均互信息，不仅它的这些关系式和离散信道下平均互信息的关系式完全类似，而且它保留了离散信道的平均互信息的所有含义和性质。但要注意表达式中用连续信源的差熵替代了离散信源的熵，这也是定义差熵的意义所在。

基本连续信道的信息传输率为

$$R=I(X;Y)\text{（比特/自由度）} \tag{7.39}$$

如果是加性基本连续信道，则有

$$I(X;Y)=h(Y)-h(n) \tag{7.40}$$

2. 多维连续信道的平均互信息

将式（7.36）～式（7.38）中的随机变量用矢量替代，便得到多维连续信道的

平均互信息：

$$I(\boldsymbol{X};\boldsymbol{Y}) = \iint_{\mathbf{R}} p(\boldsymbol{xy}) \log \frac{p(\boldsymbol{x}|\boldsymbol{y})}{p(\boldsymbol{x})} \mathrm{d}\boldsymbol{x}\mathrm{d}\boldsymbol{y} = h(\boldsymbol{X}) - h(\boldsymbol{X}|\boldsymbol{Y}) \tag{7.41}$$

$$= \iint_{\mathbf{R}} p(\boldsymbol{xy}) \log \frac{p(\boldsymbol{y}|\boldsymbol{x})}{p(\boldsymbol{y})} \mathrm{d}\boldsymbol{x}\mathrm{d}\boldsymbol{y} = h(\boldsymbol{Y}) - h(\boldsymbol{Y}|\boldsymbol{X}) \tag{7.42}$$

$$= \iint_{\mathbf{R}} p(\boldsymbol{xy}) \log \frac{p(\boldsymbol{xy})}{p(\boldsymbol{x})p(\boldsymbol{y})} \mathrm{d}\boldsymbol{x}\mathrm{d}\boldsymbol{y} = h(\boldsymbol{X}) + h(\boldsymbol{Y}) - h(\boldsymbol{XY}) \tag{7.43}$$

多维连续信道的信息传输率为

$$R = I(\boldsymbol{X};\boldsymbol{Y}) \text{（比特/}N\text{ 个自由度）} \tag{7.44}$$

如果是加性多维连续信道，则有

$$I(\boldsymbol{X};\boldsymbol{Y})=h(\boldsymbol{Y})-h(\boldsymbol{n}) \tag{7.45}$$

与离散信道的情况相同，若多维连续平稳信源是无记忆的，即 $\boldsymbol{X}$ 中各分量 $X_i(i=1,2,\cdots,N)$ 彼此统计独立，则存在

$$I(\boldsymbol{X};\boldsymbol{Y}) \geqslant \sum_{i=1}^{N} I(X_i;Y_i) \tag{7.46}$$

若多维连续信道是无记忆的，即满足式（7.31），则存在

$$I(\boldsymbol{X};\boldsymbol{Y}) \leqslant \sum_{i=1}^{N} I(X_i;Y_i) \tag{7.47}$$

若多维连续平稳信源是无记忆的，多维连续信道也是无记忆的，则存在

$$I(\boldsymbol{X};\boldsymbol{Y}) = \sum_{i=1}^{N} I(X_i;Y_i) \tag{7.48}$$

证明过程与离散信道情况相同，这里从略。

7.4.3　连续信道平均互信息的性质

与离散信道平均互信息类似，多维连续信道的平均互信息的表达式与基本连续信道的平均互信息表达式的形式也是类似的，下面我们只证明基本连续信道的性质。

1. 非负性

$$I(X;Y) \geqslant 0 \qquad \text{（或 } I(\boldsymbol{X};\boldsymbol{Y}) \geqslant 0\text{）} \tag{7.49}$$

【证明】

$$I(X;Y) = h(X) - h(X|Y) = \iint_{\mathbf{R}} p(xy) \log \frac{p(x|y)}{p(x)} \mathrm{d}x\mathrm{d}y$$

$$= -\iint_{\mathbf{R}} p(xy) \log \frac{p(x)}{p(x|y)} \mathrm{d}x\mathrm{d}y \geqslant -\log\left[\iint_{\mathbf{R}} p(xy) \log \frac{p(x)}{p(x|y)} \mathrm{d}x\mathrm{d}y\right]$$

$$= -\log\left[\iint_{\mathbf{R}} p(y)p(x)\mathrm{d}x\mathrm{d}y\right] = -\log 1 = 0$$

【证毕】

显然，式（7.49）中等式成立的条件是连续随机变量 X 和 Y 统计独立，即 $h(X)=h(X|Y)$，或 $p(x)=p(x|y)$。

上式证明过程中使用了詹森不等式。证明方法与离散变量的证明方法是一致的，只是把求和号换成积分号，把概率分布函数换成概率密度函数。因此，在离散变量中所得到的相关结论均可推广到连续变量中来。

2. 对称性 (交互性)

$$I(X;Y)=I(Y;X) \qquad (\text{或} I(\boldsymbol{X};\boldsymbol{Y})=I(\boldsymbol{Y};\boldsymbol{X})) \tag{7.50}$$

当式(7.36) 中的随机变量 x 和 y 彼此互换时，便得到了式(7.37)，则式(7.50)得证。

3. 凸状性

连续变量之间的平均互信息 $I(X;Y)$ 是输入连续变量 X 的概率密度函数 $p(x)$ 的∩型凸函数；$I(X;Y)$ 又是连续信道传递概率密度函数 $p(y|x)$ 的∪型凸函数。证明方法与离散情况类似，此处不再赘述。

4. 坐标变换不变性

通信系统的一般形式如图 7-8 所示，其中，随机变量 S、X、Y 和 Z 是函数映射关系，它们的一维概率密度表示为 $q(s)$、$p(x)$、$p(y)$ 和 $q(z)$。我们讨论平均互信息 $I(X;Y)$ 与 $I(S;Z)$ 在变换的过程中是否发生改变，设其联合概率密度、条件概率密度分别表示为 $p(xy)$、$p(y|x)$、$q(sz)$ 和 $q(z|s)$。

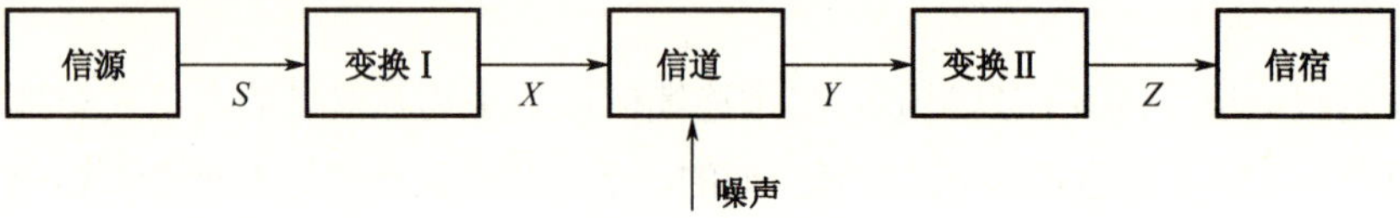

图 7-8　一般通信系统的信号传递

由式（7.27）可知，变换前后的概率密度函数关系如下：

$$q(sz)=p(xy)\left|J\left(\frac{x,y}{s,z}\right)\right|$$

在上述通信系统中，一般情况下(x,y)映射成(s,z)的对应关系是将 x 与 s、y 与 z 分别独立进行的，因此

$$\frac{\partial x}{\partial z}=0 \qquad \frac{\partial y}{\partial s}=0$$

$$\left|J\left(\frac{x,y}{s,z}\right)\right|=\begin{vmatrix}\dfrac{\partial x}{\partial s} & \dfrac{\partial y}{\partial s}\\ \dfrac{\partial x}{\partial z} & \dfrac{\partial y}{\partial z}\end{vmatrix}=\frac{\partial x}{\partial s}\cdot\frac{\partial y}{\partial z}$$

而

$$q(s)=\int_{-\infty}^{+\infty}q(sz)\mathrm{d}z=\int_{-\infty}^{+\infty}p(xy)\frac{\partial x}{\partial s}\frac{\partial y}{\partial z}\mathrm{d}z=p(x)\frac{\mathrm{d}x}{\mathrm{d}s}$$

同理

$$q(z)=p(y)\frac{\mathrm{d}y}{\mathrm{d}z}$$

可计算得

$$q(z|s)=\frac{q(sz)}{q(s)}=\frac{p(xy)\dfrac{\partial x}{\partial s}\cdot\dfrac{\partial y}{\partial z}}{p(x)\dfrac{\partial x}{\partial s}}=p(y|x)\frac{\mathrm{d}y}{\mathrm{d}z}$$

把上述关系代入式（7.38）中，得

$$\begin{aligned}I(S;Z)&=\iint_{\mathbf{R}}q(sz)\cdot\log\frac{q(sz)}{q(s)q(z)}\mathrm{d}s\mathrm{d}z\\&=\iint_{\mathbf{R}}p(xy)\frac{\partial x}{\partial s}\frac{\partial y}{\partial z}\cdot\log\frac{p(xy)\dfrac{\partial x}{\partial s}\dfrac{\partial y}{\partial z}}{p(x)\dfrac{\partial x}{\partial s}p(y)\dfrac{\partial y}{\partial z}}\cdot\frac{1}{\dfrac{\partial x}{\partial s}\dfrac{\partial y}{\partial z}}\mathrm{d}x\mathrm{d}y\\&=\iint_{\mathbf{R}}p(xy)\cdot\log\frac{p(xy)}{p(x)p(y)}\mathrm{d}x\mathrm{d}y=I(X;Y)\end{aligned}\tag{7.51}$$

所以，在一一对应变换条件下，平均互信息保持不变。若 $\boldsymbol{S}$、$\boldsymbol{X}$、$\boldsymbol{Y}$、$\boldsymbol{Z}$ 都是随机矢量，结论仍然成立。

显然，在研究平均互信息时，连续信源的差熵 $h(X)$ 起着和离散信源的熵 $H(X)$ 相似的作用。

5. 信息不增性

连续信道输入变量为 X，输出变量为 Y，若对连续随机变量 Y 再进行处理而成为另一连续随机变量 Z，一般总会丢失信息，最多保持原获得的信息不变，而所获得的信息不会增加。这就是**数据处理定理**，即若连续随机变量 $X\to Y\to Z$ 形成马氏链，则有

$$I(X;Z)\leqslant I(X;Y)\tag{7.52}$$

式中，$z=f(y)$，当且仅当这函数是一一对应时，式（7.52）等式成立。对于多维连续随机序列，此性质也成立。

7.5 连续信道的信道容量

对于固定的连续信道有一个最大的信息传输率，称为**信道容量**。对于不同的连续信道，存在的噪声形式不同，信道带宽及对信号的各种限制不同，则具有不同的信道容量。一般多维连续信道的信道容量为

$$C=\max_{p(\boldsymbol{x})} I(\boldsymbol{X};\boldsymbol{Y})=\max_{p(\boldsymbol{x})}\left[h(\boldsymbol{Y})-h(\boldsymbol{Y}|\boldsymbol{X})\right] \quad \text{（比特/}N\text{ 个自由度）} \tag{7.53}$$

式中，$p(\boldsymbol{x})$ 为输入矢量 $\boldsymbol{X}$ 的概率密度函数。

如果信道是一般多维加性连续信道，由式（7.35）得到其信道容量为

$$C=\max_{p(x)}\left[h(\boldsymbol{Y})-h(\boldsymbol{Y}|\boldsymbol{X})\right]=\max_{p(x)}\left[h(\boldsymbol{Y})-h(n)\right] \quad \text{（比特/}N\text{ 个自由度）} \tag{7.54}$$

因输入矢量 $\boldsymbol{X}$ 与噪声矢量 $\boldsymbol{n}$ 统计独立，所以，求加性信道的信道容量就是求某种发送信号的概率密度函数，使接收信号的熵 $h(\boldsymbol{Y})$最大。

在不同限制条件下，连续随机变量有不同的最大连续差熵值。而一般实际信道中，无论是输入信号还是噪声，它们的平均功率或能量总是有限的，所以本章只讨论在平均功率受限的条件下，各种连续信道的信道容量。

7.5.1 单符号高斯噪声加性信道

单符号高斯加性信道是指信道的输入和输出都是取值连续的一维随机变量，而加入信道的噪声是一维高斯加性噪声。设噪声均值为零、方差为 σ^2，则噪声源的熵为

$$h(n)=\frac{1}{2}\log 2\pi e\sigma^2 \tag{7.55}$$

由式（7.54）得高斯噪声加性信道的信道容量为

$$C=\max_{p(x)}\left[h(Y)-\frac{1}{2}\log 2\pi e\sigma^2\right] \tag{7.56}$$

因为考虑信源平均功率受限的情况，因此只有当信道的输出 Y 也为高斯分布时，式（7.56）中的 $h(Y)$ 为最大，信道的信息传输率才能达到信道容量。

此信道的输入 X 和加入信道噪声 n 是彼此独立的，即 $Y=X+n$，显然，当输入信号 X 是高斯分布时，才得到高斯分布的输出 Y，达到信道容量。设输出 Y 是均值为零、方差是 P_o 的高斯信号，输入 X 是均值为零、方差为 P_s 的高斯信号，且一定满足

$$P_o=P_s+\sigma^2$$

$$
\begin{aligned}
C &= \max_{p(x)}\left[h(Y)-\frac{1}{2}\log 2\pi e\sigma^2\right]=\frac{1}{2}\log 2\pi e P_o-\frac{1}{2}\log 2\pi e\sigma^2 \\
&=\frac{1}{2}\log\frac{P_o}{\sigma^2}=\frac{1}{2}\log\left(1+\frac{P_s}{\sigma^2}\right) \\
&=\frac{1}{2}\log\left(1+\frac{P_s}{P_n}\right)
\end{aligned}
\tag{7.57}
$$

式中，P_s 是输入信号 X 的平均功率，$P_n=\sigma^2$ 是高斯噪声的平均功率，P_s/P_n 为信道的信噪功率比。只有当信道的输入信号是高斯分布的随机变量时，信息传输率才能达到这个最大值 C，显然，信道容量只取决于信道的信噪功率比。

7.5.2　多维无记忆高斯噪声加性信道

设信道输入平稳随机序列 $\boldsymbol{X}=X_1X_2\cdots X_N$，输出平稳随机序列 $\boldsymbol{Y}=Y_1Y_2\cdots Y_N$，零均值的高斯噪声 $\boldsymbol{n}=n_1n_2\cdots n_N$，则有 $\boldsymbol{Y}=\boldsymbol{X}+\boldsymbol{n}$。因为信道是无记忆加性的，故有

$$
p(\boldsymbol{n})=p(\boldsymbol{y}|\boldsymbol{x})=\prod_{i=1}^{N}p(y_i|x_i)=\prod_{i=1}^{N}p(n_i) \tag{7.58}
$$

式（7.58）中的噪声各分量都是均值为零、方差为 $\sigma_i^2=P_{n_i}$ 的高斯变量，所以，多维无记忆高斯加性信道可等价为 N 个独立的并联基本高斯加性连续信道，如图 7-9 所示。

由式（7.47）可得

$$
\begin{aligned}
I(\boldsymbol{X};\boldsymbol{Y}) &\leqslant \sum_{i=1}^{N}I(X_i;Y_i) \\
&=\frac{1}{2}\sum_{i=1}^{N}\log\left(1+\frac{P_{s_i}}{P_{n_i}}\right)
\end{aligned}
\tag{7.59}
$$

则

$$
C=\max_{p(\boldsymbol{x})}I(\boldsymbol{X};\boldsymbol{Y})=\frac{1}{2}\sum_{i=1}^{N}\log\left(1+\frac{P_{s_i}}{P_{n_i}}\right)\quad（比特/N 个自由度）\tag{7.60}
$$

式（7.60）表示各单元时刻 $(i=1,2,\cdots,N)$ 上的噪声是均值为零、方差为不同的 P_{n_i} 的高斯噪声，当且仅当输入随机矢量 $\boldsymbol{X}$ 中各分量统计独立，且均值为零、方差为不同的 P_{s_i} 的高斯变量时，才能达到此信道容量。根据噪声在各单元时刻是否相同，以及输入信号 $\boldsymbol{X}$ 的功率受限情况，在实际应用中分成如下两种情况。

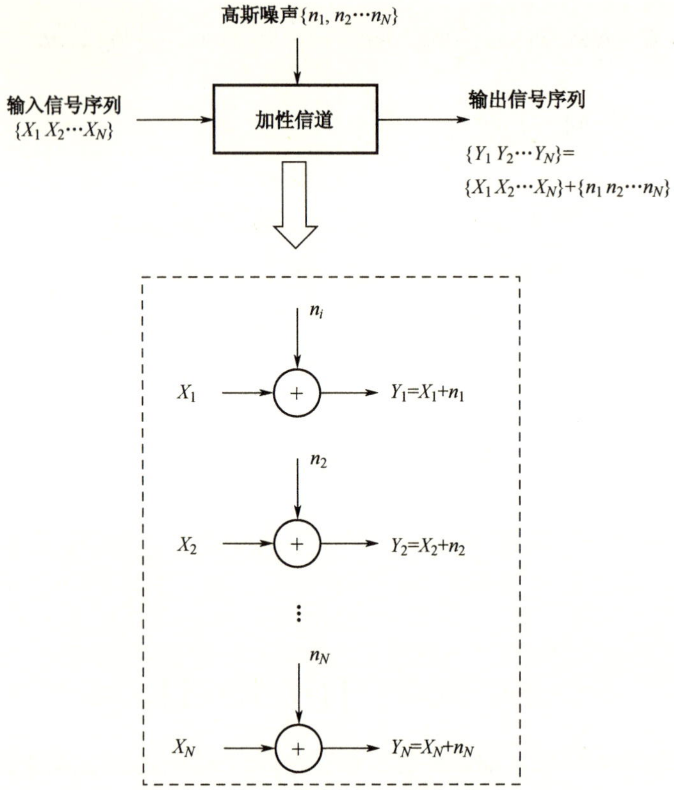

图 7-9　多维无记忆加性连续信道

1. 各单元时刻的噪声都相同，输入信号分量的平均功率受限

若各单元时刻$(i=1,2,\cdots,N)$上的噪声都是均值为零、方差为P_n的高斯噪声，且输入信号中各分量的平均功率受限，由式（7.60）得

$$C=\frac{N}{2}\log\left(1+\frac{P_s}{P_n}\right)\quad（比特/N 个自由度）\tag{7.61}$$

当且仅当输入信号 $\boldsymbol{X}$ 的各分量统计独立，且都是均值为零、方差为P_s的高斯变量时，信息传输率达到此最大值。

2. 各单元时刻的噪声不相同，输入信号总量的平均功率受限

若各单元时刻$(i=1, 2, \cdots, N)$上的噪声仍是均值为零、但方差为不同的P_{n_i}的高斯噪声，输入信号的总体平均功率受限，即输入的约束条件为

$$E\left[\sum_{i=1}^{N}X_i^2\right]=P\tag{7.62}$$

那么，各时刻的输入信号平均功率P_{s_i}应如何分配，可以使信息传输率达到最大

值——信道容量？

式（7.60）中，$P_{s_i}=E\left[X_i^2\right]$，所以式（7.62）的约束条件为$\sum_{i=1}^{N}P_{s_i}=P$，这是在该约束条件下求表达式（7.60）极大值的问题，可以利用拉格朗日乘子法来计算求解。经推导后可以得到

$$P_{s_i}+P_{n_i}=v \qquad (i=1,2,\cdots,N) \tag{7.63}$$

式（7.63）中的v是常数，表示**每个信道分配的信号和噪声功率和是常数时，可以使信息传输率达到信道容量**，即

$$v=\frac{1}{N}\left(P+\sum_{i=1}^{N}P_{n_i}\right) \tag{7.64}$$

但是，如果某信道的噪声功率过大，$P_{n_i}>v$时，由式（7.63）计算得到的P_{s_i}为负值，显然，此时该信道已经不能使用，应该予以关闭，成为非有效信道。因此，式（7.63）和式（7.64）中的N是有效信道的个数，不包括被关闭的信道。

在实际信道的信号功率分配时，我们总是在噪声大的信道少传送甚至不传送信息，而在噪声小的信道多传送信息，这与上述信道的信号分配原则是一致的。这种信号分配方法就是著名的**“注水法”**原理，如图 7-10 所示，将容器底部看成是由噪声平均功率P_{n_i}（即方差）所形成的高低起伏不平的底部，将信号的总能量P看作水，将这些水倒入这容器中，水流动达到平衡，水的高度平面为v，因此，$P_{n_i}>v$的单元内没有水，P_{n_i}越小的单元内水就越多，水的高度即是信号功率P_{s_i}的大小。

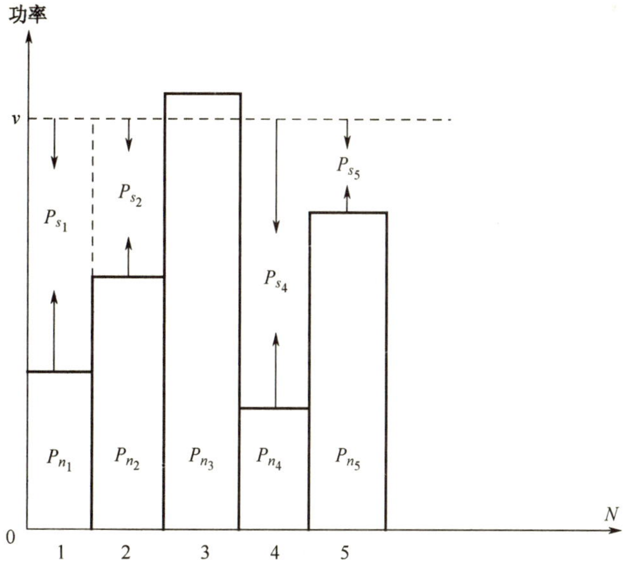

图 7-10　并联信道的功率分配

例 7.3　设并联信道的噪声是均值为零、方差为 $P_{n_1}=0.1, P_{n_2}=0.2, P_{n_3}=0.3, P_{n_4}=0.4, P_{n_5}=0.5, P_{n_6}=0.6, P_{n_7}=0.7, P_{n_8}=0.8, P_{n_9}=0.9, P_{n_{10}}=1.0$（单位为 W）的高斯加性噪声，输入信号 $\boldsymbol{X}$ 是 10 个相互统计独立、均值为零、方差为 $P_{s_i}(i=1,2,\cdots,10)$ 的高斯变量。（1）若输入总平均功率 $\sum_{i=1}^{10}P_{s_i}=1\text{W}$，求各并联信道的功率分配方案和总的信道容量；（2）若输入总平均功率 $\sum_{i=1}^{10}P_{s_i}=3\text{W}$，求解相同问题。

【解】（1）由式（7.64）计算 ν 得

$$\begin{aligned}\nu_{10}&=\frac{1}{10}\left(P+\sum_{i=1}^{10}P_{n_i}\right)\\&=\frac{1}{10}\times(1+0.1+0.2+0.3+0.4+0.5+0.6+0.7+0.8+0.9+1.0)=0.65\end{aligned}$$

此时，P_{n_7},P_{n_8},P_{n_9} 和 $P_{n_{10}}$ 均大于 ν_{10}，因此，这 4 个信道予以关闭，成为无效信道。重新计算 ν 值得

$$\nu_6=\frac{1}{6}\left(P+\sum_{i=1}^{6}P_{n_i}\right)=\frac{1}{6}\times(1+0.1+0.2+0.3+0.4+0.5+0.6)=0.517$$

显然，$P_{n_6}>\nu_6$，此信道也应关闭，再计算 ν 得

$$\nu_5=\frac{1}{5}\times(1+0.1+0.2+0.3+0.4+0.5)=0.5$$

$P_{n_5}=\nu_5,\ P_{s_5}=0$，此信道同样应关闭，再计算 ν 得

$$\nu_4=\frac{1}{4}\times(1+0.1+0.2+0.3+0.4)=0.5$$

由式（7.63）得到功率分配为

$$P_{s_1}=0.4, P_{s_2}=0.3, P_{s_3}=0.2, P_{s_4}=0.1\ （单位为 W）$$

由式（7.60）计算得到信道容量

$$\begin{aligned}C&=\frac{1}{2}\sum_{i=1}^{4}\log\left(1+\frac{P_{s_i}}{P_{n_i}}\right)=\frac{1}{2}\log\left(\frac{\nu}{P_{n_1}}\cdot\frac{\nu}{P_{n_2}}\cdot\frac{\nu}{P_{n_3}}\cdot\frac{\nu}{P_{n_4}}\right)\\&=\frac{1}{2}\log\frac{0.5^4}{0.1\times0.2\times0.3\times0.4}=2.35\ \text{比特/10 个自由度}\end{aligned}$$

（2）同样计算 ν 值为

$$\nu_{10}=\frac{1}{10}\times(3+0.1+0.2+0.3+0.4+0.5+0.6+0.7+0.8+0.9+1.0)=0.85$$

关闭后面两个信道后，再求 ν 值为

$$\nu_8=\frac{1}{8}\times(3+0.1+0.2+0.3+0.4+0.5+0.6+0.7+0.8)=0.825$$

由式（7.63）得到功率分配为

$$P_{s_1}=0.725, P_{s_2}=0.625, P_{s_3}=0.525, P_{s_4}=0.425$$

$$P_{s_5}=0.325, P_{s_6}=0.225, P_{s_7}=0.125, P_{s_8}=0.025 \text{（单位为 W）}$$

计算得到信道容量

$$C=\frac{1}{2}\log\frac{0.825^8}{0.1\times0.2\times0.3\times0.4\times0.5\times0.6\times0.7\times0.8}=4.53\text{比特/10 个自由度}$$

显然，当输入信号的总能量 P 增加时，图 7-10 中的 v 值抬高，各并联信道分配的信号功率也都增加，使得总信道容量加大。因此，提高信号的输入功率，可以使信道传输信息的能力增强。

7.5.3　加性高斯白噪声波形信道

波形信道中，若在限频(F)、限时(T)、限功率$\left(P_s\right)$的条件下，则可通过取样将其转化成 M 维随机序列 $\boldsymbol{x}=(x_1,x_2,\cdots,x_M)$ 和 $\boldsymbol{y}=(y_1,y_2,\cdots,y_M)$，得到波形信道的平均互信息为

$$I\left[x(t);y(t)\right]=\lim_{M\to\infty}I(\boldsymbol{X};\boldsymbol{Y})$$

高斯白噪声加性波形信道是经常假设的一种信道，此信道的输入和输出信号是随机过程 $\{x(t)\}$ 和 $\{y(t)\}$，而加入信道的噪声是限带的加性高斯白噪声 $\{n(t)\}$，其均值为 0，功率谱密度为 $N_0/2$，输出信号满足

$$\{y(t)\}=\{x(t)\}+\{n(t)\}$$

低频限带高斯白噪声的各样本值彼此统计独立，所以限频高斯白噪声随机过程可分解成 M 维统计独立的随机序列，从而有 $\boldsymbol{y}=\boldsymbol{x}+\boldsymbol{n}$。按照取样定理，在 $[0,T]$范围内要求 $M=2WT$。这是多维无记忆高斯加性信道，根据式（7.60），信道容量为

$$C=\frac{1}{2}\sum_{i=1}^{M}\log\left(1+\frac{P_{s_i}}{P_{n_i}}\right)\quad\text{（比特/}N\text{ 个自由度）}$$

式中，P_{n_i} 是每个噪声分量的功率，$P_{n_i}=\frac{N_0}{2}\cdot 2W\cdot T/(2WT)=\frac{N_0}{2}$；$P_{s_i}$ 是每个信号样本值的平均功率，设信号的平均功率受限于 P_s，则 $P_{s_i}=P_sT/(2WT)=\frac{P_s}{2W}$。

信道容量为

$$\begin{aligned}C&=\frac{M}{2}\log\left(1+\frac{P_s}{2W}\Big/\frac{N_0}{2}\right)=\frac{M}{2}\log\left(1+\frac{P_s}{N_0W}\right)\\&=WT\log\left(1+\frac{P_s}{N_0W}\right)\quad\text{（比特/}M\text{ 个自由度）}\end{aligned}\tag{7.65}$$

要使信道中传送的消息达到信道容量，必须使输入信号 $\{x(t)\}$ 具有均值为 0、平均功率为 P_s 的高斯白噪声的特性。不然，传送的信息率低于信道容量，信道得不到充分利用。

高斯白噪声加性信道单位时间的信道容量为

$$C_t = \lim_{T\to\infty}\frac{C}{T} = W\log\left(1+\frac{P_s}{N_0W}\right) \quad \text{(bit/s)} \tag{7.66}$$

式中，P_s 是信号的平均功率，N_0W 为高斯白噪声在带宽 W 内的平均功率，令 $\text{SNR} = P_s/N_0W$，称为信道的**信噪功率比**。式（7.66）就是著名的**香农公式**，可见信道容量与信噪功率比和带宽有关。

当信道输入信号是平均功率受限的高斯白噪声信号时，信息传输可达到香农公式表示的信道容量。而常用的实际信道一般为非高斯噪声波形信道，其噪声熵比高斯噪声的小，信道容量是以高斯加性信道的信道容量为下限值。所以香农公式也适用于其他一般非高斯波形信道，由香农公式得到的值是其信道容量的下限值。

下面通过对香农公式（7.66）进行讨论，分析得到提高信道容量的途径。

（1）当带宽 W 一定时，信噪比 SNR 与信道容量 C_t 呈对数关系，如图 7-11 所示。若 SNR 增大，C_t 也增大，但增大到一定程度后就会趋于缓慢。这说明增加输入信号功率有助于信道容量的增大；另一方面降低噪声功率效果更是显著，当 $N_0 \to 0$ 时，$C_t \to \infty$，即无噪声信道的容量为无限大。

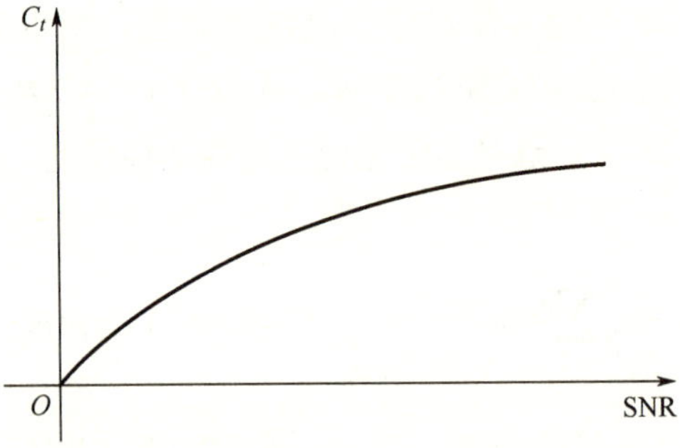

图 7-11　信道容量 C_t 与信噪功率比的关系

（2）当输入信号功率 P_s 一定时，增加信道带宽，容量可以增加，但到一定阶段后增加变得缓慢，因为当噪声为加性高斯白噪声时，随着 W 的增加，噪声功率 N_0W 也随之增加。当 $W\to\infty$ 时，$C_t\to\infty$，利用关系式 $\ln(1+x)\approx x$ (x 很小时) 可求出 C_∞ 值，即

$$C_\infty = \lim_{W\to\infty} C_t = \lim_{W\to\infty} W\log\left(1+\frac{P_s}{N_0W}\right) \approx \lim_{W\to\infty}\frac{W}{\ln 2}\cdot\frac{P_s}{N_0W} \approx 1.4427\frac{P_s}{N_0} \tag{7.67}$$

该式说明即使带宽无限，信道容量仍是有限的，当 $C_\infty = 1\,\text{bit/s}$，$P_s/N_0 = \ln 2 =$

−1.6 dB，即当带宽不受限制时，传送 1 bit 信息，信噪功率比最低需要−1.6 dB，这就是**香农限**，是加性高斯噪声信道信息传输率的极限值，是一切编码方式所能达到的理论极限，要获得可靠通信，实际值往往都比这个值要大得多。

（3）$C_t/W=\log(1+\mathrm{SNR})$ bit/(s · Hz)，是单位频带的信息传输率，也叫**频带利用率**，该值越大，信道利用就越充分。当 $C_t/W=1$ bit/(s · Hz) 时，SNR = 1 (0 dB)；当 $C_t/W\to 0$ 时，SNR = −1.6 dB，此时信道完全丧失通信能力。频带利用率与信噪功率比的关系如图 7-12 所示。

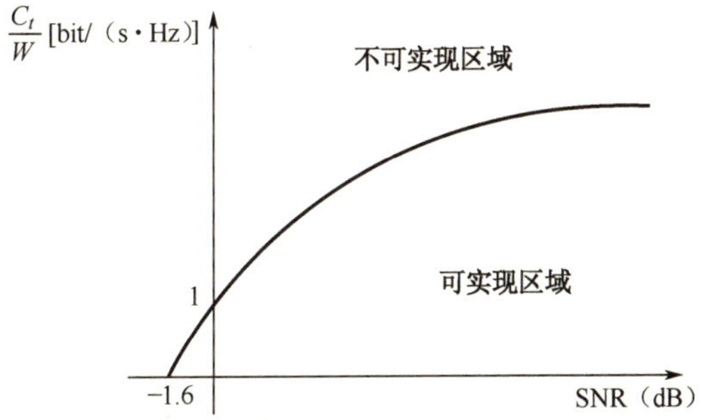

图 7-12　频带利用率与信噪功率比的关系

（4）C_t 一定时，带宽 W 越大，信噪比 SNR 可降低，即两者是可以互换的。若有较大的传输带宽，则在保持信号功率不变的情况下，可允许较大的噪声，即系统的抗噪声能力提高。无线通信中的扩频系统就是利用了这个原理，将所需传送的信号扩频，使之远远大于原始信号带宽，以增强抗干扰能力。

实际信道通常是非高斯波形信道。香农公式也可适用于一般非高斯波形信道，由香农公式计算得到的信道容量值是非高斯波形信道的下限值。

例 7.4　在电话信道中常多路复用，一般电话信号的带宽为 3.3 kHz。若信噪功率比为 20 dB，试计算一路电话信道的信道容量。

【解】已知 SNR = 20 dB = 100，代入香农公式计算得

$$C_t=W\log\left(1+\mathrm{SNR}\right)=3.3\log_2(1+100)=22\ \text{kbit/s}$$

而实际信道达到的最大信道传输率约为 19.2 kbit/s，主要是因为信道存在串音、回波等干扰因素，所以实际值比理论计算值要小。

思　考　题

7.1　连续信源的差熵是如何定义的？其物理意义与离散信源的熵相同吗？

7.2　二维连续信源的联合差熵和条件差熵是如何定义的？

7.3　连续信源的差熵与离散信源熵相比，哪些性质是相同的？哪些性质是不同的？哪些性质是特有的？

7.4　连续信源的最大差熵与离散信源最大熵都与信源的概率分布有关，但是它们的区别是什么？

7.5　理解概念：基本连续信道，多维连续信道，高斯信道，高斯白噪声信道，加性信道，乘性信道。

7.6　加性连续信道的概率密度函数与信道噪声具有什么关系？

7.7　基本连续信道的平均互信息是如何定义的？与离散信源平均互信息相比有什么关系？

7.8　连续信道的信道容量计算有哪几种主要的分类？其计算公式分别是什么？

习　　题

7.1　若随机变量 x 表示电压信号 $x(t)$ 的幅度：

（1）当$-3\leqslant x\leqslant 3$ V，且服从均匀分布时，求该信源的差熵；

（2）当$-5\leqslant x\leqslant 5$ V，且服从均匀分布时，求该信源的差熵；

（3）对比（1）和（2）的计算结果，并从物理意义上解释。

7.2　某信源输出随机变量 X 的概率密度函数为

$$p(x)=\frac{1}{2\alpha\sqrt{\pi}}\mathrm{e}^{-(x^2/4\alpha^2)}$$

求该信源的熵 $h(X)$。

7.3　设给定两随机变量 X_1 和 X_2，它们的联合概率密度为

$$p(x_1x_2)=\frac{1}{2\pi}\mathrm{e}^{-(x_1^2+x_2^2)/2}\qquad(-\infty<x_1, x_2>+\infty)$$

求随机变量 $Y=X_1+X_2$ 的概率密度函数，并计算变量 Y 的熵 $h(Y)$。

7.4　若两个一维随机变量 x 的概率密度函数 $p(x)$如图 7-13 所示，问哪一个熵值较大？请说明理由。

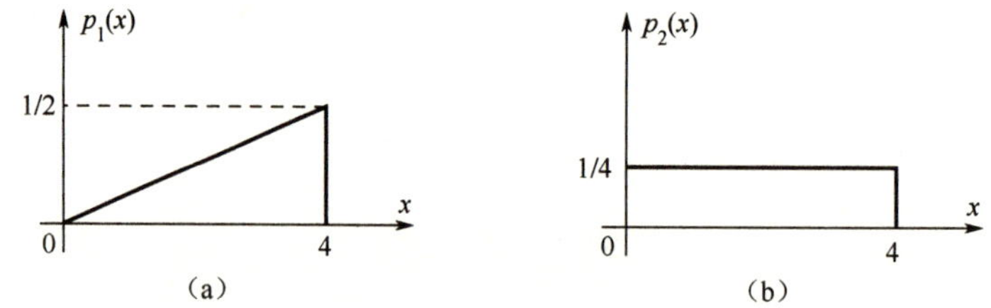

图 7-13　习题 7.4 图

7.5　设有一随机变量 x，已知其熵为 $h(X)$。如果 $Y_1 = X + K\ (K > 0)$，$Y_2 = 3X$，试分别求出 Y_1 和 Y_2 的熵 $h(Y_1)$ 和 $h(Y_2)$。

7.6　如果将习题 7.2 中的高斯信源送入某连续信道，其信道特性为

$$p(y|x) = \frac{1}{\alpha\sqrt{3\pi}} \mathrm{e}^{-(y-\frac{1}{2}x)^2/3\alpha^2} \qquad (-\infty < x, y > +\infty)$$

求平均互信息 $I(X;Y)$。

7.7　试证明两连续随机变量之间的平均互信息 $I(X;Y)$ 是输入随机变量 X 的概率密度函数 $p(x)$ 的 ∩ 型凸函数。

7.8　在图片传输中，每帧为 1280×960 个像素，每个像素有 16 个亮度电平，并假定亮度电平等概率分布。假定图片传输信道是高斯白噪声加性信道，信噪功率比是 30 dB，试计算每秒钟传输 30 帧图片所需信道的带宽。

7.9　设一时间离散幅度连续的无记忆信道的输入是一个零均值、方差为 E 的高斯随机变量的电话信号，信道噪声为加性高斯噪声，方差 $\sigma^2 = 1\ \mu\mathrm{W}$，信道的符号传输速率为 N=8000 符号/s。如果电话机产生的信号速率是 64 kbit/s，求电话输入信号功率 E 的最小值。

7.10　设并联信道的噪声是均值为零、方差为 $P_{n_1} = 0.1, P_{n_2} = 0.2, P_{n_3} = 0.3, P_{n_4} = 0.4$，$P_{n_5} = 0.6, P_{n_6} = 0.7, P_{n_7} = 0.8, P_{n_8} = 0.9$（单位为 W）的高斯加性噪声，输入信号 $\boldsymbol{X}$ 是 8 个相互统计独立均值为零、方差为 $P_{s_i}\ (i = 1, 2, \cdots, 8)$的高斯变量。

（1）若输入总平均功率 $\sum_{i=1}^{8} P_{s_i} = 2\mathrm{W}$，求各并联信道的功率分配方案和总的信道容量；

（2）若输入总平均功率 $\sum_{i=1}^{8} P_{s_i} = 4\mathrm{W}$，求解相同的问题。

7.11　某信源输出信号的信息率为 9.6 kbit/s，噪声功率谱 $N_0 = 5\times10^{-6}$ mW/Hz，在带宽为 $W = 4$ kHz 的高斯波形信道中传输。求无差错传输时信源必须输入的最小功率是多少？

7.12　设在平均功率受限的加性高斯白噪声波形信道中，（信噪功率+噪声功率）/噪声功率=10 dB，信道带宽为 3 kHz。

（1）计算该信道单位时间所能传输的最大信息率；

（2）若（信噪功率+噪声功率）/噪声功率=5 dB，要达到相同的最大信息传输率，信道带宽应该是多少？

第 8 章　限失真信源编码

在第 6 章讨论信道编码定理时已经介绍过，不论何种信道，只要信息率 R 小于信道容量 C，总能找到一种编码，使在信道上能以任意小的错误概率和任意接近于 C 的传输率来传送信息。反之，若 $R > C$，则传输总要产生失真。

实际的信源输出常常是连续的消息，所以信源的信息量是无限大的。要想无失真地传送连续信源的消息，要求信息率 R 必须为无穷大，这实际上是做不到的，因为信道带宽总是有限的，所以信道容量总要受到限制。

实际的信宿大都是人，或者信息经传输、存储后的使用者最终也是人，而人们一般并不要求获得完全无失真的消息，通常只要求近似地再现原始消息，也就是允许一定的失真存在。例如，在打电话时，由于人耳接收信号的带宽和分辨率是有限的，即使语音信号有一些失真，听电话的人也不能识别或者可以忽略，因此，这种失真实际上并不影响通信质量。

在允许一定程度失真的条件下，能够把信源信息压缩到什么程度，即最少需要多少比特数才能描述信源，是本章要讨论的问题。本章讨论的信息率失真理论，其重要程度如同信源的熵函数、信道的平均互信息一样，是量化、数模转换、频带压缩和数据压缩的理论基础。

8.1　信源失真测度

本章主要关注信源的限失真编码问题，因此将信道编码、信道和信道译码均视为信道，且简化为无噪无扰的理想信道。这样信宿收到消息后所产生的失真（或误差）是由信源的有失真编码引起的，此时，信息经过有失真信源编码就如同信息通过有噪信道，因此，有噪信道的描述方法可以借鉴用来表示有失真信源编码。直观上，若允许失真越大，信息传输率可以越小；反之，若允许失真越小，信息传输率必须越大。显然，首先需要描述信源允许失真的大小，即信源失真测度。

8.1.1　单符号信源失真度

设离散无记忆信源

$$\begin{bmatrix} X \\ P \end{bmatrix} = \begin{bmatrix} x_1 & x_2 & \cdots & x_r \\ p(x_1) & p(x_2) & \cdots & p(x_r) \end{bmatrix}$$

信源符号通过信道传送到接收端，

$$\begin{bmatrix} Y \\ P \end{bmatrix} = \begin{bmatrix} y_1 & y_2 & \cdots & y_s \\ p(y_1) & p(y_2) & \cdots & p(y_s) \end{bmatrix}$$

信道的传递概率矩阵为

$$[P(Y|X)] = \begin{bmatrix} p(y_1|x_1) & p(y_2|x_1) & \cdots & p(y_s|x_1) \\ p(y_1|x_2) & p(y_2|x_2) & \cdots & p(y_s|x_2) \\ \vdots & \vdots & & \vdots \\ p(y_1|x_r) & p(y_2|x_r) & \cdots & p(y_s|x_r) \end{bmatrix}$$

对于每一对 (x_i, y_j) 指定一个非负的函数

$$d(x_i, y_j) \geqslant 0 \qquad (i=1,2\cdots,r;\ j=1,2\cdots,s) \tag{8.1}$$

称 $d(x_i, y_j)$为单个符号的**失真度**或**失真函数**。用它来表示信源发出一个符号 x_i，而在接收端再现 y_j 所引起的误差或失真。通常较小的 d 值代表较小的失真，而 $d(x_i, y_j)= 0$ 表示没有失真。

显然，失真函数 $d(x_i, y_j)$ 有 $r\times s$ 个取值，因此可以用 $r\times s$ 矩阵表示，称作**失真矩阵**，即

$$\boldsymbol{D} = \begin{bmatrix} d(x_1,y_1) & d(x_1,y_2) & \cdots & d(x_1,y_s) \\ d(x_2,y_1) & d(x_2,y_2) & \cdots & d(x_2,y_s) \\ \vdots & \vdots & & \vdots \\ d(x_r,y_1) & d(x_r,y_2) & \cdots & d(x_r,y_s) \end{bmatrix} \tag{8.2}$$

在连续信源和连续信道的情况下，同样定义失真函数 $d(x, y)\geqslant 0$ 来表示信源编码后的失真程度。

失真函数的取值是根据人们的实际需要和失真引起的损失、风险、主观感觉上的差别大小等因素人为规定的。下面举两个常用的失真函数。

1. 汉明失真函数

$$d(x_i, y_j) = \begin{cases} 0 & i=j \\ 1 & i\neq j \end{cases} \tag{8.3}$$

式（8.3）表示当译码的符号与发送符号相同时，不存在失真和错误，因此失真度 $d(x_i, y_j) = 0$；当译码的符号与发送符号不同时，就有失真存在，当不需要区分失真大小时，失真度取常数值 $d(x_i, y_j) = 1$。这样取值的失真函数称作**汉明失真函数**，用失真矩阵表示为

$$\boldsymbol{D}=\begin{bmatrix}0 & 1 & 1 & \cdots & 1\\ 1 & 0 & 1 & \cdots & 1\\ \vdots & \vdots & \vdots & & \vdots\\ 1 & 1 & 1 & \cdots & 0\end{bmatrix}$$

汉明失真函数比较适合表示离散信源的失真度。

2. 平方误差失真函数

$$d\left(x_i, y_j\right)=\left(x_i-y_j\right)^2 \tag{8.4}$$

如果信源符号代表信源输出信号的幅度值，则式（8.4）意味着较大幅度的失真要比较小幅度的失真引起的错误更为严重，严重的程度用平方表示。这样取值的失真函数称作**平方误差失真函数**。

例如，当 $r = s = 3$ 时，即输入符号 $X = \{0, 1, 2\}$，输出符号 $Y = \{0, 1, 2\}$，平方误差失真矩阵为

$$\boldsymbol{D}=\begin{bmatrix}0 & 1 & 4\\ 1 & 0 & 1\\ 4 & 1 & 0\end{bmatrix}$$

平方误差失真函数可以表示离散信源和连续信源的失真度。

8.1.2　信源符号序列失真度

设信源输出的符号序列 $\boldsymbol{X}=X_1X_2\cdots X_N$ ，其中每一个随机变量 X_i 均取值于同一符号集 $X = \{x_1, x_2, \cdots, x_r\}$，所以共有 r^N 个不同的信源符号序列 $\boldsymbol{x_i}$，而接收符号序列为 $\boldsymbol{Y} = Y_1Y_2 \cdots, Y_N$，其中每一个随机变量 Y_i 均取值于同一符号集 $Y = \{y_1, y_2, \cdots, y_s\}$，共有 s^N 个不同的接收符号序列 $\boldsymbol{y_j}$ 。

设发送序列为 $\boldsymbol{x_i} = x_{i_1} x_{i_2} \cdots x_{i_N}$ ，接收序列为 $\boldsymbol{y_j} = y_{j_1} y_{j_2} \cdots y_{j_N}$，定义信源符号序列的失真度为

$$\begin{aligned} d\left(x_i, y_j\right) &= d\left(x_{i_1}x_{i_2}\cdots x_{i_N}, y_{j_1}y_{j_2}\cdots y_{j_N}\right)\\ &= d\left(x_{i_1}, y_{j_1}\right)+d\left(x_{i_2}, y_{j_2}\right)+\cdots+d\left(x_{i_N}, y_{j_N}\right)\\ &= \sum_{k=1}^{N} d\left(x_{i_k}, y_{j_k}\right) \end{aligned} \tag{8.5}$$

式（8.5）表示信源序列的失真度等于序列中每个对应单个符号失真度之和，取不同的序列 $\boldsymbol{x}_i$、$\boldsymbol{y}_j$ ，其失真度 $d(\boldsymbol{x_i}, \boldsymbol{y_j})$ 不同。同样信源序列的失真度可以表示成矩阵形式，是 $r^N \times s^N$ 阶的。

例 8.1　设离散信源输出序列 $\boldsymbol{X} = X_1X_2X_3$，每一个随机变量 X_i 均取值于符号

集 $X=\{0, 1\}$；接收符号序列 $\boldsymbol{Y}=Y_1Y_2Y_3$，每一个随机变量 Y_i 均取值于符号集 $Y=\{0, 1\}$。定义失真函数 $d(0, 0)=d(1, 1)=0, d(0, 1)=d(1, 0)=1$，求信源序列的失真度。

【解】依题意，输入信源序列数 $r^N=2^3=8$，输出序列数 $s^N=2^3=8$。根据信源符号序列失真度的定义，可以求得

$$d(000,000)=d(0,0)+d(0,0)+d(0,0)=0$$
$$d(000,001)=d(0,0)+d(0,0)+d(0,1)=1$$

同理，用相同的方法计算得到失真矩阵的其他元素值：

$$D(N)=\begin{bmatrix} 0 & 1 & 1 & 2 & 1 & 2 & 2 & 3 \\ 1 & 0 & 2 & 1 & 2 & 1 & 3 & 2 \\ 1 & 2 & 0 & 1 & 2 & 3 & 1 & 2 \\ 2 & 1 & 1 & 0 & 3 & 2 & 2 & 1 \\ 1 & 2 & 2 & 3 & 0 & 1 & 1 & 2 \\ 2 & 1 & 3 & 2 & 1 & 0 & 2 & 1 \\ 2 & 3 & 1 & 2 & 1 & 2 & 0 & 1 \\ 3 & 2 & 2 & 1 & 2 & 1 & 1 & 0 \end{bmatrix}$$

8.1.3　平均失真度

$d(x_i, y_j)$ 只能表示两个特定的具体符号 x_i 和 y_j 之间的失真，为了能在平均意义上表示信道每传递一个符号所引起的失真的大小（本章提到的信道实质是指有失真编码，信道传输引起的失真实质是指有失真编码带来的失真。后面无另外说明的，都是本含义），我们定义平均失真度为失真函数的数学期望：

$$\overline{D}=E\left[d\left(x_i,y_j\right)\right]=\sum_{i=1}^{r}\sum_{j=1}^{s}p\left(x_iy_j\right)d\left(x_i,y_j\right) \tag{8.6}$$

$$=\sum_{i=1}^{r}\sum_{j=1}^{s}p\left(x_i\right)p\left(y_j\mid x_i\right)d\left(x_i,y_j\right) \tag{8.7}$$

平均失真度 $\overline{D}$ 是在平均意义上对整个系统失真情况的描述，它是信源统计特性 $p(x_i)$、信道统计特性 $p(y_j|x_i)$ 以及人们规定的失真度 $d(x_i, y_j)$ 的函数。当 $p(x_i)$、$p(y_j|x_i)$ 和 $d(x_i, y_j)$ 给定时，平均失真度 $\overline{D}$ 就是一个确定的量。如果信源和失真度一定，$\overline{D}$ 就只是信道统计特性的函数，信道传递概率不同（即信源限失真编码不同），平均失真度随之改变。

8.1.4　信源符号序列的平均失真度

N 维离散无记忆扩展信源的平均失真度为

$$\begin{aligned}\overline{D}(N) &= E\left[d\left(x_i, y_j\right)\right] \\ &= \sum_{i=1}^{r^N}\sum_{j=1}^{s^N} p\left(x_i\right)p\left(y_j \mid x_i\right)d\left(x_i, y_j\right)\end{aligned} \tag{8.8}$$

$$= \sum_{i=1}^{r^N}\sum_{j=1}^{s^N} p\left(x_i\right)p\left(y_j \mid x_i\right)\sum_{k=1}^{N} d\left(x_{i_k}, y_{j_k}\right) \tag{8.9}$$

当信源与信道都是无记忆时，N 维信源的平均失真度为

$$\overline{D}\left(N\right) = \sum_{k=1}^{N}\overline{D}_k \tag{8.10}$$

$$\overline{D}_k = \sum_{i=1}^{r}\sum_{j=1}^{s} p\left(x_{i_k}\right)p\left(y_{j_k} \mid x_{i_k}\right)d\left(x_{i_k}, y_{j_k}\right)$$

这里，$\overline{D}_k$ 是指信源序列第 k 个分量的平均失真度。如果离散信源是平稳信源，即 $p(x_{i_k})=p(x_i)$，信道又是平稳信道，即 $p(y_{j_k} \mid x_{i_k}) = p(y_j|x_i)$，$k = 1, 2,\cdots, N$，则 $\overline{D} = \overline{D}_k$，因此有

$$\overline{D}\left(N\right) = N\overline{D} \tag{8.11}$$

即离散无记忆平稳信源通过离散无记忆平稳信道，其信源序列的平均失真度等于单个符号平均失真度的 N 倍。

定义信源序列中单个符号的平均失真度为

$$\overline{D}_N = \frac{1}{N}\overline{D}(N) \tag{8.12}$$

则离散无记忆平稳信源通过离散无记忆平稳信道时，$\overline{D}_N = \overline{D}$。

8.2　信息率失真函数

信息率失真理论是研究在给定允许失真的条件下，设计一种信源编码，使信息传输率为最低，这个最低的信息传输率称为**信息率失真函数**或简称为**率失真函数**。本节对信息率失真函数的定义和性质进行分析和讨论，由于其重要性，下节讨论率失真函数的计算方法。

8.2.1　保真度准则

如果要求信源编码后的平均失真度 $\overline{D}$ 不大于所允许的失真度 D，即 $\overline{D} \leqslant D$，

称为**保真度准则**。N 维信源序列的保真度准则是 $\overline{D}(N) \leqslant ND$。

式(8.7)表明，平均失真度 $\overline{D}$ 不仅与单个符号的失真度有关，还与信源的概率分布、信道的转移概率有关。当信源和单个符号失真度固定，即 $p(x)$和 $d(x_i, y_j)$给定时，选择不同的信道 $p(y_j|x_i)$相当于选择不同的编码方法，所得的平均失真度 $\overline{D}$ 不同，有些信道 $\overline{D} \leqslant D$，有些信道 $\overline{D} > D$。凡是满足保真度准则 $\overline{D} \leqslant D$ 的信道称为 **D 失真许可的试验信道**，所有 D 失真许可的试验信道的集合用 B_D 表示，即

$$B_D = \left\{ p\left(y_j \mid x_i\right) : \overline{D} \leqslant D \quad i=1,2,\cdots,r; \quad j=1,2,\cdots s \right\} \tag{8.13}$$

对于离散无记忆信源的 N 次扩展信源和离散无记忆信道的 N 次扩展信道，相应的 D 失真许可的试验信道为

$$B_D\left(N\right) = \left\{ p\left(y_j \mid x_i\right):\ \overline{D}\left(N\right) \leqslant ND \quad i=1,2,\cdots,r^N; j=1,2,\cdots,s^N \right\} \tag{8.14}$$

8.2.2 信息率失真函数定义

在信源给定，且又具体定义了失真函数以后，我们希望在满足一定失真的情况下，使信源传送给信宿的信息传输率 R 尽可能小，也就是在满足保真度准则下($\overline{D} \leqslant D$)，寻找信源必须传输给信宿的信息率 R 的下限值，这个下限值与 D 有关。若从接收端来看，就是在满足保真度准则下，寻找再现信源消息所必须获得的最低平均信息量，即寻找平均互信息 $I(\boldsymbol{X};\boldsymbol{Y})$的最小值。因此，我们可以在 D 失真许可的试验信道集合 B_D 中寻找某一个信道 $p(y_j|x_i)$，使 $I(\boldsymbol{X};\boldsymbol{Y})$ 的取值最小，表示为

$$R\left(D\right) = \min_{p\left(y_j|x_i\right) \in B_D} \left\{ I\left(\boldsymbol{X};\boldsymbol{Y}\right) \right\} \tag{8.15}$$

这就是**信息率失真函数**或简称**率失真函数**，它的单位与平均互信息相同，是比特/信源符号或奈特/信源符号。

同样定义 N 维信源符号序列的信息率失真函数为

$$R_N\left(D\right) = \min_{p\left(\boldsymbol{y}_j|\boldsymbol{x}_i\right) \in B_D(N)} \left\{ I\left(\boldsymbol{X};\boldsymbol{Y}\right) \right\} \tag{8.16}$$

信源符号序列率失真函数就是在保真度准则条件下($\overline{D}\left(N\right) \leqslant ND$)，使平均互信息 $I(\boldsymbol{X};\boldsymbol{Y})$取得的极小值。

式（8.15）中，由于平均互信息 $I(\boldsymbol{X};\boldsymbol{Y})$是 $p(y_j|x_i)$的∪型凸函数，所以在 B_D 集合中，其极小值存在，也就是率失真函数 $R(D)$存在。同理，$R_N(D)$也存在。在离散无记忆平稳信源的情况下，可证得

$$R_N(D) = NR(D) \tag{8.17}$$

应该强调指出，在研究 $R(D)$时，我们引用的条件概率 $p(y|x)$并没有实际信道的含义，是为了求平均互信息的最小值而引用的、假想的可变试验信道。实际上这

些信道反映的仅是不同的有失真信源编码或信源压缩，所以改变 $p(y_j|x_i)$求平均互信息的最小值，实质上是选择一种编码方法使信息传输率为最小。

8.2.3 信息率失真函数性质

由信息率失真函数的定义可知，当允许失真 D 增加时，信息传输率可以减小，也就是 $R(D)$ 减小，反之，D 减小时，信息传输率必须增大，$R(D)$增大。显然，$R(D)$是 D 的函数。下面讨论 $R(D)$的性质。

1. $R(D)$ 的定义域 $(D_{\min}, D_{\max})$

信息率失真函数 $R(D)$ 中的自变量 D 是允许平均失真度，也就是人们规定的平均失真度$\overline{D}$的上限值。那么 D 是不是可以任意选取呢？当然不是。它必须根据固定信源 X 的统计特性 $p(x)$ 和选定的失真函数 $d(x_i, y_j)$，在平均失真度$\overline{D}$的可能取值范围内，合理地选择某值作为允许的平均失真度。所以，率失真函数的定义域就是在信源和失真函数已知的情况下，讨论允许平均失真度 D 的最小和最大取值问题。

根据式（8.6）平均失真度的定义，$\overline{D}$ 是非负函数 $d(x_i, y_j)$ 的数学期望。因此，平均失真度是一个非负的函数，显然其下限为零。那么，允许平均失真度 D 的下限也必然是零，这就是不允许任何失真的情况。

$D_{\min}$值可以由给定信源和失真矩阵求得，通过式（8.7）得到计算公式

$$D_{\min}=\min\left\{\sum_{i=1}^{r}\sum_{j=1}^{s}p(x_i)p(y_j|x_i)d(x_i,y_j)\right\} \tag{8.18}$$

因为信源是给定的，即 $p(x_i)$ 是一定的，式（8.18）改写为

$$D_{\min}=\sum_{i=1}^{r}p(x_i)\min\left\{\sum_{j=1}^{s}p(y_j|x_i)d(x_i,y_j)\right\} \tag{8.19}$$

由于 $d(x_i, y_j)$ 是已知的，现在的任务就是选择转移概率 $p(y_j|x_i)$，对每个信源符号 x_i，使得下式为最小：

$$\sum_{j=1}^{s}p(y_j|x_i)d(x_i,y_j)$$

从而使得平均失真最小，就是对给定 x_i，找到一个最小的失真 $d(x_i, y_j)$，选择相应的条件转移概率 $p(y_j|x_i)=1$，而对于其他失真 $d(x_i, y_j)$，取 $p(y_j|x_i)=0$。此时，对于给定 x_i，最小的失真 $d(x_i, y_j)$也许不是唯一的，因此试验信道的选择并不是唯一的，只要满足下列条件即可求得 $D_{\min}$：

$$\begin{cases} \sum_{y_j} p(y_j \mid x_i) = 1 & d(x_i, y_j) = \text{最小值的所有 } p(y_j \mid x_i) \\ p(y_j \mid x_i) = 0 & d(x_i, y_j) \neq \text{最小值的所有 } p(y_j \mid x_i) \end{cases} \tag{8.20}$$

于是，$D_{\min}$ 为

$$D_{\min} = \sum_{i=1}^{r} p(x_i) \min_j d(x_i, y_j) \tag{8.21}$$

式（8.21）表明，$D_{\min}$ 是失真矩阵每行元素的最小值乘以对应信源符号概率，然后求累加和。只有当失真矩阵中每行都至少有一个“0”时，才有 $D_{\min} = 0$。

例 8.2 信源 X 的概率空间为

$$\begin{bmatrix} X \\ P(X) \end{bmatrix} = \begin{bmatrix} x_1 & x_2 \\ 0.3 & 0.7 \end{bmatrix}$$

而 Y 取值于 $\{y_1, y_2, y_3\}$，失真矩阵为

$$\boldsymbol{D} = \begin{bmatrix} 0 & 1 & 0.6 \\ 1 & 0 & 0.4 \end{bmatrix}$$

求 $D_{\min}$。

【解】 由于失真矩阵中每行都存在 0 元素，所以

$$D_{\min} = \sum_{i=1}^{2} p(x_i) \min_j d(x_i, y_j) = 0.3 \times 0 + 0.7 \times 0 = 0$$

取得最小允许失真所对应的试验信道概率矩阵为

$$\boldsymbol{P} = \begin{bmatrix} 1 & 0 & 0 \\ 0 & 1 & 0 \end{bmatrix}$$

即允许失真取得最小值 0 的条件是：信源符号与输出无失真符号之间满足一一对应的关系，因此有 $I(\boldsymbol{X};\boldsymbol{Y}) = H(X)$，$R(0) = \min\limits_{p(y_j|x_i)} \{I(\boldsymbol{X};\boldsymbol{Y})\} = H(X)$。

例 8.3 给定信源 X 的概率空间为

$$\begin{bmatrix} X \\ p(x) \end{bmatrix} = \begin{bmatrix} x_1 & x_2 & x_3 \\ 0.25 & 0.25 & 0.5 \end{bmatrix}$$

而 Y 取值于 $\{y_1, y_2\}$，失真矩阵为

$$\boldsymbol{D} = \begin{bmatrix} 0 & 1 \\ 0 & 0.5 \\ 1 & 0 \end{bmatrix}$$

求 $D_{\min}$，并给出取得最小失真的条件。

【解】 由最小平均失真公式（8.21）计算得

$$D_{\min} = \sum_{i=1}^{3} p(x_i) \min_j d(x_i, y_j) = 0.25 \times 0 + 0.25 \times 0 + 0.5 \times 0 = 0$$

且取得最小平均失真的条件为

$$P=\begin{bmatrix}1 & 0\\ 1 & 0\\ 0 & 1\end{bmatrix}$$

此信道在已知输出 y_1 时，不能确定输入符号，因此 $H(\boldsymbol{X}|\boldsymbol{Y})>0$，$I(\boldsymbol{X}|\boldsymbol{Y})=H(\boldsymbol{X})-H(\boldsymbol{X}|\boldsymbol{Y})<H(\boldsymbol{X})$，所以 $R(0)<H(\boldsymbol{X})$，此试验信道是无噪有损信道，信源编码能得到无失真压缩，信源符号 x_1、x_2 可以合并而不会带来失真。

$D_{\min}=0$，表示信源不允许任何失真存在，一般理解此时信息率至少应等于信源熵，即 $R(0)=H(\boldsymbol{X})$。但是，如果失真矩阵中某些列不止有一个"0"（如例 8.3），则信源符号集可以压缩、合并符号，而不会带来输出的任何失真，并有 $R(0)<H(\boldsymbol{X})$。

例 8.4　如果在例 8.3 中定义的失真矩阵为

$$D=\begin{bmatrix}0 & 1\\ 0.5 & 0.5\\ 1 & 0\end{bmatrix}$$

求 $D_{\min}$，并给出取得最小失真的条件。

【解】同理，计算 $D_{\min}=0.125$，取得允许失真最小值的试验信道可以有无穷多个，因为信道只需满足

$$\begin{cases}p(y_1|x_1)=1\\ p(y_1|x_2)+p(y_2|x_2)=1\\ p(y_2|x_3)=1\end{cases}$$

这组条件，都能获得允许失真最小值。依题意，损失熵 $H(\boldsymbol{X}|\boldsymbol{Y})>0$，因此，$R(D_{\min})<H(X)$，说明此时允许失真最小值 $D_{\min}$ 大于"0"，同时必须传输的信息量可以小于信源熵。这是限失真信源编码的大多情况。

根据信息率失真函数 $R(D)$ 的定义，$R(D)$ 是在给定平均失真 $\overline{D}\leqslant D$ 情况下，平均互信息的最小值，由于 $I(\boldsymbol{X};\boldsymbol{Y})$ 是非负的，最小值为 0，因此 $R(D)$ 的最小值也是 0，对应的平均失真 $\overline{D}$ 最大，因此是 $R(D)$ 函数定义域的上界值 $D_{\max}$。$I(\boldsymbol{X};\boldsymbol{Y})$ 的计算公式为

$$I(\boldsymbol{X};\boldsymbol{Y})=\sum_{i=1}^{r}\sum_{j=1}^{s}p(x_iy_j)\log\frac{p(x_iy_j)}{p(x_i)p(y_j)}$$

显然，当 $p(x_iy_j)=p(x_i)p(y_j)$ 时，$I(\boldsymbol{X};\boldsymbol{Y})=0$，此时是第 4 章讨论过的信道输入与输出相互统计独立的情况。对于本章的试验信道而言，$I(\boldsymbol{X};\boldsymbol{Y})=0$ 的条件为 $p(y_j|x_i)=p(y_j)$，于是得到平均失真为

$$\overline{D}=\sum_{i=1}^{r}\sum_{j=1}^{s}p(x_i)p(y_j)d(x_i,y_j)$$

满足 $p(y_j|x_i) = p(y_j)$条件的试验信道有许多，相应地可以求出许多平均失真值，这类平均失真值的下界就是 $D_{\max}$，即

$$D_{\max} = \min\left\{\sum_{i=1}^{r}\sum_{j=1}^{s} p(x_i)p(y_j)d(x_i, y_j)\right\}$$

$$= \min\left\{\sum_{j=1}^{s} p(y_j)\sum_{i=1}^{r} p(x_i)d(x_i, y_j)\right\} \tag{8.22}$$

因为 $p(x_i)$和 $d(x_i, y_j)$是给定的，所以当 j 的取值不同时，$\sum_{i=1}^{r} p(x_i)d(x_i, y_j)$ 的计算结果会发生变化，得最小值时的 j 表示为 $j=m$，我们取 $p(y_m) = 1$，其他的 $p(y_j) = 0, (j\neq m)$，结果得到 $D_{\max}$，即式（8.22）中 $p(y_j)$ 需要按下式配值：

$$p(y_j) = \begin{cases} 1 & j = m \\ 0 & j \neq m \end{cases} \tag{8.23}$$

因此表述为

$$D_{\max} = \min_{j}\sum_{i=1}^{r} p(x_i)d(x_i, y_j) \tag{8.24}$$

例 8.5　求例 8.4 给定条件的 $D_{\max}$，并给出取得 $D_{\max}$ 的 $p(y_j)$条件。

【解】根据最大失真度计算公式（8.24），得

$j = 1$ 时，$\sum_{i=1}^{3} p(x_i)d(x_i, y_j) = 0.25\times 0 + 0.25\times 0.5 + 0.5\times 1 = 0.625$

$j = 2$ 时，$\sum_{i=1}^{3} p(x_i)d(x_i, y_j) = 0.25\times 1 + 0.25\times 0.5 + 0.5\times 0 = 0.375$

因此，$D_{\max} = p(y_1)\times 0.625 + p(y_2)\times 0.375$

有两种办法求出 $D_{\max}$ 和确定 $p(y_j)$。方法一，按式（8.23），取 $p(y_2) = 1, p(y_1) = 0$，得 $D_{\max} = 0.375$；方法二，求表达式极小值：

$$\begin{aligned} D_{\max} &= \min\{p(y_1)\times 0.625 + p(y_2)\times 0.375\} \\ &= \min\{p(y_1)\times 0.625 + (1 - p(y_1))\times 0.375\} \\ &= \min\{0.375 + 0.25p(y_1)\} = 0.375 \end{aligned}$$

其中，$p(y_1) = 0, p(y_2) = 1$ 时，得到 $D_{\max} = 0.375$，结果与方法一相同。

综合例 8.4 和例 8.5 的求解结果，在例题中给定信源和失真度的情况下，$R(D)$ 的定义域为 (0.125, 0.375)，$R(D_{\min} = 0.125) < H(X) = 1.5$ 比特/信源符号，$R(D_{\max} = 0.375) = 0$。因此，当 $D_{\min} < D < D_{\max}$ 时，$0 < R(D) < H(X)$。

2. $R(D)$ 是 D 的 ∪ 型凸函数

∪型凸函数的直观解释如下：假设有一个函数 $f(x)$，在定义域$[x_1, x_2]$上是∪型凸函数(下凸函数)，对于定义域内的任何一点 $x\in[x_1, x_2]$，函数取值 $f(x)$ 总是位于经过 $(x_1, f(x_1))$ 和 $(x_2, f(x_2))$ 的直线的下方，如图 8-1 所示，即对于任意

$x \in [x_1, x_2]$可以表示为 $x = \theta x_1 + (1-\theta)x_2$，其中，$0 \leqslant \theta \leqslant 1$，由数学下凸函数性质有下式成立：

$$f(x) = f(\theta x_1 + (1-\theta)x_2) \leqslant \theta f(x_1) + (1-\theta)f(x_2)$$

在允许失真度 D 的定义域内，$R(D)$ 是 D 的∪型凸函数，是指对任一 $0 \leqslant \theta \leqslant 1$ 和任意平均失真度 $D_1, D_2 \leqslant D_{max}$，有

$$R(\theta D_1 + (1-\theta)D_2) \leqslant \theta R(D_1) + (1-\theta)R(D_2) \tag{8.25}$$

这里，证明略。

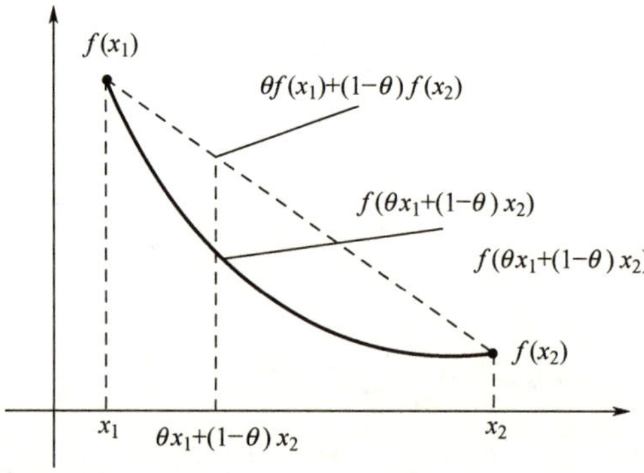

图 8-1　下凸函数示意图

3. $R(D)$ 在定义域内是严格递减的连续函数

根据信息率失真函数定义可知 $R(D)$是非递增的。因为允许的失真越大，所要求的信息率可以越小。$R(D)$是在平均失真度小于或等于允许的平均失真度 D 的所有信道集合 B_D 中，取平均互信息 $I(X;Y)$ 的最小值。当允许失真度 D 增大时，B_D 集合会扩大，当然仍包含原来满足条件的所有信道。这时在扩大的 B_D 集合中找 $I(X;Y)$ 的最小值，显然这最小值或者不变，或者变小，所以 $R(D)$ 是非增的。即在定义域 $(0, D_{max})$ 内，当 $D_1 < D_2$ 时，有 $R(D_1) \neq R(D_2)$。

同时 $R(D)$函数具有凸状性，保证了它在定义域内是连续的。可以证明，在定义域$(0, D_{max})$ 内，如果 $D_1 < D_2$，有 $R(D_1)$ ƒ $= R(D_2)$。

综上，如果 $0 < D_1 < D_2 < D_{max}$，则有 $R(D_1) > R(D_2)$，即 $R(D)$ 在定义域内是严格递减的。这里证明略。

根据 $R(D)$ 函数的定义域、下凸性、单调递减性，绘出 $R(D)$ 函数曲线的一般形式，如图 8-2 所示。图 8-2（a），(b)是离散信源时的 $R(D)$，区别在于取 $D_{min} = 0$ 或 $D_{min} > 0$，一般 $R(D)$的最大值是信源的熵，即 $R(D_{min}) = H(X)$；图 8-2（c）是连续信源时的 $R(D)$，我们注意到 $R(0) \to \infty$，曲线不与纵轴相交。

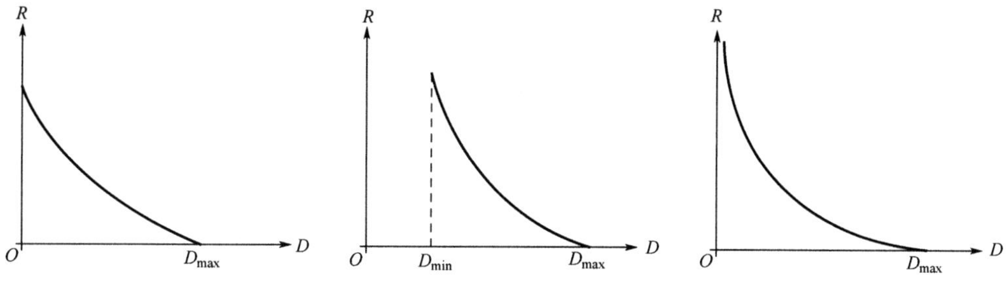

（a）D_{mim}=0 时离散信源　（b）$D_{mim}\neq 0$时离散信源　（c）D_{mim}=0时连续信源

图 8-2　信息率失真函数曲线

由 $R(D)$ 的上述性质可知，允许失真度 D 只有在 $R(D)$ 的定义域范围内取值才有意义，在满足保真度准则 $\overline{D}\leqslant D$ 的情况下，当 $\overline{D}=D$ 时，对应的试验信道 $p(y_j|x_i)$ 使 $R(D)$的值是最小值。所以我们通常选择在$\overline{D}=D$ 的条件下来计算信息率失真函数 $R(D)$。

8.3　典型率失真函数的计算

已知信源的概率分布 $p(x)$ 和失真函数 $d(x, y)$，就可求得信源的 $R(D)$ 函数。它是在有约束条件下求平均互信息极小值的问题，应用拉格朗日乘子法，原则上可以求出解来。但是，如果要得到显式的解析表达式，那是比较困难的，通常只能用参量形式来表达。除简单情况外，实际计算仍然是相当困难的。本节讨论典型信源的 $R(D)$ 计算方法。

8.3.1　离散对称信源的 $R(D)$函数

对于具有对称性的离散信源和失真矩阵，尤其是汉明失真的离散信源，我们可以运用一些技巧来求解 $R(D)$，使计算较简便。下面我们针对离散对称信源的计算来说明方法。

设 r 元对称信源 $X=\{x_1, x_2,\cdots, x_r\}$，而且信源符号是等概率分布 $p(x)=1/r$。信道输出符号为 $Y=\{y_1, y_2, \cdots, y_r\}$，取失真度函数为汉明失真：

$$d\left(x_i,y_j\right)=\begin{cases}1 & i=j\\0 & i\neq j\end{cases}$$

在汉明失真度定义下，平均失真度为

$$\overline{D}=\sum_{i=1}^{r}\sum_{j=1}^{s}p\left(x_iy_j\right)d\left(x_i,y_j\right)=\sum_{i=1}^{r}\sum_{j\neq i}p\left(x_iy_j\right)=P_E$$

即平均失真度等于平均错误概率 P_E 。由式（8.21）计算 $D_{\min}$：

$$D_{\min}=\sum_{i=1}^{r}p\left(x_i\right)\min_j d\left(x_i,y_j\right)=0$$

获得 $D=D_{\min}$ 时的试验信道为

$$p\left(x_i,y_j\right)=\begin{cases}1 & i=j\\0 & i\neq j\end{cases}$$

因此，$H\left(X\mid Y\right)=0,\ R\left(0\right)=I\left(X;Y\right)=H\left(X\right)$。由式（8.24）计算 $D_{\max}$：

$$D_{\max}=\min_j\sum_{i=1}^{r}p\left(x_i\right)d\left(x_i,y_j\right)=\frac{r-1}{r}=1-\frac{1}{r}$$

显然，$R(D_{\max})=0$。经分析，我们得到离散对称信源的定义域为$(0,\dfrac{r-1}{r})$，且得到 $R(D)$ 函数曲线的两个端点：$(0,H(X))$、$(\dfrac{r-1}{r},0)$，其中间部分是下凸而且单调递减的。

我们选择满足保真度准则下的任一试验信道，使$\overline{D}=D$，即 $P_E=D$，计算此试验信道的平均互信息为

$$I(X;Y)=H(X)-H(X\mid Y)=\log r-H(X\mid Y)\tag{8.26}$$

根据费诺不等式（6.14），有

$$H(X\mid Y)\leqslant H(P_E)+P_E\log(r-1)=H(D)+D\log(r-1)$$

代入式（8.26）得

$$I(X;Y)\geqslant\log r-H(D)-D\log(r-1)\tag{8.27}$$

可以找到一个试验信道使其平均互信息达到式（8.27）中的最小值（证明此处略），因此根据 $R(D)$的定义，得到 r 元对称信源的信息率失真函数为

$$R\left(D\right)=\min_{p\left(y_j\mid x_i\in B_D\right)}\left\{I\left(X;Y\right)\right\}=\begin{cases}\log r-H\left(D\right)-D\log\left(R-1\right) & \left(0\leqslant D\leqslant 1-\dfrac{1}{r}\right)\\0 & \left(D>1-\dfrac{1}{r}\right)\end{cases}\tag{8.28}$$

图 8-3 绘出了式（8.28）中的 r 取值不同时的 $R(D)$ 曲线。由图可见，对于同一失真度 D，r 越大，等概率信源的熵值越大，$R(D)$值越大，信源压缩性越小。而对于同一信源（r 取值确定），当允许失真度 D 增大时，信息传输率可以减小。

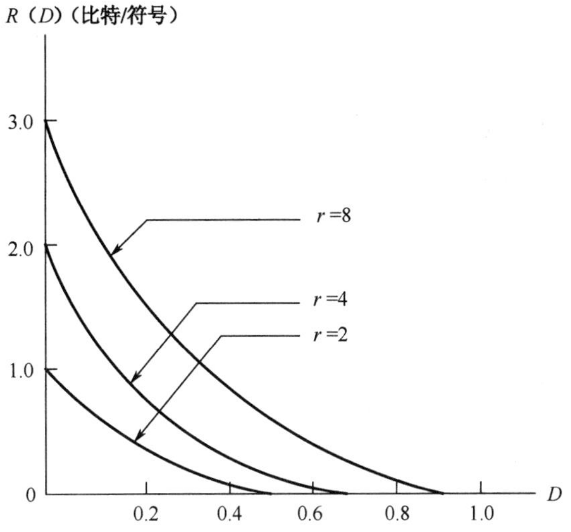

图 8-3 r 取值不同时对称信源的 $R(D)$函数曲线

例 8.6 求二元对称信源的 $R(D)$ 函数，设失真度是汉明失真函数。

【解】 设二元对称信源 $X=\{0, 1\}$，其概率分布 $p(x) = [\omega, 1-\omega], \omega\leqslant 0.5$，信道输出符号为 $Y=\{0, 1\}$，失真度函数为

$$D=\begin{bmatrix}0 & 1\\ 1 & 0\end{bmatrix}$$

当 $\omega=0.5$ 时，就是离散对称信源，由式（8.28）得到 $R(D)$ 函数

$$R(D)=\begin{cases}1-H(D) & (0\leqslant D\leqslant 0.5)\\ 0 & (D>0.5)\end{cases}$$

使用离散对称信源计算 $R(D)$ 的方法，同样有 $\overline{D}=P_E$，$D_{\min}=0$，$R(0)=H(\omega)$，

$$\begin{aligned}D_{\max}&=\min_j\sum_{i=1}^{2}p(x_i)d(x_i,y_j)\\&=\min\{p(0)d(0,0)+p(1)d(1,0);p(0)d(0,1)+p(1)d(1,1)\}\\&=\min\{1-\omega;\omega\}=\omega\end{aligned}$$

此时，$R(D_{\max})=0$。当选取任一试验信道使 $\overline{D}=D$ 时，得平均互信息

$$I(X;Y)=H(X)-H(X|Y)=H(\omega)-H(X|Y)$$

根据费诺不等式（6.14），当 $r=2$ 时有

$$H(X|Y)\leqslant H(P_E)=H(D)$$

所以得

$$I(X;Y)\geqslant H(\omega)-H(D) \tag{8.29}$$

同样可以找到一个试验信道使其平均互信息达到式（8.29）中的最小值。根据 $R(D)$ 的定义，得到二元对称信源的信息率失真函数

$$R(D)=\begin{cases} H(\omega)-H(D) & (0\leqslant D\leqslant \omega) \\ 0 & (D>\omega) \end{cases} \tag{8.30}$$

此时，若将 $\omega=0.5$ 代入式（8.30）中，与本例开始由式（8.28）得到的结果相同。

图 8-4 描述在式（8.30）中 ω 取值不同时的 $R(D)$ 曲线。由此可见，对于同一 D 值，信源分布越均匀，$R(D)$ 就越大，信源压缩的可能性越小。

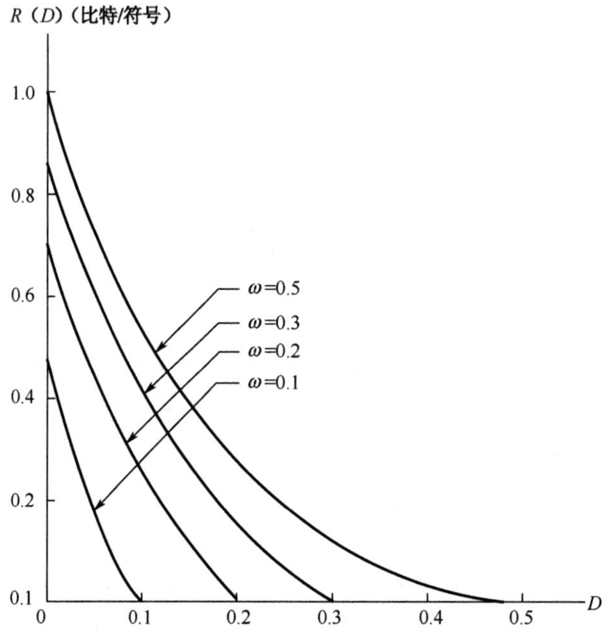

图 8-4　ω 取值不同时二元对称信源的 $R(D)$ 函数曲线

8.3.2　连续信源的 $R(D)$ 函数

连续信源的失真函数、平均失真函数和信息率失真函数的定义与离散信源的定义相同，计算方法也是类似的，下面加以叙述。

1. 连续信源 $R(D)$ 函数的一般概念

设连续信源 X 取值于实数域 $\mathbf{R}$，概率密度为 $p(x)$，设另一连续变量 Y 也取值于 $\mathbf{R}$。同样在 X 和 Y 之间确定某一非负的二元实函数 $d(x, y)$ 为失真函数。假设有一个试验信道，信道的传递概率密度为 $p(y|x)$，则得**平均失真度**

$$\overline{D}=E\left[d(x,y)\right]=\iint_{-\infty}^{+\infty}p(x)p(y\mid x)d(x,y)\mathrm{d}x\mathrm{d}y \tag{8.31}$$

类似地，N 维连续随机序列的平均失真度为

$$\overline{D}(N)=E\left[d(\boldsymbol{x},\boldsymbol{y})\right]=\iint_{\mathbf{R}}p(\boldsymbol{x})p(\boldsymbol{y}\mid \boldsymbol{x})d(\boldsymbol{x},\boldsymbol{y})\mathrm{d}\boldsymbol{x}\mathrm{d}\boldsymbol{y}=\sum_{l=1}^{N}\overline{D}_l \tag{8.32}$$

式中，$\overline{D_l}$ 是第 l 个连续变量的平均失真度。如果各变量取于同一连续信源，则有

$$\overline{D}(N)=N\overline{D} \tag{8.33}$$

同样，确定一允许失真度 D，凡满足保真度准则 $\overline{D}\leqslant D$ 的所有试验信道的集合为 B_D: $\{p(y|x): \overline{D}\leqslant D\}$，则连续信源的信息率失真函数为

$$R(D)=\inf_{p(y|x)\in B_D}\{I(X;Y)\} \tag{8.34}$$

式中，inf 是指**下确界**，相当于离散信源中的求极小值。严格地说，连续集合中可能不存在极小值，但下确界是存在的。所谓下确界，是指一个数，连续集合中的所有数都大于这个数，但是不等于这个数，而这个数又小于这个集合的数中最大的一个。例如，(0, 1) 集合中的数可无限接近于“0”，但不等于“0”。(0, 1)集合中的所有数都比“0”大，同时“0”又是所有小于该集合的数当中最大的数，所以“0”就是(0, 1)连续集合的下确界“inf”。

或者有 N 维连续信源的信息率失真函数

$$R_N(D)=\inf_{p(\boldsymbol{y}|\boldsymbol{x}):\overline{D}(N)\leqslant ND}\{I(\boldsymbol{X};\boldsymbol{Y})\} \tag{8.35}$$

2. 连续信源 $R(D)$ 函数的性质

连续信源的信息率失真函数 $R(D)$ 同样具有 8.2.3 节中讨论的性质，定义域的最小值为

$$D_{\min}=\int_{-\infty}^{+\infty}p(x)\inf_y d(x,y)\mathrm{d}x \tag{8.36}$$

$R(D)$ 函数定义域的最大值为

$$D_{\max}=\inf_y\int_{-\infty}^{+\infty}p(x)d(x,y)\mathrm{d}x \tag{8.37}$$

连续信源的 $R(D)$ 函数在 $(D_{\min}, D_{\max})$ 定义域内也是严格递减的，一般曲线如图 8-2（c）所示，$R(D)$ 函数的计算仍是求极值的问题，同样可用拉格朗日乘子法，但是其求解更为复杂，这里只介绍利用技巧计算高斯信源的 $R(D)$ 函数，这种信源在通信系统中也是极为常见的。

3. 高斯信源的 $R(D)$ 计算

假设连续信源的概率密度为一维正态分布函数，即

$$p(x)=\frac{1}{\sqrt{2\pi\sigma^2}}\mathrm{e}^{-\frac{(x-m)^2}{2\sigma^2}}$$

其数学期望 m 和方差 σ^2 分别为

$$m=\int_{-\infty}^{+\infty}xp(x)\mathrm{d}x \qquad \sigma^2=\int_{-\infty}^{+\infty}(x-m)p(x)\mathrm{d}x \tag{8.38}$$

定义失真函数为

$$d(x,y)=(x-y)^2$$

即把均方误差作为失真，使系统的输入和输出之间的误差越大，定义的失真值越大，而且呈平方增长关系。根据式（8.31）的定义，平均失真函数为

$$\begin{aligned}\overline{D}&=\iint_{-\infty}^{+\infty}P(xy)d(x,y)\mathrm{d}x\mathrm{d}y\\&=\iint_{-\infty}^{+\infty}P(y)p(x|y)(x-y)^2\mathrm{d}x\mathrm{d}y\\&=\int_{-\infty}^{+\infty}p(y)\mathrm{d}y\int_{-\infty}^{+\infty}p(x|y)(x-y)^2\mathrm{d}x\end{aligned}\tag{8.39}$$

式（8.39）中的表达式 $\int_{-\infty}^{+\infty}p(x|y)(x-y)^2\mathrm{d}x$ 与式(8.38) 比较，相当于 Y 取固定值 y 时变量 X 的条件方差，即

$$\sigma_y^2=\int_{-\infty}^{+\infty}p(x|y)(x-y)^2\,\mathrm{d}x\tag{8.40}$$

因此有

$$\overline{D}=\int_{-\infty}^{+\infty}p(y)\sigma_y^2\mathrm{d}y\tag{8.41}$$

当 Y 取固定值 y 时的条件熵为

$$H(X|Y=y)=\int_{-\infty}^{+\infty}p(x|y)\log_2 p(x|y)\mathrm{d}x\leqslant\frac{1}{2}\log_2 2\pi\mathrm{e}\sigma_y^2$$

因此得最大的固定值 y 值时的条件熵：

$$H(X|Y=y)=\frac{1}{2}\log_2 2\pi\mathrm{e}\sigma_y^2$$

继而计算条件熵得

$$\begin{aligned}H(X|Y)&=\int_{-\infty}^{+\infty}p(y)H(X|Y=y)\mathrm{d}y\\&\leqslant\int_{-\infty}^{+\infty}p(y)\frac{1}{2}\log_2\left[2\pi\mathrm{e}\sigma_y^2\right]\mathrm{d}y\\&=\frac{1}{2}\log_2 2\pi\mathrm{e}\int_{-\infty}^{+\infty}p(y)\mathrm{d}y+\frac{1}{2}\int_{-\infty}^{+\infty}p(y)\log_2\sigma_y^2\mathrm{d}y\end{aligned}\tag{8.42}$$

由詹森不等式可得到

$$\int_{-\infty}^{+\infty}p(y)\log_2\sigma_y^2\mathrm{d}y\leqslant\log_2\left(\int_{-\infty}^{+\infty}p(y)\sigma_y^2\mathrm{d}y\right)=\log_2\overline{D}\tag{8.43}$$

因此有

$$H(X|Y)\leqslant\frac{1}{2}\log_2 2\pi\mathrm{e}+\frac{1}{2}\log_2\overline{D}=\frac{1}{2}\log_2 2\pi\mathrm{e}\overline{D}\tag{8.44}$$

在满足保真度准则 $\overline{D}\leqslant D$ 的条件下有

$$H(X|Y)\leqslant\frac{1}{2}\log_2 2\pi\mathrm{e}D\tag{8.45}$$

计算平均互信息得

$$I(X;Y)=H(X)-H(X|Y)\geqslant\frac{1}{2}\log_2 2\pi\mathrm{e}\sigma^2-\frac{1}{2}\log_2 2\pi\mathrm{e}D=\frac{1}{2}\log_2\frac{\sigma^2}{D}\tag{8.46}$$

由 $R(D)$ 函数的定义可知

$$R(D) \geqslant \frac{1}{2}\log_2\frac{\sigma^2}{D} \tag{8.47}$$

下面分别讨论 $\frac{\sigma^2}{D}$ 取不同值时的 $R(D)$函数值。

（1）$D<\sigma^2$ 的情况

设计一个反向高斯加性试验信道，如图 8-5 所示。

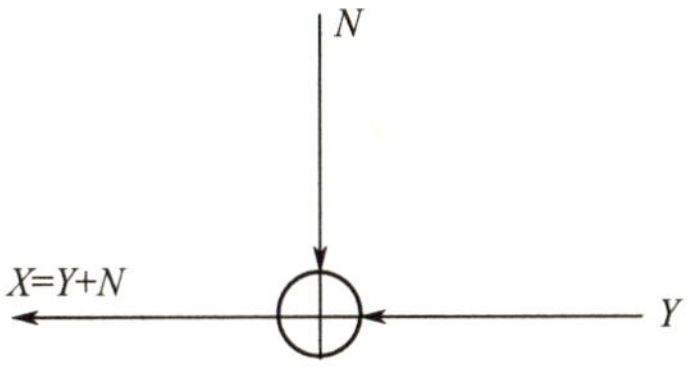

图 8-5　反向高斯加性试验信道

不失一般性，假设 N 是均值为 0、方差为 D 的噪声随机变量，满足高斯分布，即

$$\int_{-\infty}^{+\infty} n^2 p(n)\mathrm{d}n = D$$

反向输入 Y 也是高斯随机变量，均值为 0，方差为（σ^2-D），即

$$\int_{-\infty}^{+\infty} y^2 p(y)\mathrm{d}y = \sigma^2 - D$$

因为随机变量 Y 与噪声变量 N 之间相互统计独立，当 Y 与 N 线性叠加时，X 也是均值为 0、方差为 $(\sigma^2-D)+D=\sigma^2$ 的高斯随机变量。可以证明，反向试验信道特性等于噪声概率密度函数，即 $p(x|y)=p(n)$，则这个反向加性试验信道的平均失真度为

$$\begin{aligned}\overline{D} &= \iint_{-\infty}^{+\infty} p(y)p(x|y)(x-y)^2\,\mathrm{d}x\mathrm{d}y\\ &= \iint_{-\infty}^{+\infty} p(y)p(n)n^2\mathrm{d}n\mathrm{d}y\\ &= \int_{-\infty}^{+\infty} p(y)\mathrm{d}y + \int_{-\infty}^{+\infty} p(n)n^2\mathrm{d}n = D\end{aligned}$$

显然，我们设计的反向加性高斯信道满足保真度准则，它是反向试验信道集合 $P_D=\{p(x|y):\overline{D}\leqslant D\}$ 中的一个，我们知道此信道条件熵就是噪声熵，即 $H(X|Y)=H(N)=\frac{1}{2}\log_2 2\pi eD$，则通过这个反向试验信道的平均互信息为

$$I(X;Y)=H(X)-H(X|Y)\geqslant\frac{1}{2}\log_2 2\pi e\sigma^2-\frac{1}{2}\log_2 2\pi eD=\frac{1}{2}\log_2\frac{\sigma^2}{D}$$

根据信息率失真函数的定义，在反向试验信道集合 P_D 中必有

$$R(D)\leqslant I(X;Y)=\frac{1}{2}\log_2\frac{\sigma^2}{D} \tag{8.48}$$

与式（8.47）比较发现，此假设的试验信道已经取得了信源的最小信息传输率，因此得高斯信源的信息率失真函数

$$R(D) \leqslant I(X;Y) = \frac{1}{2}\log_2\frac{\sigma^2}{D} \tag{8.49}$$

因为 $D \leqslant \sigma^2$，所以，$R(D)>0$。

（2）$D=\sigma^2$ 的情况

容易证得，当 $D=\sigma^2$ 时，$R(D)=0$。

（3）$D \geqslant \sigma^2$ 的情况

考虑到率失真函数的单调递减性和非负性，当 $D \geqslant \sigma^2$ 时，同样 $R(D)=0$。

综合上述讨论结果，得到高斯信源在均方误差失真度时的信息率失真函数为

$$R(D) = \begin{cases} \frac{1}{2}\log_2\frac{\sigma^2}{D} & D < \sigma^2 \\ 0 & D \geqslant \sigma^2 \end{cases} \tag{8.50}$$

高斯信源的 $R(D)$ 曲线如图 8-6 所示。由图可知，当 $D=\sigma^2$ 时，$R(D)=0$，这就是说，如果允许失真（均方误差）等于信源的方差，就只需用确知的均值 m 来表示信源的输出，而不需要传送信源的任何实际输出。而当 $D=0$ 时，$R(D)\to\infty$，说明在连续信源情况下，要毫无失真地传送信源的信息是不可能的。当 $D=0.25\sigma^2$ 时，$R(D)=1$（比特/自由度），这就是说在允许均方误差小于或等于 $\sigma^2/4$ 时，连续信号的每个样本值最少需用一个二元符号来传输，也就是说连续信号的幅度只需采用二值量化。

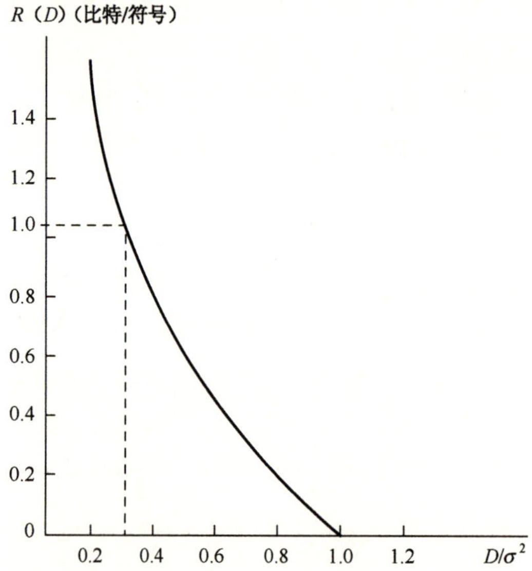

图 8-6　高斯信源在均方误差下的 $R(D)$ 函数

8.4　限失真信源编码定理

香农第三定理也称为限失真编码定理，与无失真编码的香农第一定理一样，讨论码的存在性问题，具有重要的理论意义。

定理 8.1（香农第三定理）　设 $R(D)$为离散无记忆平稳信源的信息率失真函数，对于任意给定的$D\geqslant 0, \varepsilon > 0, \delta > 0$，当码长 n 足够长时，一定存在一种信源码 C，其码字数量为

$$M = r^{\{n(R(D)+\delta)\}} \tag{8.51}$$

其中，r 为码元数。而编码引入的失真$\overline{D}$满足

$$\overline{D}(C) \leqslant D + \delta \tag{8.52}$$

如果是二元码，信息率失真函数以比特为单位，则上式码字数量表示为

$$M = r^{\{2(R(D)+\delta)\}} \tag{8.53}$$

本定理证明从略。

香农第三定理的意义在于：对于离散无记忆平稳信源而言，给定失真测度后，对于任何失真度 $D\geqslant 0$，只要编码的码长足够长，总可以找到一种编码，使得编码后每个信源符号的信息传输速率为

$$R' = R(D) + \varepsilon \tag{8.54}$$

而编码引入的平均失真

$$\overline{D}(C) \leqslant D$$

换句话说，在给定平均失真 D 一定的情况下，无论采用何种编码方法，编码平均码长$\overline{L}$（即信息传输率R'）不小于信息率失真函数 $R(D)$；或者说，对于编码输出的信息传输率R'，采用合适的信源编码，引入的平均失真$\overline{D}$不大于给定的平均失真D。

定理 8.2（限失真编码逆定理）　对于给定离散无记忆平稳信源和失真测度，不存在任何编码，编码引入的失真为 D，而平均信息传输率满足$R'\leqslant R(D)$，即对于任意码长为 n 的信源编码，如果码字数 $M<r^{nR(D)}$，平均失真一定满足$\overline{D}(C) > D$。

逆定理说明了信源编码的不存在性，对于给定的信源和失真测度，信源编码产生的信息率R'和编码引入的平均失真$\overline{D}(C)$不可能满足

$$R' < R(D) \quad 且 \quad \overline{D}(C) \leqslant D$$

限失真编码也称为**有损数据压缩**，数据压缩的目的是为了减少传输或者存储信息量。从数据压缩角度来看，信息传输率就是信源编码后每个信源符号输出的平均码长。从信息论的角度来看，限失真编码实际上就是按照一定的规则对信源

符号进行合并，所以经过信源译码后，信宿接收到的符号熵减小了。假设信源的熵为 $H(X)$，编码进行符号合并后信宿接收的符号集合熵 $H(Y)=R'<H(X)$，则熵的含义就是表示每个符号的平均码长。

从数据传输来看，为了在信宿再现或者重建信道输入的符号，信息传输率应当不大于信道容量，即 $R'<C$，否则无论采取何种信道编码措施，都不可能实现消息的无失真传输。但是从信源来看，信源的熵 $H(X)$ 有可能大于信道的容量，即 $H(X)>C$，则直接传输信源符号或者传输无失真编码的码字都会造成信息传输错误。如果采用限失真编码技术，经过符号合并，损失一些数据细节，从而降低码字的熵，使得信息传输率小于信道容量，即满足 $R'<C$，就可以在接收端准确再现信道传输的符号，并经过信源译码器再现压缩后的数据。

思　考　题

8.1　单符号信源失真度是如何定义的？信源符号序列失真度如何计算？如何计算它们的平均失真度？

8.2　什么是保真度准则？

8.3　什么是离散信源的信息率失真函数？

8.4　如何计算 $R(D)$ 函数的定义域 $(D_{\min}, D_{\max})$？

8.5　如何计算离散对称信源的 $R(D)$ 函数和高斯信源的 $R(D)$ 函数？

习　　题

8.1　设无记忆信源 $\begin{bmatrix} X \\ p(x) \end{bmatrix}=\begin{bmatrix} -1 & 0 & 1 \\ 1/3 & 1/3 & 1/3 \end{bmatrix}$，接收符号集 $Y=\{-1, 1\}$，失真 $\boldsymbol{D}=\begin{bmatrix} 1 & 2 \\ 1 & 1 \\ 2 & 1 \end{bmatrix}$，试求 $D_{\min}$ 和 $D_{\max}$，并指出取得定义域边界值时的转移矩阵。

8.2　利用 $R(D)$ 的性质，画出一般 $R(D)$ 的曲线，并说明其物理意义，试问为什么 $R(D)$ 是非负且非增的？

8.3　已知二元信源 $\begin{bmatrix} X \\ p(x) \end{bmatrix}=\begin{bmatrix} 0 & 1 \\ p & 1-p \end{bmatrix}$ 和失真矩阵 $\boldsymbol{D}=\begin{bmatrix} 0 & 1 \\ 1 & 0 \end{bmatrix}$。试求：（1）$D_{\min}$；（2）$D_{\max}$；（3）$R(D)$。

8.4　设一个四元等概率信源 $\begin{bmatrix} X \\ p(x) \end{bmatrix}=\begin{bmatrix} 0 & 1 & 2 & 3 \\ 0.25 & 0.25 & 0.25 & 0.25 \end{bmatrix}$，接收信号

集为 $Y=\{0,1,2,3\}$，失真矩阵定义为汉明失真。试求：（1）$D_{\min}$；（2）$D_{\max}$；（3）$R(D)$，并作出失真函数曲线（4 个点或 5 个点即可）。

8.5　某三元信源 $\begin{bmatrix} X \\ p(x) \end{bmatrix}=\begin{bmatrix} 0 & 1 & 2 \\ 1/3 & 1/3 & 1/3 \end{bmatrix}$，失真矩阵 $\boldsymbol{D}=\begin{bmatrix} 1 & 2 & 3 \\ 2 & 1 & 3 \\ 3 & 2 & 1 \end{bmatrix}$。试求：（1）$D_{\min}$ 和 $D_{\max}$；（2）达到 $D_{\min}$ 和 $D_{\max}$ 的信道转移矩阵 $\boldsymbol{P}$；（3）$R(D_{\min})$，$R(D_{\max})$。

8.6　若有一信源 $\begin{bmatrix} S \\ p(s) \end{bmatrix}=\begin{bmatrix} s_1 & s_2 \\ 0.5 & 0.5 \end{bmatrix}$，每秒钟发出 2.66 个信源符号，将此信源的输出符号送入一个二元无噪无损信道中进行传输，而信道每秒钟只传输两个二元符号。试问：

（1）信源能否在此信道中无失真传输？

（2）若此信源失真度定义为汉明失真，允许信源平均失真多大时，此信源就可以在此信道中传输？

附录 A　Jensen 不等式

定义 A.1　对于任意小于 1 的正数 $\theta\,(0<\theta<1)$ 以及定义域内的任意变量 x_1, x_2 $(x_1\neq x_2)$，如果 $f[\theta x_1+(1-\theta)x_2]\geqslant\theta f(x_1)+(1-\theta)f(x_2)$，则称 $f(x)$ 为定义域上的**上凸函数**，若式中“>”成立，则称为**严格的上凸函数**。如果 $f[\theta x_1+(1-\theta)x_2]\leqslant\theta f(x_1)+(1-\theta)f(x_2)$，则称 $f(x)$ 为定义域上的**下凸函数**，若式中“<”成立，则称为**严格的下凸函数**。如图 A-1 所示，是下凸函数。

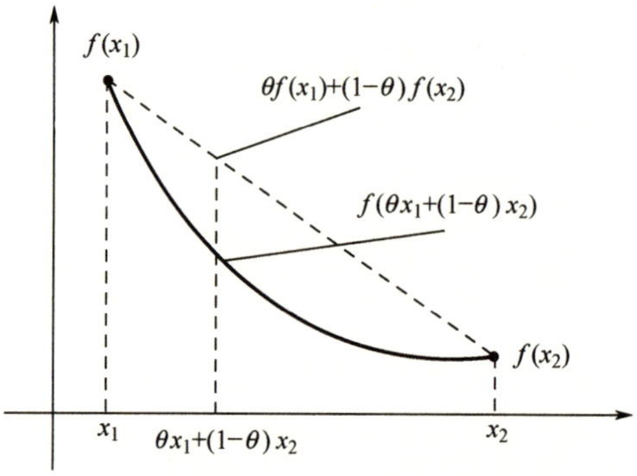

图 A-1　下凸函数

在下凸函数的任意两点之间画一条割线，函数总在割线的下方。对于凸函数，有一个很重要的不等式——Jensen 不等式，信息论中一些函数的性质常以 Jensen 不等式作为依据，给出证明。

若 $f(x)$是定义在区间$[a, b]$上的实值连续下凸函数，则对于任意一组变量 $x_1, x_2,\cdots, x_q\in[a, b]$ 和任意一组非负实数 $\lambda_1, \lambda_2,\cdots, \lambda_q$，满足 $\sum_{k=1}^{q}\lambda_k=1$，则有

$$\sum_{k=1}^{q}\lambda_k f(x_k)\geqslant f\left[\sum_{k=1}^{q}\lambda_k x_k\right] \tag{A.1}$$

【证明】当 $q=2$ 时，由下凸函数的定义可知上式成立，因此我们用数学归纳法证明式（A.1）成立。

当 $q=2$ 时，$f[\lambda_1 x_1+\lambda_2 x_2]\leqslant\lambda_1 f(x_1)+\lambda_2 f(x_2)$，其中 λ_1、λ_2 满足 $\lambda_1+\lambda_2=\mathbf{1}$，且为任意非负实数。

假设当 $q=n$ 时成立，即

$$\sum_{k=1}^{n}\lambda_k f(x_k)\geqslant f\left[\sum_{k=1}^{n}\lambda_k x_k\right]$$

那么当 $q=n+1$ 时，令 $\alpha=\sum_{k=1}^{n}\lambda_k$，$\lambda_{n+1}=1-\alpha$，则

$$\begin{aligned}
&\lambda_1 f(x_1)+\lambda_2 f(x_2)+\cdots+\lambda_n f(x_n)+\lambda_{n+1} f(x_{n+1})\\
&=\alpha\left[\frac{\lambda_1}{\alpha}f(x_1)+\frac{\lambda_2}{\alpha}f(x_2)+\cdots+\frac{\lambda_n}{\alpha}f(x_n)\right]+\lambda_{n+1}f(x_{n+1})\\
&=\alpha\left[\frac{\lambda_1}{\alpha}f(x_1)+\frac{\lambda_2}{\alpha}f(x_2)+\cdots+\frac{\lambda_n}{\alpha}f(x_n)\right]+(1-\alpha)f(x_{n+1})\\
&\geqslant \alpha f\left[\sum_{k=1}^{n}\frac{\lambda_k}{\alpha}x_k\right]+(1-\alpha)f(x_{n+1})\\
&\geqslant f\left[\alpha\sum_{k=1}^{n}\frac{\lambda_k}{\alpha}x_k+\lambda_{n+1}x_{n+1}\right]=f\left[\sum_{k=1}^{n+1}\lambda_k x_k\right]
\end{aligned}$$

因此，式（A.1）得到证明。当 $f(x)$ 是下凸函数时，式（A.1）可以表示为 $E[f(x)]\geqslant f(E[X])$。当 $f(x)$ 是上凸函数时，有 $E[f(x)]\leqslant f(E[X])$，证明过程相同。

附录 B　熵函数的函数表

p	$\log_2 1/p$	$p\log_2 1/p$	$H_2(p)$	p	$\log_2 1/p$	$p\log_2 1/p$	$H_2(p)$
0.00	∞	0	0	0.005	7.6439	0.0382	0.0454
0.01	6.6439	0.0664	0.0808	0.02	5.6439	0.1129	0.1414
0.03	5.0589	0.1518	0.1944	0.04	4.6439	0.1858	0.2423
0.05	4.3219	0.2161	0.2864	0.06	4.0589	0.2435	0.3274
0.07	3.8365	0.2686	0.3659	0.08	3.6439	0.2915	0.4022
0.09	3.4739	0.3127	0.4365	0.10	3.3219	0.3322	0.4690
0.11	3.1844	0.3503	0.4999	0.12	3.0589	0.3671	0.5294
0.13	2.9434	0.3826	0.5574	0.14	2.8365	0.3971	0.5842
0.15	2.7370	0.4105	0.6098	0.16	2.6439	0.4230	0.6343
0.17	2.5564	0.4346	0.6577	0.18	2.4739	0.4453	0.6801
0.19	2.3959	0.4552	0.7015	0.20	2.3219	0.4644	0.7219
0.21	2.2515	0.4728	0.7415	0.22	2.1844	0.4806	0.7602
0.23	2.1203	0.4877	0.7780	0.24	2.0589	0.4941	0.7950
0.25	2	0.5	0.8113	0.26	1.9434	0.5053	0.8268
0.27	1.8890	0.5100	0.8415	0.28	1.8365	0.5142	0.8555
0.29	1.7859	0.5179	0.8687	0.30	1.7370	0.5211	0.8813
0.31	1.6897	0.5238	0.8932	0.32	1.6439	0.5260	0.9044
0.33	1.5995	0.5278	0.9149	0.34	1.5564	0.5292	0.9248
0.35	1.5146	0.5301	0.9341	0.36	1.4739	0.5306	0.9427
0.37	1.4344	0.5307	0.9507	0.38	1.3959	0.5305	0.9580
0.39	1.3585	0.5298	0.9648	0.40	1.3219	0.5288	0.9710
0.41	1.2863	0.5274	0.9765	0.42	1.2515	0.5257	0.9815
0.43	1.2175	0.5236	0.9858	0.44	1.1844	0.5212	0.9896
0.45	1.1520	0.5184	0.9928	0.46	1.1203	0.5153	0.9954
0.47	1.0893	0.5160	0.9974	0.48	1.0589	0.5083	0.9989
0.49	1.0292	0.5043	0.9997	0.50	1	0.5	1
0.51	0.9714	0.4954	0.9997	0.52	0.9434	0.4906	0.9989
0.53	0.9159	0.4855	0.9974	0.54	0.8890	0.4800	0.9954
0.55	0.8625	0.4744	0.9928	0.56	0.8365	0.4684	0.9896
0.57	0.8110	0.4623	0.9858	0.58	0.7859	0.4558	0.9815
0.59	0.7612	0.4491	0.9765	0.60	0.7370	0.4422	0.9710
0.61	0.7131	0.4350	0.9648	0.62	0.6897	0.4276	0.9580
0.63	0.6666	0.4199	0.9507	0.64	0.6439	0.4121	0.9427

续表

p	$\log_2 1/p$	$p\log_2 1/p$	$H_2(p)$	p	$\log_2 1/p$	$p\log_2 1/p$	$H_2(p)$
0.65	0.6215	0.4040	0.9341	0.66	0.5995	0.3956	0.9248
0.67	0.5778	0.3871	0.9149	0.68	0.5564	0.3784	0.9044
0.69	0.5353	0.3694	0.8932	0.70	0.5146	0.3602	0.8813
0.71	0.4941	0.3508	0.8687	0.72	0.4739	0.3412	0.8555
0.73	0.4540	0.3314	0.8415	0.74	0.4344	0.3215	0.8268
0.75	0.4150	0.3113	0.8113	0.76	0.3959	0.3009	0.7950
0.77	0.3771	0.2903	0.7780	0.78	0.3585	0.2796	0.7602
0.79	0.3401	0.2687	0.7415	0.80	0.3219	0.2575	0.7219
0.81	0.3040	0.2463	0.7015	0.82	0.2863	0.2348	0.6801
0.83	0.2688	0.2231	0.6577	0.84	0.2515	0.2113	0.6343
0.85	0.2345	0.1993	0.6098	0.86	0.2176	0.1871	0.5842
0.87	0.2009	0.1748	0.5574	0.88	0.1844	0.1623	0.5294
0.89	0.1681	0.1496	0.4999	0.90	0.1520	0.1368	0.4690
0.91	0.1361	0.1238	0.4365	0.92	0.1203	0.1107	0.4022
0.93	0.1047	0.0974	0.3659	0.94	0.0893	0.0839	0.3274
0.95	0.0740	0.0703	0.2864	0.96	0.0589	0.0565	0.2423
0.97	0.0439	0.0426	0.1944	0.98	0.0292	0.0286	0.1414
0.99	0.0145	0.0144	0.0808	1.00	0	0	0

附录 C　实验内容和程序

C.1　唯一可译码判决准则

1. 实验目的

（1）理解唯一可译码的概念。

（2）掌握唯一可译码判决准则。

（3）掌握 Matlab 程序调试方法。

2. 实验要求

（1）使用 Matlab 软件编程。

（2）输入：任意的一个码。码字个数和每个具体的码字在运行时从键盘输入。

（3）输出：判决结果（是唯一可译码/不是唯一可译码）。

3. 算法描述

（1）考查 C 中所有的码字，若 W_i 是 W_j 的前缀，则将相应的后缀作为一个尾随后缀码放入集合 F_0 中。

（2）考查 C 和 F_i 两个集合，若 $W_i \in C$ 是 $W_j \in F_i$ 的前缀或 $W_i \in F_i$ 是 $W_j \in C$ 的前缀，则将相应的后缀作为尾随后缀码放入集合 F_{i+1} 中。

（3）$F = \bigcup_i F_i$ 即为码 C 的尾随后缀集合。

（4）若 F 中出现了 C 中的元素，则算法终止，返回“假”（C 不是唯一可译码）；否则，若 F 中没有出现新的元素，则返回“真”（C 是唯一可译码）。

4. 实验报告内容

（1）Matlab 源程序分析并注释。

（2）实验结果分析。

5. 附源程序

```
function unique_decodable()
% by Jilin University
%唯一可译码准则判定
clc;clear all;
 %提示输入码字及个数
n=input('输入码字个数：')
 for i=1:n
      fprintf('请输入第%d 个码字:',i);
      c(i)={input('\n','s')}
 %判断输入的是否为二进制码
      for m=1:length(c{i})
      if (c{i}(m)~='1'&c{i}(m)~='0')
             c{i}
             error('输入的二进制码字错误！')
      end
end
 end
 %判断是否为奇异码
 for i=1:n-1
      for j=i+1:n
             if(strcmp(c{i},c{j}))
                  fprintf('输入的码字为奇异码，非唯一可译码。\n')
                   return;


             end
      end
 end
 %按输入码字长度进行排序
 for i=1:n-1
        for j=i+1:n
              if (length(c{i})>length(c{j}))
                     b=c{i};
                     c{i}=c{j};
                     c{j}=b;
              end
        end
 end
  %构建后缀集合 f0
```

```
f0(1)={' '};
sum0=0;
    for i=1:n-1
        for j=i+1:n
            if(strncmp(c{i},c{j},length(c{i})))
             sum0=sum0+1;
                 f0(sum0)={c{j}(length(c{i})+1:end)};


            end
        end
    end
    if (f0{1}==' ')
        fprintf('所输入码字可唯一译码\n')
        return;
    end
   %消去 f0 中重复码字
    sum=0;
  a=[];
for i=1:sum0-1
    for j=i+1:sum0
       if(strcmp(f0{i},f0{j}))
            sum=sum+1;
            a(sum)=j;
       end
    end
  end
       f0(a)=[];

     %f0 与 c 生成后缀集合 f1
   f1={};
   sum1=0;
    for i=1:n
        for j=1:length(f0)
            if((length(c{i})>length(f0{j}))&strncmp(c{i},f0{j},length(f0{j})))
                sum1=sum1+1;
                f1(sum1)={c{i}(length(f0{j})+1:end)};
            else if((length(f0{j})>length(c{i}))&strncmp(c{i},f0{j},length(c{i})))
                    sum1=sum1+1;
                     f1(sum1)={f0{j}(length(c{i})+1:end)};
```

```
                end
            end
        end
    end
    if(length(f1)==0) %f1 是空集，唯一可译码
          fprintf('所输入码字可唯一译码\n')
                c
                f0
                return;
    end
    %循环 产生 最终 f0 集合
    sum2=0;
    k=1;
    while(sum2~=k)%循环 产生 最终码字 f0
                 b=[];
                 g=[];
        sum2=0;
     %消去 f1 中重复码字
        sum3=0;
      if(length(f1)>=2)
        for i=1:length(f1)-1
    for j=i+1:length(f1)
      if(strcmp(f1{i},f1{j}))
          sum3=sum3+1;
          g(sum3)=j;
      end
    end
end
      f1(g)=[];
      end
    k=length(f1);
     %计算 f1 与 f0 中相同元素的数目 sum2
      for i=1:length(f1)
          for j=1:length(f0)
              if(strcmp(f1{i},f0{j}))
                  sum2=sum2+1;
                  break;
              end
```

```
            end
        end
        %生成新的 f0
        f0=[f0 f1];
       %f1 与 c 生成后缀集合 f2
      sum1=0;
    f2={};
                for i=1:n
            for j=1:length(f1)
                if(length(c{i})>length(f1{j})&strncmp(c{i},f1{j},length(f1{j}))==1)
                    sum1=sum1+1;
                    f2(sum1)={c{i}(length(f1{j})+1:end)};
                else if(length(f1{j})>length(c{i})&strncmp(c{i},f1{j},length(c{i})))
                        sum1=sum1+1;
                          f2(sum1)={f1{j}(length(c{i})+1:end)};
                    end
                end
            end
        end
              f1=f2;
    end
%整理 f0
  for i=1:length(f0)-1             %按输入码字长度进行排序
     for j=i+1:length(f0)
         if (length(f0{i})>length(f0{j}))
             d=f0{i};
             f0{i}=f0{j};
             f0{j}=d;
         end
     end
  end
    %消去 f0 中重复码字
    sum4=0;
  e=[];
      for i=1:length(f0)-1
      for j=i+1:length(f0)
        if(strcmp(f0{i},f0{j}))
            sum4=sum4+1;
            e(sum4)=j;
```

```
            end
        end
    end
            f0(e)=[];
    %比较 f0 与 c 得出结果
    for i=1:n
        for j=1:length(f0)
            if(strcmp(c{i},f0{j}))
                fprintf('所输入码字非可唯一译码\n')
                c
                f0
                return;
            end
        end
    end
                fprintf('所输入码字唯一可译码\n')
                c
                f0
                return;
```

C.2　Huffman 编码

1．实验目的

（1）理解变长码的编码方法。

（2）学习 Huffman 码的编码方法。

（3）学习 Matlab 程序调试方法。

2．实验要求

（1）使用 Matlab 软件编程。

（2）输入：信源符号个数、每个信源符号的概率分布在运行时从键盘输入。

（3）输出：信源符号与码字的对应关系表（编码表）。

3．实验报告内容

（1）Matlab 源程序分析并注释。

（2）实验至少包括两组数据，并对结果进行分析。

（3）画出 Huffman 编码方法的实现流程图。

（4）如果有更好的 Matlab 程序请上传。

4. 附源程序

```
function HuffmanCode
%--------------------------------------------------------------------
%function HuffmanCode
%二元霍夫曼码的编码
%信源符号为 Si，码字 Wi，概率 Psi，码字长度 Li，信源数 Q，i=1:Q
%信源数 Q 和概率 Psi 从键盘输入
%输入 Psi 可以为概率值，也可以为统计值，最后归一化为概率值
%输出为编码结果，按信源输入顺序排列，形如：
%信源符号 si  码字长度 Li  码字 Wi  统计概率 Pi  归一概率 Psi
%     S1       L1        W1       P1       Psr1
%     .        .         .        .        .
%     .        .         .        .        .
%     .        .         .        .        .
%     SQ       LQ        WQ       PQ       PsrQ

%--------------------------------------------------------------------
%输入信源符号个数
while 1
    Qin = input('请输入信源符号个数 Q : ');
    Qin = floor( Qin );
    if( Qin<1 )
        errordlg('信源符号个数 Q 必须为正整数！请重新输入。','输入错误：');
    else
        break;
    end
end if( ( length(Qin) )==0 )
    return;
end
P   = [];
Ps = [];
Q   = 0;
%依次输入信源的概率
for i = 1:Qin
    strI = num2str(i);
```

```
    string = ['请输入第',strI , '个信源的概率 Ps',strI,' : ' ];
    x = input( string );
    if( ( length(x) )>0 )
        Q = Q+1;
        string = ['S', num2str(Q)];
        S{Q,1} = string;
        P(Q,1) = x;
    end
end if( Q~=Qin )
    errordlg( '请检查输入是否有遗漏！','输入错误：' );
    return;
end
Ps = abs(P)/sum( abs(P) );              %计算统计概率 Ps，输入负值时默认转成正值
[Px,indexS]=sort(Ps);                   %将 Ps 升序排列，并将索引列出
%--------------------------------------------------------------------
%编码并计算每个码字的码长
W = HuffmanEffect(Px);                  %调用编码函数，返回以概率由低到高排列的码字
for i=1:Q
    Wtmp{indexS(i),1} = W{i,1};   %将码字按输入顺序排列
end
W = Wtmp;
for i = 1:Q
    L{i,1} = num2str( length(W{i,1}) ); %计算码字长度
end
%--------------------------------------------------------------------
%将概率值转换成字符形式
for i = 1:Q
    string = num2str( P(i) );
    PStr{i,1} = string;                 %将统计概率值转换成字符
    string = num2str(Ps(i));
    PsStr{i,1} = string;                %将归一概率值转换成字符
end
%--------------------------------------------------------------------
%输出结果
S=['信源符号 si';S];
L=['码字长度 Li';L];
W=['码字 Wi';W];
PStr=['统计概率 Pi';PStr];
PsStr=['归一概率 Psi';PsStr];
```

```
outMatrix=[S,L,W,PStr,PsStr];
disp(outMatrix);

%-----------------------------------------------------------------------
function CODE = HuffmanEffect( Px )
%将概率按升序排列的信源进行 huffman 编码
%将概率较大的赋 0，较小的赋 1
%需要调用 reduce 函数合并低概率信源
%调用 makecode 函数最终生成编码
%
global CODE
CODE = cell(length(Px), 1);          % 初始化全局 cell 矩阵
if length(Px) > 1                    % 当信源个数大于 1 时进行如下运算
    Px = Px / sum(Px);               % 归一化信源概率
    s = reduce(Px);                  % 进行 Huffman 信源符号缩减，构建二叉树
    makecode(s, []);                 % 遍历二叉树，递归生成 huffman 编码
else
    CODE = {'1'};                    % 当信源只有 1 个时，编为‘1’
end;

%-----------------------------------------------------------------------
function s = reduce(p)
s = cell(length(p), 1);
% 合并缩减信源个数到 2 个
% cell 序列 s 为信源节点
%
for i = 1:length(p)
    s{i} = i;
end
while numel(s) > 2
   [p, i] = SequeLast(p);            % 确保信源升序排列
    p(2) = p(1) + p(2);              % 将最小两个信源合并
    p(1) = [];                       % 删掉最小的信源
    s = s(i);                        % 按新概率构建一级二叉树
    s{2} = {s{1}, s{2}};             % 合并消失的节点以匹配概率
    s(1) = [];
end
if(p(1)>p(2))                        %若只有 2 个节点，确保按升序排列
     s={s{2},s{1}};
```

```
end
%---------------------------------------------------------------
function makecode(sc, codeword)
%递归节点，进行霍夫曼编码
%codeword 为码字的码元序列
%对全局变量进行操作
global CODE
if isa(sc, 'cell')                    % 对当sc内存放二叉树根节点时扩充码字的码元序列
   makecode(sc{1}, [codeword 1]);     % 对前面的节点（小概率）值赋'1'
   makecode(sc{2}, [codeword 0]);     % 对后面的节点（大概率）值赋'0'
else                                  % 对节点赋值操作
   CODE{sc} = char('0' + codeword);   % 当sc为二叉树叶子节点时，创建码字序列
end
%---------------------------------------------------------------
function [p, i] = SequeLast(p)
%对p进行排序，返回参数与sort函数相同
%排序时只将第一个与其后面的值比较
%若不小于其后面的值则交换一次，继续比较，直到比后面的值大
%返回排序后的序列p和索引i
i=1:length(p);
count=1;
while(count==1)
    for Li=(1:length(p)-1)
        if((count==1)&&(p(Li)>=p(Li+1)))
            ptmp=p(Li);
            p(Li)=p(Li+1);
            p(Li+1)=ptmp;
            itmp=i(Li);
            i(Li)=i(Li+1);
            i(Li+1)=itmp;
        else
            break;
        end
    end
    count=0;
end
```

C.3　(7, 4)线性分组码

1. 实验目的

（1）加深理解 (7, 4) 线性分组码的编码和译码方法，理解码的纠错性能。

（2）通过编程实现 (7, 4) 线性分组码的编译码算法。

（3）掌握 Matlab 程序调试方法。

2. 实验要求

（1）使用 Matlab 软件编程。

（2）输入：长度为 4 的任意二进制序列 $[a_1\quad a_2\quad a_3\quad a_4]$。

（3）输出：输入数据经(7,4)线性分组码的编码器编码后，输出信道编码 $[b_1\quad b_2\quad b_3\quad b_4\quad b_5\quad b_6\quad b_7]$。通过模拟信道传输后（设定传输错误位），再经过 (7, 4) 线性分组码的译码器译码输出得到信宿端的长度为 4 的二进制序列[Data1　Data2　Data3　Data4]。

3. 实验报告内容

（1）叙述线性分组码的编译码原理。

（2）通过实验列出输入信息组和信道编码输出码字。

（3）通过实验列出标准阵列译码表。

（4）给出两组实验结果截图。

4. 附源程序

```
%clear;
%clc;
a=input('请输入消息矢量:');
%高次项系数在前的生成多项式
Gx=[1 0 1 1];
%将数组 a 的高位依次放在数组 Data 的低位
Data=zeros(1,7);
Data(1)=a(4);
Data(2)=a(3);
Data(3)=a(2);
Data(4)=a(1);
%Data 除以 Gx 得到余数 Rx
```

```
[Qx,Rx]=deconv(Data,Gx);
b=Rx+Data;
%将数组 b 的最高位放在后面
c=b(1);
b(1)=b(7);
b(7)=c;
c=b(2);
b(2)=b(6);
b(6)=c;
c=b(3);
b(3)=b(5);
b(5)=c;
%将组 b 校正
for i=1:7
    if rem(abs(b(i)),2)==0
        b(i)=0;
    end
end
for i=1:7
    if rem(abs(b(i)),2)==1
        b(i)=1;
    end
end
disp('输入序列：');
a
disp('编码输出序列：')
b
r=b;
%修改下面取非操作的位置，可以模拟信道发生一位码元错误，检验译码纠正情况
%r(7)=~r(7);
%r(6)=~r(6);
h=[1,0,0;1,1,0;1,1,1;0,1,1;1,0,1;0,1,0;0,0,1];
b=flipud(h);
s=r*b;
for i=1:3
   if rem(abs(s(i)),2)==0
   s(i)=0;
  end
end
```

```
for i=1:3
    if rem(abs(s(i)),2)==1
        s(i)=1;
    end
end
      if s==[0 0 0]
          e=[0 0 0 0 0 0 0];
      elseif s==[1 0 0]
             e=[0 0 0 0 0 0 1];
      elseif s==[1 1 0]
             e=[0 0 0 0 0 1 0];
      elseif s==[1 1 1]
             e=[0 0 0 0 1 0 0];
      elseif s==[0 1 1]
             e=[0 0 0 1 0 0 0];
      elseif s==[1 0 1]
             e=[0 0 1 0 0 0 0];
      elseif s==[0 1 0]
             e=[0 1 0 0 0 0 0];
      elseif s==[0 0 1]
             e=[1 0 0 0 0 0 0];
      end
      u=r+e;
      for i=1:7
            if rem(abs(u(i)),2)==0
                  u(i)=0;
            end
      end
     for i=1:7
            if rem(abs(u(i)),2)==1
                 u(i)=1;
            end
     end
     Data=zeros(1,4);
     Data(1)=u(4);
     Data(2)=u(5);
     Data(3)=u(6);
     Data(4)=u(7);
     if e==[0 0 0 0 0 0 0]
```

```
        disp('没有错误');
        k=0
    else
        disp('第几位错误');
        k=find(e)
    end
        disp('接收码字');
        r
        disp('译码输出序列');
        Data
```

参 考 文 献

[1] 傅祖芸. 信息论——基础理论与应用（第二版）. 北京：电子工业出版社，2008.

[2] 燕善俊. 信息论与编码课程教学探讨. 高等函授学报（自然科学版），2011, 24(2): 9-11.

[3] 周荫清. 信息理论基础. 北京：北京航空航天大学出版社，2002.

[4] 田丽华. 信息论、编码与密码学. 西安：西安电子科技大学出版社，2008.

[5] 关可，王建新，亓淑敏. 信息论与编码技术. 北京：清华大学出版社，2009.

[6] 吕锋，王虹，刘皓春. 信息理论与编码（第 2 版）. 北京：人民邮电出版社，2010.

[7] 戴善荣. 信息论与编码基础. 北京：机械工业出版社，2005.

[8] 李梅，李亦农. 信息论基础教程（第 2 版）. 北京：北京邮电大学出版社，2008.

[9] 冯桂，林其伟，陈东华. 信息论与编码技术（第 2 版）. 北京：清华大学出版社，2011.

[10] 王军选，田小平，曹红梅. 信息论基础与编码. 北京：人民邮电出版社，2011.

[11] 张丽英，王世祥，等. 信息论与编码基础教程. 北京：清华大学出版社，2010.

[12] 曹雪虹，张宗橙. 信息论与编码（第 2 版）. 北京：清华大学出版社，2009.

[13] 邓家先，肖嵩，严春丽. 信息论与编码（第二版）. 西安：西安电子科技大学出版社，2011.

[14] 邓家先. 信息论与编码课程教学改革探讨[J]. 电气电子教学学报，2007,29 (2) : 111-114.

[15] 刘孝锋. 新建本科“信息论与编码”教学改革探讨[J]. 中国电力教育，2011, (25) : 130-131.

[16] 李如玮，鲍长春，窦慧晶.“信息理论与编码”课程建设与教学改革[J]. 电气电子教学学报，2009，31 (3) : 9-10.

[17] 曾军英，翟懿奎.“信息论与编码”课程教学改革与实践[J]. 中国电力教育，2010, 28: 57-58.

[18] 姜丹. 信息论与编码. 北京：中国科学技术大学出版社，2001.

[19] 陈运，周亮，陈新. 信息论与编码. 北京：电子工业出版社，2002.